2級管工事施工管理技術検定
受験テキスト
－改訂新版－

管工事試験突破研究会　編

日本教育訓練センター

まえがき

　管工事施工管理技術検定試験は，建設業法により毎年実施されている歴史と権威のある試験制度です．

　これまで数多くの技術者がこの試験に挑戦し，栄えある合格を獲得し，多方面で活躍しております．

　本書は2級管工事施工管理技士の資格取得をめざす受験者の皆様が，日常の通常業務を続けながらの限られた時間内で，しかも最も効率的な準備をするのに必要かつ十分なテキストとして，その内容と構成を検討しまとめたものです．

　具体的な本書の特徴は，原論としての一般知識，管工事に関する専門知識，施工管理および関連法規についての学習参考書としての側面，それに加えて密度の高い精選された演習問題と，それらについて詳しい解説と解答を記載した問題集としての両側面を合わせ有しているということです．

　特に資格試験の合格をめざすには，一般的な学習参考書を読み流すだけでは不十分です．過去に出題された質の高い精選された問題を実際に自分で解き，間違った，あるいは不明な箇所は解説なり解答を参考にし理解を深めていくこと，この繰り返しが合格への王道といえるでしょう．

　本書の内容はこの目的のために最適であると自負しております．本書を十二分に利用され，合格を獲得し，一人でも多くの皆様が各分野で管工事施工管理技士として活躍されることを期待しております．

平成28年1月

目　次

まえがき……………………………………………………………… iii
受験案内……………………………………………………………… ix

第 1 章　一般基礎 …………………………………………… 1

1.1　環境工学 ……………………………………………… 2
　　1.　大気 ………………………………………………… 2
　　2.　人体と代謝 ………………………………………… 3
　　3.　室内環境 …………………………………………… 4
　　4.　水の性質 …………………………………………… 5
　　5.　汚濁 ………………………………………………… 5

1.2　流体工学 ……………………………………………… 7

1.3　熱と伝熱 ……………………………………………… 10
　　1.　熱 …………………………………………………… 10
　　2.　熱力学 ……………………………………………… 10
　　3.　伝熱 ………………………………………………… 11
　　4.　冷凍 ………………………………………………… 12
　　5.　湿り空気 …………………………………………… 13

1.4　その他 ………………………………………………… 14
　　1.　音の特性 …………………………………………… 14
　　2.　地球環境問題 ……………………………………… 16

この問題をマスタしよう ……………………………………… 17

第 2 章　電気・建築 ………………………………………… 35

2.1　電気 …………………………………………………… 36

1. 電気一般 ………………………………………………………… 36
　　　2. 低圧・高圧屋内配線の施工 …………………………………… 37
　　　3. 動力設備 ………………………………………………………… 38
　2.2 建築 ……………………………………………………………… 40
　　　1. 建築一般 ………………………………………………………… 40
　　　2. 建物の構造 ……………………………………………………… 41
　　　3. 構造力学 ………………………………………………………… 42
　この問題をマスタしよう ……………………………………………… 45

第3章　空気調和設備 ……………………………………………… 55

　3.1 空気調和 ………………………………………………………… 56
　　　1. 概要 ……………………………………………………………… 56
　　　2. 空調負荷 ………………………………………………………… 56
　　　3. 空気線図 ………………………………………………………… 59
　　　4. 空調方式 ………………………………………………………… 60
　　　5. 空調機器類 ……………………………………………………… 64
　　　6. 自動制御 ………………………………………………………… 67
　　　7. 暖房 ……………………………………………………………… 68
　3.2 換気・排煙 ……………………………………………………… 72
　　　1. 換気設備 ………………………………………………………… 72
　　　2. 排煙設備 ………………………………………………………… 75
　この問題をマスタしよう ……………………………………………… 78

第4章　給排水衛生設備 …………………………………………… 97

　4.1 上・下水道 ……………………………………………………… 98
　　　1. 上水道 …………………………………………………………… 98
　　　2. 下水道 ………………………………………………………… 100
　4.2 給水・給湯 …………………………………………………… 102
　　　1. 給水 …………………………………………………………… 102

	2. 給湯 ………………………………………………	104
4.3	排水・通気 ………………………………………………	106
	1. 排水 ………………………………………………	106
	2. 通気 ………………………………………………	107
4.4	消火設備 ………………………………………………	109
4.5	ガス設備 ………………………………………………	112
4.6	浄化槽 ………………………………………………	114
	この問題をマスタしよう ………………………………………………	117

第 5 章　設備に関する知識 …………………………… 141

5.1	機器・材料等 ………………………………………………	142
	この問題をマスタしよう ………………………………………………	150

第 6 章　設計図書に関する知識 …………………………… 167

6.1	設計図書・契約 ………………………………………………	168
6.2	規格 ………………………………………………	172
	この問題をマスタしよう ………………………………………………	175

第 7 章　施工管理 …………………………… 179

7.1	施工計画 ………………………………………………	180
7.2	工程管理 ………………………………………………	184
7.3	品質管理 ………………………………………………	194
7.4	安全衛生管理 ………………………………………………	198
7.5	工事施工 ………………………………………………	200
	1. 施工計画と実施 ………………………………………………	200
	2. 基礎工事 ………………………………………………	200
	3. 機器の据付 ………………………………………………	201
	4. 配管 ………………………………………………	202

5. ダクト ………………………………………………………… 204
　　　6. 試験・運転・調整 …………………………………………… 205
　この問題をマスタしよう ……………………………………………… 206

第 8 章　法規 ……………………………………………………… 225

8.1　建設業法 …………………………………………………… 226
8.2　建築基準法 ………………………………………………… 230
8.3　労働基準法 ………………………………………………… 235
8.4　労働安全衛生法 …………………………………………… 237
8.5　消防法 ……………………………………………………… 245
8.6　廃棄物の処理及び清掃に関する法律 …………………… 248
8.7　建築工事に係る資材の再資源化等に関する法律 ……… 249
8.8　騒音規制法 ………………………………………………… **251**
8.9　水道法 ……………………………………………………… **253**
8.10　下水道法 …………………………………………………… **256**
　この問題をマスタしよう ……………………………………………… 257

第 9 章　実地試験 ……………………………………………… 277

索引 ………………………………………………………………………… 287

受験案内

1. 2級管工事施工管理技術検定試験の内容

毎年同じ内容で試験が行われるとは限りませんので，ご注意下さい．

	試験時間	出題数	必要解答数
学科試験	10時30分～12時40分	52問	40問
実地試験	14時00分～16時00分	6問（施工経験）	4問（施工経験）

※合格ラインは60％以上とされていますが，実施状況により変更の可能性もあるので，学科試験・実地試験いずれも70％を確保することを目標に学習して下さい．

◇学科試験…四肢択一式（2時間10分）

出題区分			出題数	必要解答数	備考
機械工学等	原論	環境工学 (2) 流体工学 (1) 熱力学 (1)	4問	4問	必須問題
	電気工学	(1)	1問	1問	
	建築学	(1)	1問	1問	
	空調	空気調和 (3) 冷暖房 (2) 換気・排煙 (3)	8問	9問	選択問題 指定数を超えて解答すると減点されます．
	衛生	上下水道 (2) 給湯・給水 (2) 排水・通気設備 (2) 消火設備 (1) ガス (1) 浄化槽 (1)	9問		
	設備に関する知識	機材 (2) 配管・ダクト (2)	4問	4問	必須問題
	設計図書に関する知識	(1)	1問	1問	
施工管理法		施工計画 (1) 工程管理 (2) 品質管理 (1) 安全管理 (1) 機器の据付 (2) 配管・ダクト (4) その他 (3)	14問	12問	選択問題 指定数を超えて解答すると減点されます．
法規		労働安全衛生法 (1) 労働基準法 (1) 建築基準法 (2) 建設業法 (2) 消防法 (1) その他 (3)	10問	8問	
合計			52問	40問	

◇実地試験……記述式（2時間）

出題分類	出題数	必要解答数	備考
設 備 全 般	1問	1問	必須問題
	2問	1問	選択問題
工程管理・法規	2問	1問	
施 工 経 験 記 述	1問	1問	必須問題
合　　計	6問	4問	

2．2級管工事施工管理技士の資格取得まで

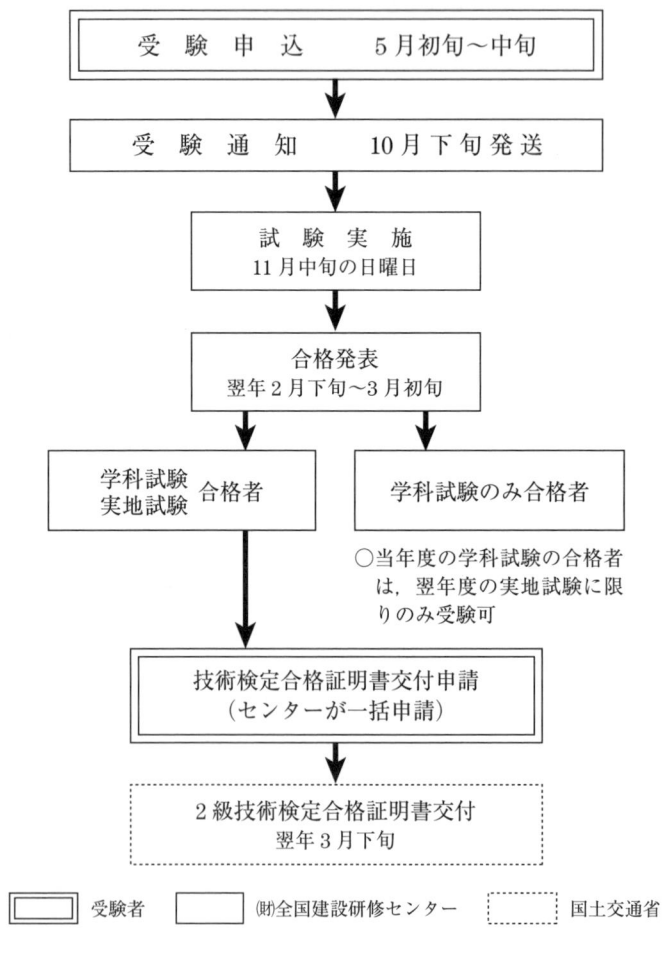

3. 受験資格と申込みに必要な書類（平成 27 年度の例）

(1) 受験資格

下表の区分(イ)、(ロ)、(ハ)、(ニ)、(ホ)のいずれかに該当する者

注 1　実務経験年数は、平成 27 年 5 月 31 日現在で計算してください。

注 2　管工事施工管理の実務経験の内容については、「管工事の施工に関する実務経験」について参照してください。

注 3　学歴と実務経験年数の条件が重複する場合については、受験案内を参照してください。

注 4　すでに、2 級管工事施工管理技士の資格を取得されている方は、再受験できません。

(2) 申込みに必要な書類

下表の受験資格に応じた必要な証明書類および受験者全員が必要な書類。

区分	学歴と資格	管工事施工管理に関する必要な実務経験年数		受験資格に応じた必要な書類	申込みに必要な書類　受験者全員が必要な書類
		指定学科	指定学科以外		
(イ)	大学卒業者	卒業後 1 年 6 ヵ月以上の実務経験年数	卒業後 1 年 6 ヵ月以上の実務経験年数	卒業証明書 ・卒業証明書の発行年月日は問いません。 ・卒業証明書のコピーは不可。 ・卒業証書の原本及びそのコピーは不可。 ・卒業された学校・学科によっては成績証明書が必要です。 大学院修了の方は大学の卒業証明書の他に修了証明書が必要です。（大学院修了の修了証明書は不可）	①受験申請書　2 枚 受験申請書・職務経歴・実務経験証明書・実務経験証明書貼付書 1 枚 写真票・受験手数料振替払込受付証明書貼付書 1 枚 ○受験者同時の指定用紙を使用してください。 ②受験申込書 1 枚（コンピュータ入力用） ○受験申込書同時の指定用紙を使用してください。 ③住民票　1 通 ○住民票の発行年月日は問いません。 ○住民票コード（住基ネット番号）を受験申込書（コンピュータ入力用）に正確に記入された場合は、住民票は不要です。ただし、外国籍の方は住民票を提出してください。 ○婚姻等の理由により、変更の理由がわかる（書類）戸籍抄本等（コピー不可）が必要です。その際、住民票は不要です。 ④証明写真　1 枚 縦 4.5cm × 横 3.5cm に限る 申請前 6 ヵ月以内に撮影したもの、カラーでも白黒でも可。 無帽で正面を向き、脱帽したもの三分身（概ね肩まで）のもの。 サングラス（色の入ったレンズ）やマスク等で顔が隠れていないもの。 背景や影がないもの。 （不鮮明なもの、スナップ写真、サイズの異なるもの、パソコンで普通紙にプリントしたものは不可） 写真の裏面に鉛筆で、氏名、受験希望地を必ず記入してください。 （写真の写真貼付欄にもしっかり貼ってください） ※写真証明書は写真をお持ちください。 ⑤郵便局の窓口で、受験案内同封の振替払込用紙で必ず現金 8,500 円を受験案内同封の振替払込用紙で本人自ら払い込んでください。（払込手数料は本人負担となります） 振替払込受付証明書（受験申込書振替払込受付証明書貼付欄）は写真をはっかり糊付けてください。 ATM（現金自動預払機）、ゆうちょダイレクトをご利用した場合は、ご利用明細書が出ませんので、控えとしてコピーを取り、原本を貼付欄に貼付してください。 （振替払込請求書兼受領証は受験者本人が保管してください）
(ロ)	短期大学卒業者 高等専門学校（5 年制）卒業者	卒業後 2 年以上の実務経験年数	卒業後 3 年以上の実務経験年数		
(ハ)	高等学校卒業者	卒業後 3 年以上の実務経験年数	卒業後 4 年 6 ヵ月以上の実務経験年数		
(ニ)	その他の者	8 年以上の実務経験年数		（卒業証明書は必要ありません）	
(ホ)	職業能力開発促進法による技能検定合格者による技能検定のうち、検定職種を 1 級の「配管」（建築配管作業）または 2 級の「配管」（建築配管作業）の検定職種とするものに合格した者	4 年以上の実務経験年数 ただし、1 級「配管」（建築配管作業）の資格を取得した者又は平成 15 年度以前に 2 級「配管」（建築配管作業）の資格を取得している者は、実務経験の記載は不要です。 職業能力開発促進法施行規則の一部を改正する省令（平成 15 年 12 月 25 日厚生労働省令第 180 号） （改正前の職業訓練法施行令（昭和 48 年政令第 98 号）による「空気調和設備配管」若しくは「給排水衛生設備配管」又は「配管工（「配管工」を含む））		技能検定合格証書（写し） （卒業証明書は必要ありません）	

(3) 再受験申込者の提出書類等

　平成16年度以降の2級管工事施工管理技術検定試験の受検票等を申込みの際に添付できる方．

　（2級管工事施工管理技術検定学科試験のみ申込みをした方は，再受験申込者ではありません．）

(注意) 次の方は，「再受験申込者」には該当しません．
・平成27年度に初めて申込みを行う方
・平成15年度以前に申込みをした方
・平成15年度2級学科試験に合格し，平成15・16年度の実地試験がいずれも不合格（欠席を含む）の方
・指定学科を卒業見込み又は卒業にて申込みをした「2級管工事施工管理技術検定学科試験のみ」あるいは，1級管工事施工管理技術検定試験や他種目試験の受検票，不合格通知書等を添付した方

　平成16年度以降の2級管工事施工管理技術検定試験の「受検票」又は「不合格通知書」（いずれも原本のみ．コピーは不可）を添付することにより，下記の㋑〜㋩の書類が省略できます．
　㋑実務経験証明書欄の記入及び証明者欄の代表者署名，押印
　㋺卒業証明書
　㋩1級又は2級技能検定合格証書（写）

4. 管工事施工管理に関する実務経験について

　「実務経験」とは，管工事の施工に直接的に関わる技術上のすべての職務経験をいい，具体的には下記に関するものをいいます．
・受注者（請負人）として施工を指揮・監督した経験（施工図の作成や，補助者としての経験も含む）
・発注者側における現場監督技術者等（補助者も含む）としての経験
・設計者等による工事監理の経験（補助者としての経験も含む）
　なお，施工に直接的に関わらない以下の経験は含まれません．
・設計のみの経験
・管工事の単なる雑務や単純な労務作業，事務系の仕事に関する経験

(1) **工事種別・工事内容**

　「管工事施工管理に関する実務経験として認められる工事種別・工事内容等」参照
　「管工事施工管理に関する実務経験とは認められない工事・業務等」参照

(2) **従事した立場**

　上記「実務経験」の中で，現場代理人，主任技術者，施工監督，工事主任，

※1 工事管理者,施工管理係員,配管工等
　※1　設計監理業務を一括で受注している場合は,その業務のうち,工事監理業務期間のみ認められます.

【実務経験年数の考え方】は,受験しようとする技術検定に関する実務について,施工の対象となった建設工事の種別（土木,建築,電気,管工事,造園,建設機械）に関して,一期間内に申請が可能な工事種別は原則として1件であり,複合的な一式工事の施工に従事した場合,又は,同じ工期内に種別の異なる複数の現場の施工に従事した場合は,同一期間内における実務経験を重複して申請することは認められません.

(3) 【管工事施工管理に関する実務経験として認められる工事種別・工事内容等】

工事種別	工事内容
冷暖房設備工事	冷温熱源機器据付及び配管工事,ダクト工事,蒸気配管工事,燃料配管工事,TES機器据付及び配管工事,冷暖房機器据付及び配管工事,圧縮空気管設備工事,熱供給設備配管工事,ボイラー据付及び配管工事,コージェネレーション設備工事　等
冷凍冷蔵設備工事	冷凍冷蔵機器据付及び冷媒配管工事,冷却水・エアー設備工事,自動計装工事　等
空気調和設備工事	冷温熱源機器・空気調和機器据付工事,ダクト工事,冷温水配管工事,自動計装工事,クリーンルーム設備工事　等
換気設備工事	給・排風機器据付及びダクト工事,排煙設備工事　等
給排水・給湯設備工事	給排水配管工事,給湯器据付及び配管工事,簡易水道工事,ゴルフ場散水配管工事,散水消雪設備工事,プール・噴水施設配管工事,ろ過器設備工事,給排水管布設替工事,受水槽及び高置水槽設置工事,さく井工事　等
厨房設備工事	厨房機器据付及び配管工事　等
衛生器具設備工事	衛生器具取付工事　等
浄化槽設備工事	浄化槽設置工事,浄化槽補修工事,農業集落排水設備工事　等 ※ 終末処理場等は除く
ガス管配管設備工事	都市ガス配管工事,プロパンガス配管工事,LPG配管工事,LNG配管工事,液化ガス供給設備工事,医療ガス設備工事　等 ※ 道路本管工事を含む
管内更生工事	給水管・排水管ライニング更生工事　等 ※ 敷地外の公道下等の下水道の管内更生工事は除く
消火設備工事	屋内・屋外消火栓ポンプ据付・消火栓箱取付及び配管工事,不活性ガス消火配管工事,スプリンクラポンプ据付及び配管工事　等
配水支管工事	給水装置の分岐を有する配水小管工事,小支管工事,本管からの引込工事（給水装置）　等
下水道配管工事	施設の敷地内の配管工事,公共下水道切替・接続工事　等 ※ 公道下の工事は除く

受験案内

(4)【管工事施工管理に関する実務経験とは認められない工事・業務等】

①管渠，暗渠，開渠，用水路，灌漑，しゅんせつ等の土木工事
②敷地外の公道下等の上下水道の配管工事
③プラント，内燃力発電設備，集塵機器設備，揚排水機等の設置工事，工場での配管プレハブ加工
④電気，電話，通信，電気計装，船舶，航空機等の配管工事
⑤設計・積算，保守・点検，保安，営業，事務の業務
⑥官公庁における行政及び行政指導，教育機関及び研究所等における教育・指導及び研究等
⑦工程管理，品質管理，安全管理等を含まない単純な労務作業等（単なる雑務のみの業務）
⑧アルバイトによる作業員としての経験

5. 学歴と実務経験年数の条件が重複する場合について

　大学又は高等学校の夜間部卒業者等が，在学中の実務を実務経験年数に加えたい場合，夜間部卒業等の記載のある卒業証明書が必要です．この場合，一つ前の学歴での実務経験年数が必要となります．

　夜間部卒業等を最終学歴とした場合は，その在学中の実務は実務経験年数としてはみなしません．

＜受験に必要なもの＞
①受検票
②筆記用具（HBの黒鉛筆又はシャープペンシル，プラスチック製消しゴム）
　※マークシート方式では，万年筆，ボールペンでの記入は機械が読み取りませんので禁止されています．
　※電卓等は使用できません．
③時計（計算機能や辞書機能を持つ時計，携帯電話による時計機能の使用は不可）
④弁当（日曜日のため，試験会場周辺の飲食店は休業している場合があります．）

＜試験に関する問い合わせ先＞
一般財団法人　全国研修建設センター　管工事試験課
　　　　〒187-8540　東京都小平市喜平町 2-1-2
　　　　　　　　　　電話　042-300-6855
　　　　　　　　　　ホームページ　http://www.jctc.jp/

　我々の身の回りの自然現象や物理現象についての基本的な知識を整理し，理解を深めておくことがポイントです．

(1) **環境工学**
　(a) 大気：気候，日射，クリモグラフ，相対湿度，絶対湿度
　(b) 人体と体感：人体の温熱感覚の4要素，有効温度，不快指数，メット，クロ，呼吸商，基礎代謝量

(2) **流体力学**
　(a) 法則：ベルヌーイの定理，トリチェリーの定理
　(b) 流体の運動：層流，乱流，レイノルズ数
　(c) 流量の測定：ベンチュリ管，ピトー管
　(d) 管水路の圧力損失：ダルシー・ワイスバッハの式

(3) **熱と伝熱**
　(a) 熱の伝わり方：伝導，対流，熱放射，伝達および熱貫流
　(b) 熱の種類：顕熱，潜熱
　(c) 比熱：定圧比熱，定容比熱
　(d) 冷凍トン：1日本冷凍トン，1米国冷凍トン
　(e) 空気の状態：乾き空気，湿り空気，乾球温度，湿球温度，相対湿度，絶対湿度，露点温度，エンタルピー，湿り空気線図
　(f) 冷媒の特性：冷凍サイクル

(4) **その他**
　(a) 水質の汚濁指標：浮遊物質（SS），BOD，COD，溶存酸素（DO）
　　　音に関する事項：音の強さ，音の大きさ，フォン，マスキング

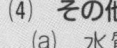

1.1　環境工学

1．大　気

(1)　気象と気候

　気象とは，大気の温度，湿度，風，雨，雪などの物理的現象をいい，気候は，その地域における長期間平均した気象現象をいう．

(2)　気温と湿度

　気温とは大気の温度のことで，1日の気温は朝夕が低く日中は高い．1日の最高気温と最低気温との差を日較差といい，一般に海岸地方では小さく，内陸地方では大きい．

　湿度は大気中に含まれる水蒸気の度合いで，相対湿度，絶対湿度などによって表される．

(3)　気候図（クリモグラフ）

　その地方の季節による気象の特色をグラフにしたものがクリモグラフで，いろいろな気象要素を月別に平均し，気温と組み合わせたものである．

(4)　湿度

　相対湿度（RH）は，ある状態の空気中の水蒸気分圧と，同じ温度の飽和空気の水蒸気分圧の比を百分率で表したもので，φ〔％〕と表される．

　絶対湿度（AH）は，湿り空気中に含まれている乾き空気 1 kg に対する水分の重量で，x〔kg/kg′〕と表される．

(5)　日射

　日射とは，太陽の放射エネルギー作用のうち熱として働くものをいい，直達日射と天空放射に分けられる．直達日射は，太陽から放射される熱エネルギーのうち，大気中で乱反射されたり吸収されたりせず，直接地上に達するもの，天空放射は，大気中のチリ，浮遊物により乱反射し地表に到達したものである．

　日射量とは，日照により，単位時間，単位面積に入射する熱量で，W/m^2 で表される．

　太陽光は，**第 1-1 表**のような特徴を示す．

　日射のエネルギーは，全日射量の約 80 ％ が波長 380 〜 1100 nm の範囲に含まれている．もう少し細かに見ると，可視領域の波長帯に 40 〜 45 ％，赤外線部に 50 〜 57 ％ で，紫外線部ではわ

第 1-1 表

分類	波長	特徴
可視光線	380～760nm	人間の視覚，明るさ
紫外線	20～380nm	日焼け作用，殺菌効果
赤外線	760～4000nm	熱線といわれる，熱作用

注）nm=10^{-9}m

ずか 1～2％程度と少ない．

2. 人体と代謝

(1) 代 謝

基礎代謝は，生命を維持するのに必要な最小限の代謝量で，身体の単位表面積当たりの 1 時間の必要熱量で表される〔W/m^2〕．高齢化すると基礎代謝基準値は減少する．安静時の代謝量は，基礎代謝量の 20～25％増しで，安静時における熱代謝の標準値を 58.2 W/m^2 とし，これを 1 met（メット）としている．

人体は呼吸により O_2 を取入れ CO_2 を排出するが，この割合を呼吸商という．

$$呼吸商 = \frac{CO_2 排出量}{O_2 摂取量}$$

clo（クロ）とは衣類の熱絶縁性を表す単位である．気温 21℃，相対湿度 50％，気流 10 cm/s 以下の室内で，身体表面からの放熱量が 1 met の代謝とバランスする着衣の状態を 1 clo（クロ）としている．

(2) 体感

人体温熱感覚の 4 要素は気温，湿度，気流速度，周壁表面温度からの放射熱である．人間の温熱感覚の表現法として，以下のような用語がある．

ⓐ **有効温度（ET；Effective Temperature）**

ヤグローにより提案されたもので，人体に感ずる快適さを，温度・湿度・気流の三つの要素の組み合わせによる指標で表す．これにさらに改良を加えた，新有効温度がある．

ⓑ **修正有効温度（CET；Corrected Effective Temperature）**

乾球温度，湿球温度，気流速度と周壁からの放射熱の要素を取り入れた指標であり，壁や天井からの放射熱の影響が大きい場合に採用される．乾球温度の代わりに，グローブ温度計を用いて放射効果の修正をしたものである．

ⓒ **効果温度（OT；Operative Temperature）**

乾球温度，気流速度，周壁からの放射熱と体感との関係を示したもので，冬季の窓ガラス面や壁体表面温度と気温の差が大きい暖房時に用いられる．湿度の要素は入っていない．

ⓓ **新有効温度（ET*）**

気温，湿度，気流，熱放射，着衣量，作業強度など取り入れた総合的温熱指数である．有効温度は湿度 100％としているため，新有効温度の方が現実に近い．

ⓔ **不快指数（DI；Discomfort Index）**

乾球温度と湿球温度から求められる

1.1 環境工学

もので，夏の暑さの不快さを数値に表したものである．

不快指数は，次式により示される．

$$DI = 0.81t + 0.01\varphi(0.99t - 14.3) + 46.3$$

ここで，t：気温，φ：相対湿度である．

DI が 80 以上で暑くて汗が出る状態，85 以上で全員不快を感じるようになる．

3. 室内環境

人間が居住する室内で，快感や保健衛生上障害になるものに粉じん，一酸化炭素（CO），炭酸ガス（CO_2），窒素酸化物（NO_x）や揮発生有機化合物（VOC），臭気などがある．

(1) 粉じん

粉じんには，たばこの煙，綿ぼこり，砂じんや細菌などが付着しており，一般のビル内の環境として粉じん濃度は 0.15 mg/m^3 以下が推奨される．

(2) CO

一酸化炭素は，不完全燃焼を生じた燃焼器具からの発生が多く，非常に危険なガスである．その許容値として，一般のビル内では 10 ppm 以下が基準となっている．

(3) CO_2

炭酸ガス（CO_2）は，人間の呼吸や燃焼器具からの発生により室内に蓄積される．CO_2 濃度は室内の換気の良否を示す目安として用いられ，換気が十分に行われないと，CO_2 濃度が増加するだけでなく，粉じんや臭気，湿度なども上昇する．一般には，1000 ppm（0.1 %）以下を基準としている．

(4) NO_x

窒素酸化物（NO_x）は，室内では石油ストーブ，ファンヒータなどの開放式燃焼器具を採用すると高濃度になる恐れがあるため，換気に注意を払わなければならない．

(5) 揮発性有機化合物（VOC）

建材に含まれている揮発性有機物（VOC）が室内に放散されることによる，室内の空気汚染が問題となっている．

室内汚染物質として，ホルムアルデヒド，ベンゼン，テトラクロロエチレンなどは発がん性物質ともいわれている．

ホルムアルデヒドは，建材のうち合成樹脂や接着剤に含まれるもので，合板などは接着剤が多量に使われている．カーペットやクロスを貼る接着剤に含まれているものもある．

ホルムアルデヒドは水に溶けるとホルマリンとなる．殺菌や防腐効果があり，その面では有益であるが，人体にとっては有害なものである．

トルエンやキシレン等は，ペンキの溶剤や壁紙類に用いられる接着剤の溶剤，床に塗るワックス，ビニルクロスの可塑剤などに使用されている．

これらの VOC を総称して総揮発性有機化合物（TVOC）と呼んでいる．

VOC は種類が多く，室内で新物質が存在することも予想されるので，種類ごとの濃度（VOC 値）と合計値

（TVOC 値）が WHO（世界保健機構）により示されている．

 4. 水の性質

(1) 化学的特性
(a) 酸性とアルカリ性

水は，その中に含まれる水素イオン濃度［H⁺］により酸性を，水酸イオン濃度［OH⁻］によりアルカリ性を示し，それぞれの強さの程度はイオン濃度〔mol/L〕による．

水の酸性，アルカリ性，中性は，水中の水素イオン濃度［H⁺］により，以下の式から算出される値により区別される（**第 1-1 図**）．

$$pH = \log \frac{1}{[H^+]} = -\log[H^+]$$

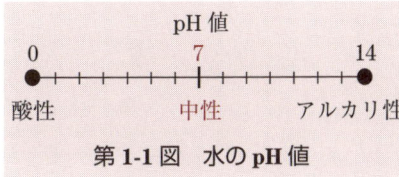

第 1-1 図　水の pH 値

水素イオン濃度が［H⁺］>1×10⁻⁷ mol/L
　　　　　　 pH<7 となり酸性
［H⁺］=1×10⁻⁷ mol/L
　　　　　　 pH=7 で中性
［H⁺］<1×10⁻⁷ mol/L
　　　　　　 pH>7 でアルカリ性

(b) イオン積

水 1L 中の水素イオン濃度［H⁺］と水酸イオン濃度［OH⁻］の積は同じ温度では常に等しいが，これを水のイオン積という．

(c) 水の硬度

水中に溶存するカルシウムイオンとマグネシウムイオンの量を炭酸カルシウムの量に換算して，水1L中の mg で表示する．

日本，米国，フランスなどで採用されている硬度は，炭酸カルシウム（CaCO₃）硬度で，ppm 硬度とも称される．ppm とは parts per Million（100万分の1），つまり，1 ppm とは 1 L 中に 1 mg の物質が含まれていることをいう．

(d) 濁度と色度

濁度は濁りの程度を表示する数値で，白陶土 1 mg を蒸留水 1 L に懸濁させたときの濁りの度合いを濁度 1 度としている．水道水の水質基準では，2 度以下であることと定めている．

白金 1 mg を含む塩化白金カリウム標準液を蒸留水 1 L に溶かしたときに生じる色相を 1 度とし，色度はこの標準液との比較により決められる．水道法では，色度は 5 度以下と定めている．

5. 汚 濁

(1) 汚濁指標
(a) 浮遊物質（**SS；Suspended Solid**）

水の汚濁度を視覚的にとらえることができる，粒径 2 mm 以下の水に溶けない懸濁性の物質のことをいう．

(b) 生物化学的酸素要求量（**BOD；Biochemical Oxygen Demand**）

水中の有機物が，溶存酸素の存在の

もとで20℃5日間で好気性微生物により分解される際に消費される水中の酸素量をmg/Lやppmで表す．BODの値が大きいということは水中の有機汚染物質が多いということで，水質汚濁の指標として用いられる．

(c) **化学的酸素要求量（COD；Chemical Oxygen Demand）**

酸化剤で汚濁水を化学的に酸化させて，消費した酸化剤の量を測定し，酸素量に換算して求める．この値は水中の有機物等の量を示す指標であり，BODより測定が容易である．

(d) **全酸素要求量（TOD；Total Oxygen Demand）**

水に溶けている有機物を，白金を触媒として高温で完全燃焼させ，消費される酸素ガス量を測定することにより汚染度を測定するものである．

(e) **溶存酸素（DO；Dissolid Oxygen）**

水中に溶け込んでいる酸素量をmg/Lまたはppmで表したもの．この値の大小は，有機物を分解する微生物などの生存に影響を与える．DOの少ない水は汚濁の度合が大きく，水中の生命に害を与えることになる．つまり，溶存酸素が多いほど汚濁されていない水といえる．

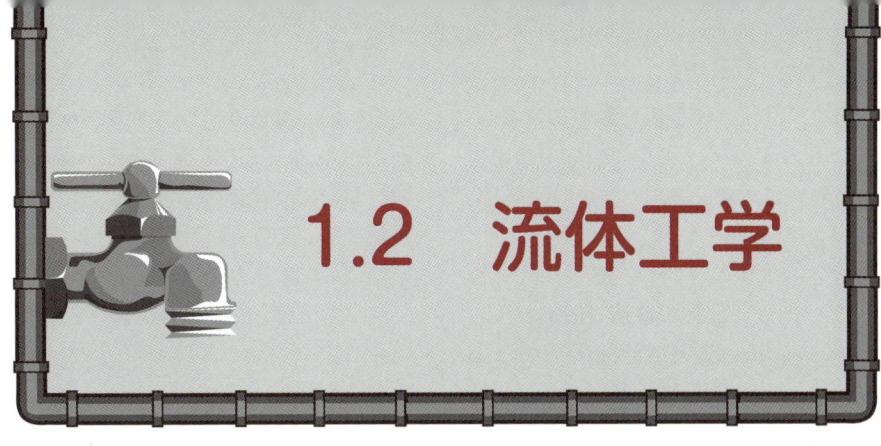

1.2 流体工学

流体は気体と液体があり,前者は圧縮性流体,後者は非圧縮性流体である.

(1) 流体の性質
(a) 粘性

相対的な運動をしている流体が互いに変形を生じる場合や管内を流れるとき,その変形の速さに比例して,その運動を妨げようとする力が生じる.これを粘性といい,第1-2図に示すように,管内の流体の速度分布は管壁に近いほど小さくなる.この図において,流れに直角な方向の Δx 中の流速の差を Δv とすると,

$$\tan\theta = \frac{\Delta v}{\Delta x}\left(=\frac{dv}{dx}\right)$$

は速度勾配であり,この間の摩擦抵抗 τ は,

$$\tau = \mu \cdot \frac{\Delta v}{\Delta x}$$

で表される.ここで μ は比例定数であり粘性係数といわれ,流体の密度 ρ で除したものが動粘性係数 ν である.

$$\nu = \frac{\mu}{\rho}$$

(b) 表面張力,毛管現象

液体分子の凝集力により,液体の表面はできるだけ小さく保とうとする力が働く.液体表面上の任意の線の両側に,単位長さ当たり作用する引張り力が表面張力である.

細い管を液体中に垂直に入れたとき,液体の表面張力により管の内側と外側で高さが相違する現象を毛管現象という.

(c) 層流と乱流

層流は,流体粒子が滑らかな線を描いて互いに交わることなく整然と運動する状態をいう.これに対して,乱流は,流体粒子の不規則な混乱した流れをいう.また,層流から乱流,乱流から層流に移り変るときの流れを遷移流という.

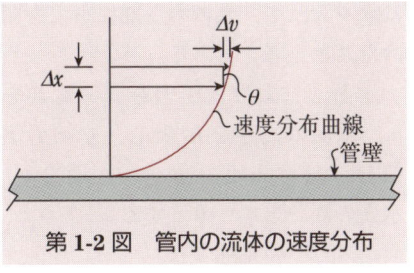

第1-2図 管内の流体の速度分布

層流，乱流，遷移流を数値的にとらえたものがレイノルズ数 Re であり，以下の式に示す．

$$Re = \frac{v \cdot d}{\nu}$$

ここで，v：流体の流速〔m/s〕
　　　　d：管の内径〔m〕
　　　　ν：動粘性係数〔m²/s〕

である．

- $Re < 2320$ ……………… 層流
- $Re > 4000$ ……………… 乱流
- $2320 \leqq Re \leqq 4000$ ……… 遷移流

といい，層流から乱流に変わる速度を臨界速度という．

(d) ベルヌーイの定理

粘性や摩擦がなく，圧縮を考慮しない理想流体（完全流体）の定常流で，外力として重力だけが作用する場合，流線に沿って成り立つエネルギー保存則がベルヌーイの定理である．第1-3図において，流体の単位体積当たりの質量を m〔kg/m³〕とすると，

（A点の位置，圧力，運動のエネルギーの和）
＝（B点の位置，圧力，運動のエネルギーの和）
＝ 一定

すなわち，

$$mgZ_1 + m\frac{p_1}{\rho} + \frac{1}{2}mv_1^2$$
$$= mgZ_2 + m\frac{p_2}{\rho} + \frac{1}{2}mv_2^2$$
$$= 一定$$

両辺を mg で割ると，

$$Z_1 + \frac{p_1}{\rho g} + \frac{v_1^2}{2g} = Z_2 + \frac{p_2}{\rho g} + \frac{v_2^2}{2g}$$
$$= 一定$$

ここで Z_1, Z_2 が位置水頭，$\dfrac{p_1}{\rho g}$, $\dfrac{p_2}{\rho g}$ が圧力水頭，$\dfrac{v_1^2}{2g}$, $\dfrac{v_2^2}{2g}$ が速度水頭である．また，全水頭とは，

　　全水頭 ＝ 位置水頭 ＋ 圧力水頭
　　　　　 ＋ 速度水頭

のことである．

(e) トリチェリーの定理

第1-4図のように，十分大きな水槽に水を入れて，水槽の下部に小穴を開けたことを考えてみる．

水面Aにおける圧力を p_1，流速を v_1，水面の高さを h_1 とし，水槽の下部Bにおける圧力を p_2，流速を v_2，水面の高さを $h_2 (=0 とする)$ とすると，ベルヌーイの定理より，

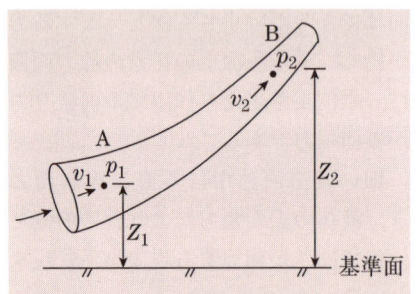

Z_1：A点の位置の高さ
A点 v_1：流体の速度
　　p_1：流体の圧力

Z_2：B点の位置の高さ
B点 v_2：流体の速度
　　p_2：流体の圧力

ρ：水の密度〔kg/m³〕
g：重力の加速度 9.8〔m/s²〕

第1-3図　ベルヌーイの定理の
　　　　　エネルギー保存則

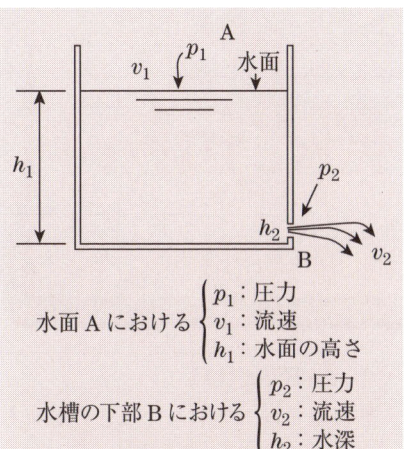

水面 A における $\begin{cases} p_1：圧力 \\ v_1：流速 \\ h_1：水面の高さ \end{cases}$

水槽の下部 B における $\begin{cases} p_2：圧力 \\ v_2：流速 \\ h_2：水深 \end{cases}$

ρ：水の密度〔kg/m³〕
g：重力の加速度〔m/s²〕

第 1-4 図　トリチェリーの定理

$$v_2 = \sqrt{2gh_1}$$

つまり，小穴からの水の流出速度は水面の高さだけで決まることになる．

(f) 管水路の圧力損失

管路内に流体が流れると，粘性による流体間の摩擦や流体と管壁との摩擦により流体のエネルギーが減少する．この摩擦によるエネルギーの損失を圧力差 Δp で表し，摩擦損失水頭を H とすると（**第 1-5 図**），

$$\Delta p = p_1 - p_2 = \lambda \frac{l}{D} \cdot \frac{1}{2} \rho v^2$$

ここで，$\gamma = \rho g$ の関係から，

$$H = \frac{\Delta p}{\gamma} = \lambda \frac{l}{D} \cdot \frac{v^2}{2g}$$

（ダルシー・ワイスバッハの式）
ここで，Δp：圧力損失
λ：摩擦係数
v：流速〔m/s〕

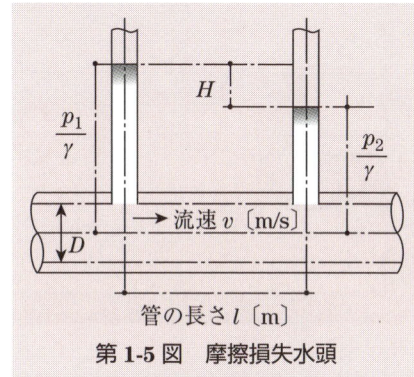

第 1-5 図　摩擦損失水頭

D：管径〔m〕
l：管の長さ〔m〕
g：重力の加速度（9.8 m/s²）
γ：流体の比重量〔kgf/m³〕
ρ：流体の密度〔kg/m³〕

摩擦損失水頭は，管の長さ l，流速 v の 2 乗に比例し，管の内径 D に反比例する．

(g) ピトー管

ピトー管は，ベルヌーイの定理を応用し，管路内の全圧と静圧を測定して動圧を求め，流量を測定するものである（**第 1-6 図**）．

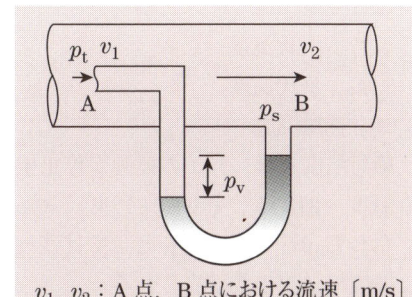

v_1, v_2：A 点，B 点における流速〔m/s〕
p_t, p_s：A 点，B 点における全圧，静圧
p_v：動圧

第 1-6 図　ピトー管による動圧の測定

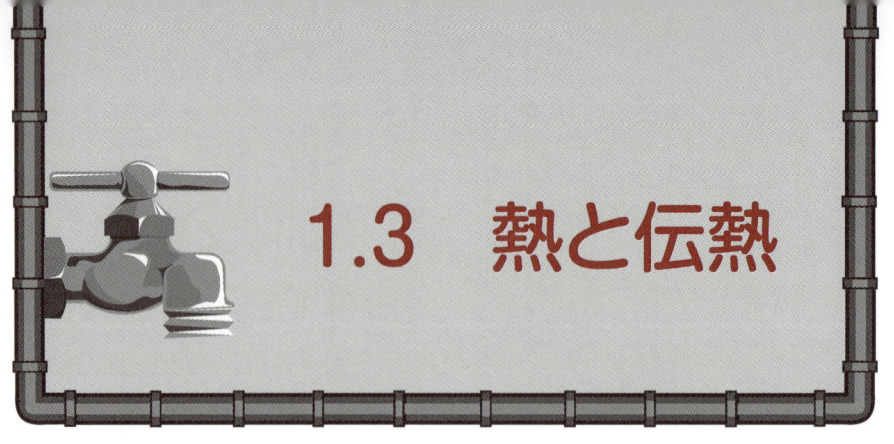

1.3 熱と伝熱

1. 熱

(1) 温度

(a) 摂氏と華氏

温度には摂氏温度〔℃〕と華氏温度〔°F〕とがあり，摂氏温度は，標準大気圧で水が凍る温度を0℃，沸騰する温度を100℃としたもので，これを100等分したものが1℃である．

摂氏温度と華氏温度には，下記のような関係がある．

$$T_C = \frac{5}{9}(T_F - 32)$$

ここで，
 T_C：摂氏温度〔℃〕
 T_F：華氏温度〔°F〕

(b) 絶対温度

絶対温度とは，分子の運動が停止する温度 -273.15℃を0 K（ケルビン），すなわち，0℃を273.15 Kとして目盛った温度で，次の式で表される．

$$T〔K〕= 273.15 + T_C〔℃〕$$

ここで，
 T：絶対温度〔K；ケルビン〕

(2) 熱容量と比熱

熱容量とは，加熱したときの温まりやすさや温まりにくさを表すもので，物体の比熱と重量の積から求められる．比熱は，1 gの物質の温度を1 K高めるのに要する熱量で，単位は〔J/(g・K)〕で表す．

比熱には定圧比熱（c_p）と定容比熱（c_v）とがあり，気体の場合は常に，

 $c_p > c_v$

である（固体や液体では $c_p \fallingdotseq c_v$）．

定圧比熱（c_p）とは，圧力一定の状態で加熱し，外部に仕事をしながら温度上昇させたときの比熱であり，定容比熱とは，容積一定の状態で加熱し，外部に仕事をさせないで温度を上昇させたときの比熱である．定圧比熱 c_p と定容比熱の比 K を比熱比という．

$$K = \frac{c_p}{c_v}$$

2. 熱力学

(1) 熱力学の第一法則

熱と機械的仕事は，本質的には同じ

ものであり可逆性を有する．
① 熱と機械的仕事はともにエネルギーの一種であり，一方から他方に変えることができる．
② 熱は力学的エネルギーと同種のエネルギーである．

(2) **熱力学の第二法則**

熱と仕事の可逆性と方向性の困難さを経験により示したもので，
① 低温の物体から高温の物体に熱が自然に移ることがない．
② 一定の熱源から取り出した熱量を，他に変化を与えることなしにすべてを仕事に変えることはできない．

3. 伝 熱

(1) **熱移動**

熱の移動には，伝導，対流，放射（輻射）の三つがあり，それらが複合的に起こることが多い．

伝導は，固体内で熱が移動する現象で，熱が固体を構成する分子から分子へ伝達されることをいう．

対流は，液体や気体などの流体で起こる伝熱で，異なる流体温度の密度差による流体分子の上昇，下降により熱が伝わることである．

放射は，物体から電磁波として熱エネルギーが放出される現象である．真空中など媒体を必要としないで熱が伝わり，放射エネルギーは絶対温度の4乗に比例する（ステファン・ボルツマンの法則）．

(2) **熱通過**

建物の構造体の壁や屋根などを熱が伝わることを熱通過といい，壁体の両側の空気に温度差がある場合に，壁体を通して高温側空気から低温側に熱が伝わる現象である．空気から壁面への熱伝達，壁体内を伝わる熱伝導により生じる．反対側の壁面から空気への熱伝達により熱が伝わる熱貫流率は，壁体などの熱の伝わりやすさを表す値で，次の式で示される（第1-7図参照）．

$$\frac{1}{K} = \frac{1}{\alpha_o} + \sum \frac{d}{\lambda} + \frac{1}{\alpha_i}$$

ここで，
　K；熱通過率〔W/(m²·K)〕

(3) **理論空気量，過剰空気**

燃料を完全燃焼させるため，最小必要となる空気量を，理論空気量という．

燃料が燃焼機関内で完全燃焼するためには理論空気量だけでは不足で，実際にはそれより多くの空気が必要となる．理論空気量より多く必要な空気を過剰空気という（第1-2表参照）．

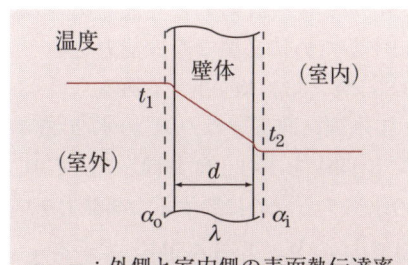

α_o, α_i：外側と室内側の表面熱伝達率〔W/(m²·K)〕
λ：壁体の熱伝導率〔W/(m·K)〕
d：壁の厚さ〔m〕
第1-7図　熱貫流

第 1-2 表　ボイラーの空気過剰率

燃料の種類	空気過剰率
気体燃料	1.1 ～ 1.2
液体燃料	1.2 ～ 1.3
固体燃料	1.5 ～ 1.6

4. 冷　凍

冷凍とは，物体や室内空間などを周囲の大気温度よりも低い温度に冷却し，それを維持することである．

(1) 冷凍法

空調設備では，蒸発しやすい液体，たとえばフロンやアンモニア，水を冷媒として利用し，低圧低温で気化させ，その蒸発潜熱で冷却する．蒸発したガスは圧縮機で加圧，冷却し液化し，繰り返し利用する．機械的エネルギーを加えて圧縮液化する圧縮式冷凍機，熱エネルギーを加えて化学的に冷凍する吸収式冷凍機がある．

(2) 冷凍トン

1日本冷凍トンは，0℃の水 1000 kg（1 ton）を1日（24時間）で全て0℃の氷にするために必要な冷凍能力をいう．3.86 kW（3320 kcal/h）である．

1米国冷凍トンは，0℃の水 2000 ポンド（Ib）を1日（24時間）で全て0℃の氷にするために要する冷凍能力をいう．3.52 kW（3024 kcal/h）である．

1日本冷凍トンの方が，約1割1米国冷凍トンより多い能力がある．

(3) 冷凍サイクル

冷凍サイクルとは，冷凍機において冷媒の状態変化を表すものである．第 1-8 図に示す構成の圧縮冷凍機のモリエ線図上に示した冷凍サイクルを第 1-9 図に示す．第 1-9 図において，

・1→2：圧縮機内で断熱圧縮，冷媒ガスが圧縮機で圧縮され，冷媒ガスは等エントロピー線に沿って圧力や温度が上昇する．
圧縮機の仕事の熱当量（i_2-i_1）

・2→3：凝縮器で熱を放出し冷却する．高温高圧の過熱蒸気が冷却されて液体になる．
凝縮器で放出する熱量（i_2-i_3）

・3→4：膨張弁の絞り弁により断熱膨張し，熱を吸収しやすい，低温，低圧の湿り蒸気となる．

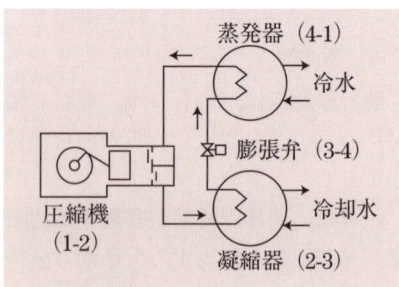

第 1-8 図　圧縮冷凍機の構成

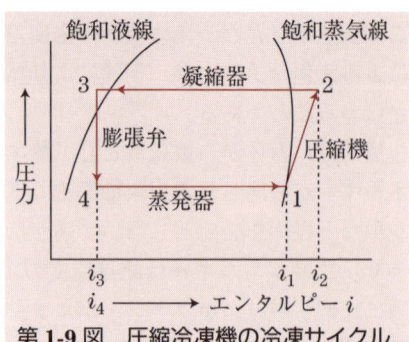

第 1-9 図　圧縮冷凍機の冷凍サイクル

- 4 → 1：蒸発器に入り周囲から熱を奪いながら蒸発しエンタルピーを増加する．

  冷凍量は $(i_1 - i_4)$

5. 湿り空気

(1) 絶対湿度と相対湿度

湿り空気中の水蒸気の含有率を表すのに，乾き空気 1 kg に対して x〔kg〕の比率で水蒸気が含まれているとし，x〔kg/kg′〕で表す．これを絶対湿度としている．

相対湿度は，湿り空気中の水蒸気分圧 h とその温度における飽和水蒸気分圧 h_s との比を百分率で表したものである．

$$\varphi = \frac{h}{h_s} \times 100 \, 〔\%〕$$

(2) 飽和空気と露点温度

湿り空気中の水蒸気の量は，温度や圧力によって定まる最大値があり，この限度まで水蒸気を含んだ状態の空気を飽和空気という．

湿り空気の温度を下げていくと相対湿度 100％の飽和空気となり，空気中の水蒸気が結露しはじめる温度がある．この温度が露点温度である．

(3) エンタルピー

ある状態における物質は，"顕熱＋潜熱"の一定の熱を持っている．エンタルピーは物質が有するエネルギーの総和であり，圧力変化がない場合のエンタルピーの変化は熱量の変化で表される．

(4) 湿り空気線図

湿り空気は，圧力一定の場合，温度，湿度，比エンタルピー，比容積などの状態値があるが，これらのうち二つが決まれば他の状態値は容易に求めることができる．空気調和の負荷計算や湿り空気の状態を検討する目的で，比エンタルピーと絶対湿度を座標にとった h-x 線図が一般に用いられている（第 1-10 図）．

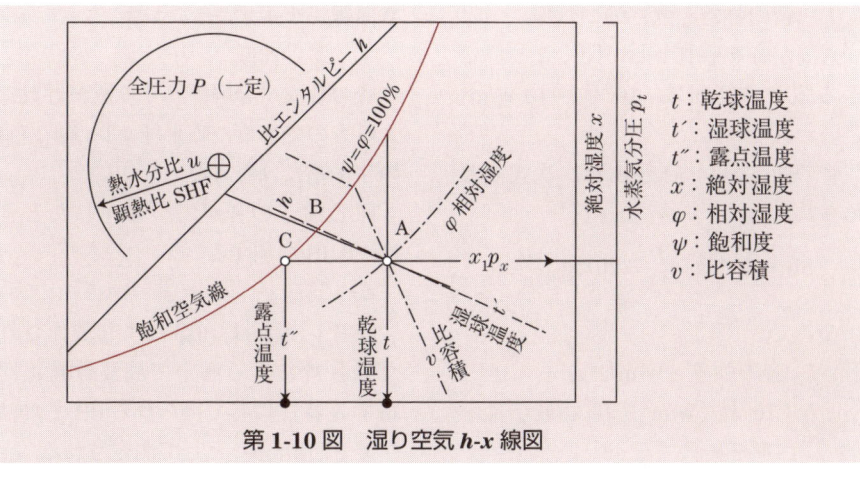

第 1-10 図　湿り空気 h-x 線図

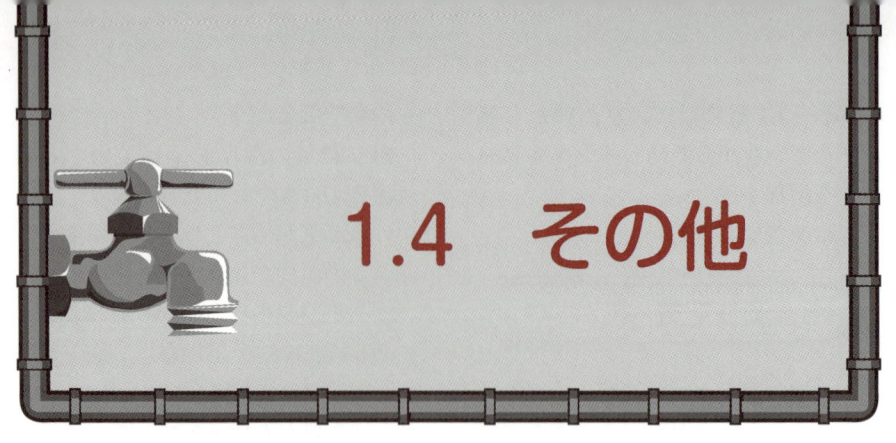

1.4　その他

1. 音の特性

　音は，固体，液体，気体等の媒質中を伝わる疎密波であり縦波である．媒質を粒子で考えると，音源に対して粒子が前後に振動を繰り返すことにより音が伝わっていくと考えられる．

(1) 音の速さ

　気温 t〔℃〕のとき，音の速さ C は，
$$C = 331.5 + 0.6t$$
で求められる．$t=15$℃の場合 $C=340$ m/sとなる．

(2) 音の強さと強さのレベル

　人間が音を感覚として聞くことができる強さの範囲は，$10^{-12} \sim 10$ W/m^2 といわれている．
　音の強さのレベル SIL は，次式で求められる．
$$\mathrm{SIL} = 10 \log_{10} \frac{I}{I_0} = 20 \log_{10} \frac{P}{P_0}$$
ここで，
　I：音の強さ〔W/m^2〕
　I_0：10^{-12}〔W/m^2〕（可聴最小エネルギー）
　P：音圧〔N/m^2〕
　P_0：2×10^{-5}〔N/m^2〕

(3) 音の大きさ

　音の大きさとは人間の音に対する感度の大きさであり，音の物理的尺度 dB に対して，人間の耳による音の大きさの感覚による尺度をフォン（phon）で表している．つまり，ある音の大きさを，これと同じ大きさで聞こえる 1000 Hz の純音の音圧レベル dB で表し，フォンを用いて音の大きさとしている．
　第 1-11 図に聴感曲線（等ラウドネス曲線）を示す．

(4) 音の合成

　音の合成や分解は，その値が対数によるものであるため単純なレベルの値の和や差にはならない．
　同じ強さの音が二つ存在したときは，3 dB 増加する．

(5) 騒音

　騒音レベルは，JIS により製作された騒音計による測定で周波数補正回路を A 特性にして得られる dB またはフォン（phon）として測定される．

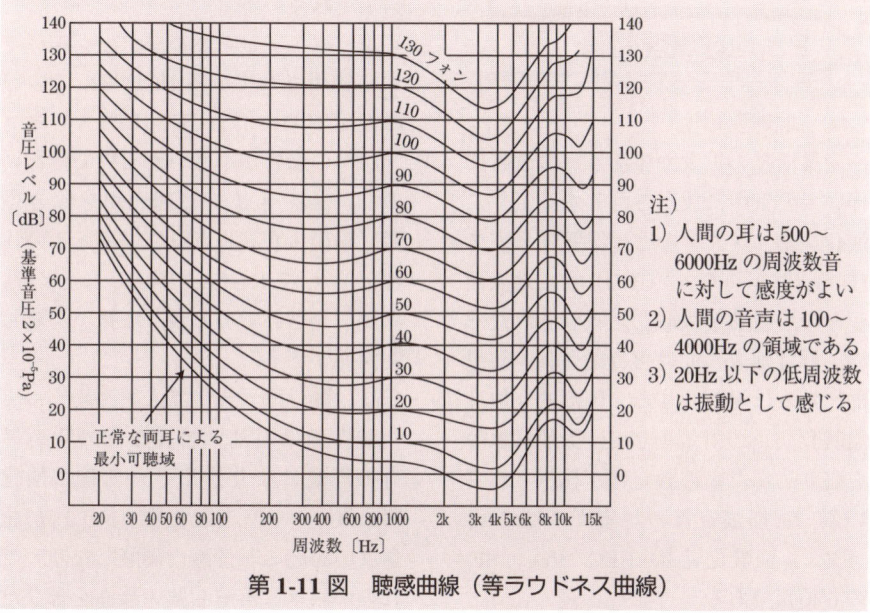

第 1-11 図　聴感曲線（等ラウドネス曲線）

(a) **騒音計**

① 音の大きさを大・小二つに分け，A 特性は聴感曲線（等ラウドネス曲線）の 40 フォンの聴感曲線に合う補正をしたもの，C 特性は 100 フォンの聴感曲線に近い補正したものである．

② A 特性で測定した値が，人間の聴覚に最も近いといわれる．JIS 規定で，騒音レベルは音の大・小にかかわらず原則として A 特性で測定することになっている．

騒音レベル（A 特性）
　　≒ 音の大きさのレベル dB(A)
C 特性による騒音計の測定値
　　≒ 音圧レベル dB(C)

(b) **NC値**

騒音を分析し，周波数帯ごとにその

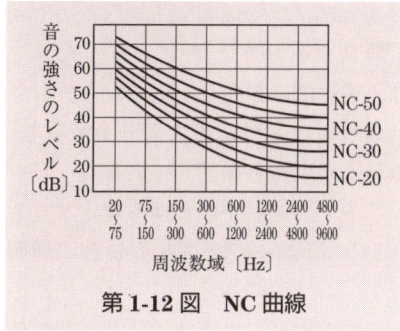

第 1-12 図　NC 曲線

許容値を示すものである（第 1-12 図）．

(c) **マスキング**

同時に二つの音を聞く場合，一方の音のために他の音が聞こえにくくなる現象のこと．

マスキングは聞こうとする音の周波数に近い音が大きく，マスクする音が大きくなればマスクする量が多くなる．

1.4　その他

2. 地球環境問題

(1) 地球温暖化

産業活動の拡大や生活水準の改善に伴い，大気中に放出される水蒸気や二酸化炭素，メタンなどの温室効果ガス（Green House Gas：GHG）が，地表面からの放射熱を吸収し，吸収された熱の一部は地表に向け再放射され，結果的に地表は温暖化する．国際的な地球温暖化防止の対策として，数値目標等を盛り込んだ京都議定書が採択されている．京都議定書の対象ガスは CO_2，メタン，亜酸化炭素，HFC，PFC，SF_6 の6種類である．

(2) オゾン層破壊

地球を取り巻くオゾン層の大部分は，成層圏に存在し，太陽から放射される有害な紫外線の大部分を吸収し，地球上の生物を保護している．

このオゾン層がいわゆる特定フロン（CFC）により破壊されることが判明している．この特定フロンは空調用の冷媒や消火剤，半導体の製造工程で使われる洗浄剤や建材のウレタンフォーム等の断熱材など幅広く利用されていたが，その影響が大きいため，モントリオール議定書により5種類の特定フロンおよび3種類の特定ハロンの生産量の削減が合意されている．この趣旨に基づき，日本でも1988年に「特定物質の規制等におけるオゾン層の保護に関する法律」（オゾン層保護法）が制定されている．

ルームエアコンやパッケージエアコンに使用されているHCFC22，123等の指定フロンは，CFCに比べてオゾン層への影響が小さいがゼロではないので，2020年までに補充用を除き生産，輸出入が禁止されている．この代替品としてR410A，R407Cなどの冷媒が開発されているが，取扱いが難しい側面がある．

(3) 酸性雨，光化学大気汚染

酸性雨は石油，石炭などの化石燃料の燃焼により排出される硫黄酸化物（SO_x）や窒素酸化物（NO_x）が化学反応を起こし硫酸や硝酸となり，これらが雨水に溶解し強い酸性を帯びたもので，pHが5.6以下とされていたが，最近では酸性の強い霧や雪，ガス状の酸についても酸性雨と見なされている．樹木の枯死，湖沼生物の死滅などの自然環境の影響はもとより，建築構造物の腐食・劣化などを引き起こす原因となる．光化学大気汚染は，生産工場や自動車から排出される炭化水素と窒素化合物が大気中で光化学反応することで発生する．

この問題をマスタしよう

問1（環境用語） 地球環境に関する用語の組み合わせのうち，最も関係の少ないものはどれか．
(1) 地球温暖化 ──── 二酸化炭素の増加
(2) オゾン層破壊 ──── 特定フロンの放出
(3) ダイオキシン ──── ゴミの焼却
(4) 酸性雨 ──── 天然ガスの燃焼

解説

(1) 石炭，石油等の化石燃料の燃焼等の増加に伴い発生する二酸化炭素やフロン11，フロン12，メタン等による温室効果（太陽光線は通すが熱は逃さない現象）により，地球全体の気温が上昇し気候の変動，海面の上昇などが懸念されている．わが国では1990年10月の「地球温暖化防止行動計画」で2000年以降の一人当たり二酸化炭素排出量を1990年レベルで安定化することなどを目標としている．

(2) 大気中に放出される，クロロフルオロカーボン（Chlorofluoro Carbon；CFC）は，化学的に安定した物質で，無色無臭無毒であるため，冷媒（CFC-12），発泡剤（CFC-11，12），エレクトロニクスや精密機器の洗浄剤（CFC-113）などに用いられていた．これらCFCが成層圏に達して紫外線で分解され，塩素を生成し，これがオゾン層を破壊することで，特定フロン（CFC-11，12，113，114，115の5種類）がモントリオール議定書により1996年より製造が中止されている．特定フロンの代替品としてオゾン層破壊係数（ODP）がゼロのHFC134aが普及してきている．

パッケージエアコンに使用されているHCFC（指定フロン：HCFC22，123など）は，対流圏で分解されやすいため，CFCに比べオゾン層への影響が少ないが，ゼロではないため，2020年までに原則として生産，輸出入が禁止されることになっている．その代替として，R410A，R407Cなどの冷媒が開発されているが，取扱いが難しいなどの問題がある．

(3) ダイオキシンは，ゴミや産業廃棄物の焼却により発生し，環境汚染の原因となる．これは，ゴミ等に含まれる芳香族塩素化合物（ヘキサクロロベンゼンやPCBなどがある）が燃焼することで，酸化され，ダイオキシン類が生成される．したがって，ゴミ焼却による排出削減は社会的に重要な課題である．

(4) 石油や石炭などの化石燃料は硫黄化合物を含んでいるが，燃焼することで二酸化硫黄が大気中に放出される．この二酸化硫黄は，紫外線を受け

ると光化学反応により酸化されて酸性雨の原因となる．天然ガスは，石油や石炭に比べ，燃焼時の二酸化炭素排出量が少なく，環境対策面ですぐれたクリーンなエネルギー源である．よって，この問題では選択肢(4)が最も関連性が少ないことがわかる．

答 (4)

問2（温熱環境と冷暖房） 湿り空気に関する記述のうち，適当でないものはどれか．
(1) 乾球温度とは，乾いた感熱部をもつ温度計で測定した温度をいう．
(2) 絶対湿度とは，湿り空気中に含まれている水蒸気の量と，湿り空気量との質量割合である．
(3) 湿り空気は，その空気の露点温度より低い物体に触れると結露する．
(4) 絶対湿度が同じであっても，相対湿度は，温度により変わる．

解説　(a) 絶対湿度は，乾き空気1 kgを含む湿り空気中の水分の重量で単位は kg/kg′ で表す．つまり，湿り空気の状態は1 kgの乾き空気（kg′で表す）とx〔kg〕の水分との混合した湿り空気（1+x）〔kg〕で表すことが多い．

(b) ある状態の湿り空気の温度を下げていくと相対湿度100%の飽和空気となり，空気中の水分が水蒸気の状態で存在していたものが水滴となり結露しはじめる点がある．この点の乾球温度を露点温度という（図1-1）．

答 (2)

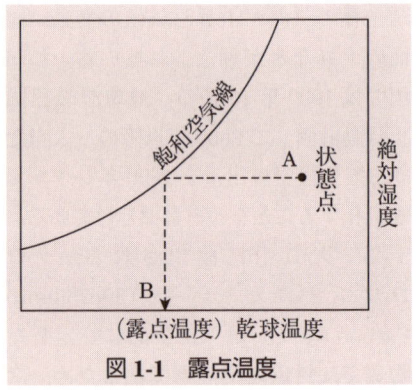

図1-1　露点温度

問3（室内空気の汚染） 二酸化炭素に関する記述のうち，適当でないものはどれか．
(1) 人体の呼吸における二酸化炭素の量は，呼気量の4%（容積百分率）ぐらいである．
(2) 二酸化炭素の密度は，空気より小さい．
(3) 自然環境では大気中に二酸化炭素が0.03%（容積百分率）ほど含まれる．
(4) 二酸化炭素濃度は，室内空気汚染の指標の一つである．

(a) 表1-1のように，二酸化炭素の比重は大気より大きい．したがって，密度は空気より大きいことになる．

表1-1 大気の組成と性質

成分	N_2	O_2	Ar	CO_2
重量〔%〕	75.53	23.14	1.28	0.05
分子量	28.013	32.0	39.944	44.01
空気に対する比重	0.97	1.11	1.38	1.53

(b) 人間の呼気および大気の組成を体積の割合で示すと表1-2のとおりである．

表のように，呼気の二酸化炭素の量は容積百分率で約4％といえる．

表1-2 呼気と大気の組成（体積比%）

	N_2	O_2	CO_2
呼気	79.2	15～17.5	3～4.5
大気	78.0	21.0	0.03

(c) 人体が呼吸することにより，室内空気中の二酸化炭素（CO_2）の量が増加し，酸素（O_2）は減少する．CO_2の増加は室内空気の汚染に比例するので，CO_2濃度を室内汚染の指標としている．建築基準法施行令第129条2-3で定められている室内環境基準では，CO_2の許容濃度を0.1％以下と定めている．

答 (2)

問4（室内環境） 室内環境に関する用語の組み合わせのうち，関係のないものはどれか．
(1) 不快指数 ────── 気流速度
(2) 気候図 ────── クリモグラフ
(3) 有効温度 ────── ヤグロー線図
(4) 等価温度 ────── グローブ温度計

 (a) 不快指数（DI；Discomfort Index）は，気温と湿度から夏季の暑さの不快感を表すために設けられた指数である．乾球温度（DT）と湿球温度（WT）を測定し，第1章解説で説明した式で求める．

身体で感じる不快な蒸し暑さと不快指数の関係を表1-3に示す．

また，不快指数と気流速度とは関連が無い．

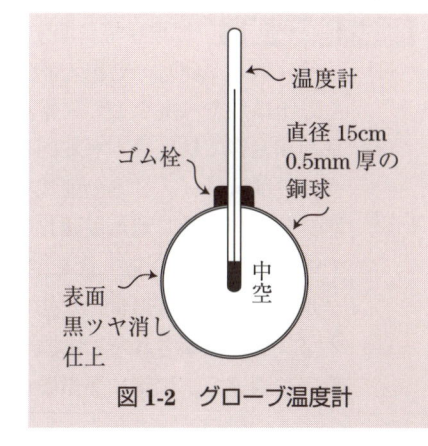

図1-2 グローブ温度計

この問題をマスタしよう

表 1-3　不快指数と体感

不快指数	米国	日本
70 以上	一部不快	
75 以上	半数が不快	やや暑い
80 以上	全員不快	暑くて汗が出る
85 以上		暑くてたまらない（全員不快）

球温度と放射とを組み合わせて表したもので，グローブ温度計により測定する．グローブ温度計は，放射熱を吸収するために黒塗りでツヤ消しされた中空の銅球（直径 15 cm）の中心に温度計が入れられている（図 1-2）．

(b)　等価温度（EW；Equivalent Warmth）は，気流が無い場所での乾

答　(1)

問 5（室内環境）　室内環境に関する記述のうち，適当でないのはどれか．
(1)　一酸化炭素は，二酸化炭素より比重が小さく，人体に有害な物質である．
(2)　臭気は，臭気強度や臭気指数で表され，空気汚染を知る指標とされている．
(3)　燃焼において，一般に酸素濃度が 10％ に低下すると，不完全燃焼が始まり，一酸化炭素が発生するようになる．
(4)　ホルムアルデヒドやトルエン，キシレン等の揮発性有機化合物（VOC）は，シックハウス症候群の原因物質である．

(a)　CO の濃度が例えば 0.16％ の場合，20 分程度でめまい，吐き気，2 時間で致死に至る．
(b)　臭気は炭酸ガス量と同じように空気汚染を知る指標とされている．ヤグローにより臭気強度に指数を用いて表している．
(c)　酸素濃度 19％ に低下すると不完全燃焼が始まる．

答　(3)

問 6（地球環境）　地球環境に関する記述のうち，適当でないものはどれか．
(1)　二酸化炭素（CO_2）やメタンなど大気中の温室効果ガスの濃度が高くなると干ばつや洪水などの異常現象を起こすおそれがある．
(2)　京都議定書では，日本が他国に協力して実施した事業における温室効果ガスの削減量は，日本の削減実績に繰り入れることができる．
(3)　建築分野における地球温暖化に着目した評価では，ライフサイクルとしての二酸化炭素の発生量を定量化したものである $LCCO_2$（ライフサイクル二酸化炭素排出量）が知られている．
(4)　オゾン層が破壊されると太陽光に含まれる赤外線が吸収されることなく地表に到達し，生物に悪影響を及ぼす．

解説 (1) 地球の大気温度は，太陽の日射エネルギーと地球からの熱放射のバランスによって定まる．CO_2 やメタンなどの温室効果ガスが増加すると，熱放射を吸収する量が増え，このバランスが崩れることが異常気象の原因と考えられている．

(2) 海外に進出している企業なども海外で省エネ事業を行うことで母国，相手国の承認や国連での承認を受けることで排出権を獲得し，他企業に転売できるシステムも可能となる．

(3) $LCCO_2$ は，建築物などの製品のライフサイクルにおける環境負荷の評価指標の一つとして用いられる．

(4) 地表の成層圏に存在するオゾン層は，太陽光に含まれる有害な紫外線の大部分を吸収し，地球上の生物を守っている．

答 (4)

問7（空気と環境） 環境汚染に関する記述のうち，適当でないものはどれか．
(1) 工場や自動車から発生する炭化水素は，光化学大気汚染に関係する．
(2) 特定フロンは，オゾン層を破壊する原因となる．
(3) 化石燃料の燃焼により発生する硫黄酸化物は，酸性雨の原因となる．
(4) 化石燃料の燃焼により発生する二酸化炭素は，地球温暖化に対する影響は少ない．

解説 (a) 冷凍機に使われる冷媒用フロンのうち，CFC11, 12, 113, 114, 115 は特定フロンとして，オゾン破壊係数（ODP）が大きく生産全廃の規制を1996年1月より受けている（表1-4）．

なお，生産の規制を受けながら，2020年まで生産が継続できる代替フロンのHCFC，オゾン層破壊係数が0の代替フロンHFCの特性を**表1-5**に

表1-4 特定フロン（CFC）の地球環境係数（UNEP, 1989）

化学物質	大気中寿命〔年〕*1	オゾン層破壊係数（ODP）*2	地球温暖化係数（GWP）100年 *3
CFC-11	60	1.0	4000
CFC-12	120	1.0	8500
CFC-113	90	0.8	5000
CFC-114	300	1.0	9300
CFC-115	1700	0.6	9300

注 *1 UNEP/WMO1989，付属書—表Ⅲによる．
　*2 UNEP/WMO1989，付属書—表Ⅳによる．
　*3 UNEP/WMO1989，付属書—表Ⅳおよび表Ⅶによる．
（空気調和・衛生工学会編「空気調和・衛生工学会便覧」による）

この問題をマスタしよう

表1-5 おもな代替フロン（HCFC・HFC）の地球環境係数

化学物質		大気中寿命〔年〕	オゾン層破壊係数（ODP）	地球温暖化係数（GWP）100年
HCFC	22	15	0.055	1700
	123	1.6	0.02	93
	141b	8	0.11	630
HFC	32	6	0	630
	134a	16	0	1300
	125	28	0	2800
	143a	41	0	3800

（空気調和・衛生工学会編「空気調和・衛生工学会便覧」による）

示す．

　現在，パッケージ形空調機にはHCFC22（フロン22）が使用され，遠心冷凍機にはフロン134a（HFC134a）が使われている．

(b) 化石燃料の燃焼により排出される二酸化炭素は，化石燃料の消費量の増大と熱帯雨林の人為的な破壊などにより，その排出量はますます増加している．二酸化炭素分子は，赤外線を吸収する性質があるため地球温暖化の原因となる．

答　(4)

問8（空気環境） 空気環境に関する記述のうち，適当でないものはどれか．
(1) 硫黄酸化物による汚染の原因は，その大部分が石油などの化石燃料の燃焼による．
(2) 空気中に浮遊する粒径10 μm以下のものを，浮遊粒子状物質という．
(3) 光化学大気汚染の状況の指標であるオキシダント濃度は，気象条件により大きく影響される．
(4) 温室効果ガスである大気中の二酸化炭素の濃度は増加してきており，現在では約200 ppmである．

解説　(1) 石油などの化石燃料の燃料中に含まれる硫黄分が，燃焼時に酸化して大気中に放出されたものが硫黄酸化物で，SO_2（二酸化硫黄）を代表とするSO_xで示される．

(2) 浮遊粒子状物質とは，空気中に存在する固体粒子のうち，粒径が小さいためにほとんど沈降せず浮遊しているもので，粒径は10 μm以下が多く，大気中に比較的長時間滞留し，人の健康に影響する．

(3) 窒素酸化物等が，紫外線などで光化学反応を起こして生成するオキシダントは，主としてオゾンやアルデヒドからなる．悪臭と目に刺激がある．オキシダント濃度は気象条件により影

響される．

(4) 二酸化炭素は，化学式 CO_2 であり，低温常圧下ではドライアイスとなり，常温常圧下では炭酸ガスとなる．地球温暖化の原因とされる二酸化炭素の濃度は増加傾向にあり，最近の大気中の濃度は 380 ppm 程度である．

答　(4)

問 9（室内環境） 室内環境を表す指標として，関係のないものはどれか．
(1) NC 値
(2) 化学的酸素要求量
(3) 二酸化炭素濃度
(4) 気流

解説

(a) NC 値（NC 曲線）は，特に室内騒音の評価のために提案されたもので，騒音を分析し，周波数のオクターブバンドごとの許容値を示す値（曲線）である．例えば NC-60 という NC 値は騒音をオクターブ分析した結果，すべての周波数について NC-60 の曲線の値より小さいことを示す．建物の部屋別 NC 値は，住宅で 25 〜 35，教室で 25，スタジオで 15 〜 20 などである．

(b) 化学的酸素要求量（COD）は，汚染された水を酸化剤で化学的に酸化したときに消費される酸素量をいい，ppm（100 万分の 1）で表示される．1 L の水を 20℃，4 時間放置したとき化学的に酸化される酸素量が何 mg であったかを測定するものである．

(c) 室内環境基準については建築基準法（建基令第 129 条 2-6，建設省告示 1832 号）やビル管法（建築物における衛生的環境の確保に関する法律）で空気調和の室内環境基準として以下のように規定されている．

① 温度……17 〜 28℃，居室の温度を外気の温度より低くする場合はその差を著しくしないこと．
② 相対湿度……40 〜 70%（夏 50 〜 60%，冬 40 〜 50%）．
③ 気流速度……0.5 m/s 以下（0.2 m/s 以下が望ましい）．
④ 浮遊じんあい……0.15 mg/m^3 以下．
⑤ 二酸化炭素濃度（CO_2）……0.1%（1000 ppm）以下．
⑥ 一酸化炭素濃度（CO）……0.001%（10 ppm）以下．

答　(2)

この問題をマスタしよう

問10（水と環境） 水質に関する記述のうち，適当でないものはどれか．
(1) BODは，水中に溶けている酸素量を示す指標である．
(2) pHは，水素イオン濃度の大小を表す．
(3) マグネシウムイオンの多い水は，硬度が高い．
(4) SSは，水に溶けない懸濁性の物質のことをいう．

解説 (a) BODは，水中に含まれている有機物質の程度を表すものである．腐敗性の有機物が微生物の働きで無機性の酸化物とガスに分解され安定な状態に至るまで水中の酸素が消費される．このときに使われる必要量の酸素量をBOD（Biochemical Oxygen Demand）といい，生物化学的酸素要求量と訳される．1Lの水を20℃の温度で5日間放置し，消費される酸素の量がその間どれ程かを測定し，濃度〔mg/L〕で表す．一般に，BODが大きい場合，水中の腐敗性の有機物が多く汚染が進んでいると考えられる．

なお，水中に溶けている酸素量を示す指標としては，DO（Dissolved Oxygen：溶存酸素）があり，これは水中で生活する魚貝類にとって必要なものであるばかりか，腐敗性有機物を浄化する微生物にとっても必要不可欠のものである．

(b) 水中の水素イオン（H^+）が水酸イオン（OH^-）より多ければその水は酸性を示し，OH^-が多ければアルカリ性を示す．温度が一定であれば，1Lの水に含まれる水素イオン濃度〔H^+〕と水酸イオン濃度〔OH^-〕との積は等しい．

答 (1)

問11（水質） pHに関する文中 □ 内に当てはまる語句の組み合わせのうち適当なものはどれか．

pHは，水素イオン濃度を示す指数で，その値が5のときは ￣A￣ であり，7のときは ￣B￣ である．

	(A)	(B)
(1)	酸性	アルカリ性
(2)	酸性	中性
(3)	中性	酸性
(4)	中性	アルカリ性

解説 水にはいろいろな物質が溶け込んでいる．その物質の割合により酸性，アルカリ性を表す．水中の水素イオン（H^+）が水酸イオ

24　第1章　一般基礎

ン（OH⁻）より多ければその水は酸性を示し，OH⁻が多ければアルカリ性を示す．温度が一定であれば，1Lの水に含まれる水素イオン濃度［H⁺］と水酸イオン濃度［OH⁻］との積は等しい．

答 (2)

問12（環境と計測） 室内環境に関する組み合わせのうち適当でないものはどれか．
(1) 表面温度 ― 放射温度計
(2) 湿球温度 ― アスマン乾湿計
(3) 乾球温度 ― オーガスト乾湿計
(4) 露点温度 ― バイメタル温度計

解説 (1) グローブ温度計（放射温度計）は，室内の周壁の平均放射温度の測定に使用される．
(2) アスマン乾湿計は，乾球と温球を有する2本の温度計の中央に気筒を設け，機器内蔵のファンでそれぞれの球部に通風する構造の乾湿計である．通風装置により，精度の高い測定が可能である．
(3) オーガスト乾湿計は，乾球と湿球の2本の温度計を並列に設けた乾湿計で，室内で気流の少ない場合は測定精度はかなり高い．
(4) バイメタル温度計は，熱による膨張係数が異なる2種類の金属を貼り合わせた金属板を用いる温度計で，構造が簡単で安価である．ダクト内の空気温度により機器を操作させる場合等のセンサとして用いられる．

答 (4)

問13（流体の性質） レイノルズ数に関する記述のうち，適当でないものはどれか．
(1) レイノルズ数は，管径が小さくなると小さくなる．
(2) レイノルズ数は，層流域と乱流域の判定の目安となる．
(3) レイノルズ数は，流体の速度が大きくなると小さくなる．
(4) レイノルズ数は，流体の動粘性係数に関係がある．

解説 レイノルズ数 Re は，

$$Re = \frac{v \cdot d}{\nu}$$

ここで，v を流体の流速〔m/s〕，d を管の内径〔m〕，ν を動粘性係数とする．

この式より，流体の速度 v に比例することがわかる．したがって，速度が増すと乱流になりやすい．

答 (3)

問 14（流体の運動） 流体に関する用語の組み合わせのうち，関係のないものはどれか．
(1) レイノルズ数────────乱流
(2) 表面張力──────────ピトー管
(3) ベルヌーイの定理──────定常流
(4) ウォーターハンマー────流体の圧力変動

解説 (a) 表面張力とは，液体分子の凝集力により，その表面をなるべく小さく保とうとする性質をいい，表面張力の大きさは液体表面上の任意の線の両側に単位長さ当たりに作用する引張力の大きさで表す．単位は〔N/m〕である．

なお，一定の管路内を流体が流れているとき，流れの速度を求めるのに全圧と静圧を測定し動圧を求めることができるが，これがピトー管の原理である．つまり，図 1-3 において，流れと平行に置いた管の先端部の圧力，速度を p_1, v_1 とし，流れと直角に置いた管の先端部の圧力，速度を p_2, v_2 とすると，ベルヌーイの定理から，

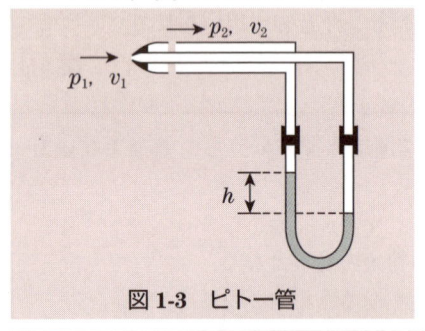

$$\frac{v_1^2}{2g} + \frac{p_1}{\gamma} = \frac{v_2^2}{2g} + \frac{p_2}{\gamma}$$

ここで，$v_1=0$，$v_2=v$ であるから，

$$v = \sqrt{\frac{2g(p_1 - p_2)}{\gamma}}$$

したがって，全圧から静圧を差し引いた動圧を測定することにより流速を求めることができる．

(b) 管内の流体の流れを弁や水栓などで急激に止めると，流体の運動エネルギーが圧力に変わり，上昇圧力は圧力波となり，給水源との間を往復し次第に減衰する．このように，管内に異常な圧力変動を起こす現象を水撃現象（ウォーターハンマー）という．

図 1-3 ピトー管

答 (2)

問 15（層流と乱流，ベルヌーイの定理） 流体の運動に関する記述のうち，適当でないものはどれか．
(1) 流れには，層流と乱流とがある．
(2) 同一流量の場合，直管部における摩擦損失は，管の内径に比例する．
(3) 全圧とは，動圧と静圧の和をいう．
(4) ベルヌーイの定理は，流体におけるエネルギー保存則の一形態である．

解説

(1) 個々の流体分子が規則正しく滑らかな線を描いて流れの方向に直角に交差することなく，整然と流れる状態を層流という．これに対して乱流は，流体分子の不規則な混乱した流れのことである．

(2) 管の内部を流れる流体の摩擦抵抗は，管の内壁に働くせん断応力による抵抗であり，流体の粘性により壁面に働くせん断応力の流れの方向の成分を合計したものである．

一般に，摩擦による流体のエネルギーの減少を圧力差で表すが，その圧力損失を Δp，管の内径を d〔m〕，長さを l〔m〕，流速を v〔m/s〕，流体の密度を ρ〔kg/m³〕｛比重量 γ〔N/m³〕｝，管の摩擦係数を λ とすると，

$$\Delta p = \lambda \cdot \frac{l}{d} \cdot \frac{v^2}{2} \cdot \rho \text{〔Pa〕}$$

$\gamma = \rho g$ であるから，

$$= \lambda \cdot \frac{l}{d} \cdot \frac{v^2}{2g} \cdot \gamma \text{〔N/m}^2\text{〕}$$

上式をダルシー・ワイスバッハの式という．この式から，摩擦による圧力損失は管の長さ(l)，流速(v)に比例し，管の内径(d)に反比例することがわかる．

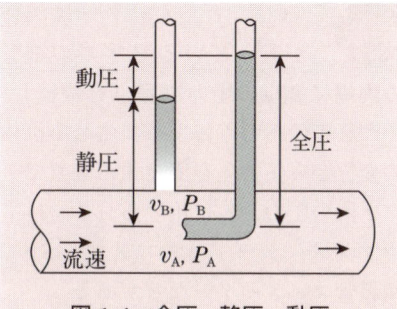

図 1-4 全圧・静圧・動圧

(3) 図 1-4 で明らかなように，管路内に流体が流れているとき，流体中で流れが 0 の部分の圧力が全圧 P_A であり，流れに平行な部分の圧力を静圧 P_B，流体の密度を ρ〔kg/m³〕，流速を v〔m/s〕とすると，$v_A = 0$ でありベルヌーイの定理から，

$$P_A = P_B + \frac{1}{2}\rho v^2$$

となり，$\frac{1}{2}\rho v^2$ が動圧である．

(4) 非圧縮性で粘性が無く定常流で流れる流体で，重力だけが作用する場合に流線に沿ってエネルギーの保存則として成り立つ法則がベルヌーイの定理である．運動エネルギー，圧力エネルギー，位置エネルギーの総和が保存されることを意味している． **答** (2)

問 16（流体測定器具，ベンチュリ管） 流体の測定器具に関する記述のうち，適当でないものはどれか．
(1) マノメーターは，気体の流速測定に用いられる．
(2) ベンチュリ管は，流体の流量測定に用いられる．
(3) ピトー管は，流体の動圧測定に用いられる．
(4) 三角せきは，液体の流量測定に用いられる．

この問題をマスタしよう

解説 (1) マノメーターは液体が入っているU字形の細管の両端に2点の圧力測定点を接続し，その2点の圧力差によって生じる液柱の変位から圧力差を測定する装置でダクト内の圧力測定に用いられる．U字管マノメーター，単管マノメーター，傾斜管マノメーターなどがある．

(2) ベンチュリ管は，水平の管の一部分を縮小し，絞りの上流側と縮小した口径部の圧力差を測定し，流体の流量を算出するものである．図 1-5 において，Ⓐ点，Ⓑ点の圧力差を Δh〔m〕，それぞれの断面積を a_A, a_B〔m²〕とし，流量係数を C とすると，流量 Q〔m³/s〕は，

$$Q = C \cdot a_A \cdot a_B \sqrt{\frac{2g \cdot \Delta h}{a_A{}^2 - a_B{}^2}}$$

ここで，

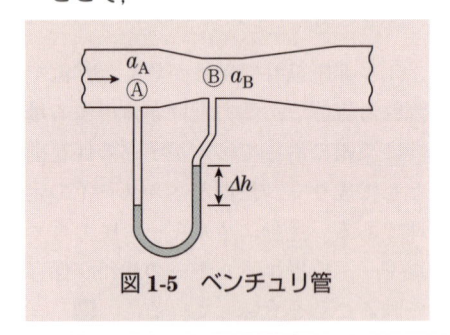

g：重力加速度(9.8m/s²)

C：実際の流体では 0.96 〜 0.99 である．

(3) 流体の速度を求めるために動圧を測定する必要があるが，その動圧を全圧と静圧の差として測定するものがピトー管である．問 14 参照．

(4) 三角せきは液体の流量測定に用いられるもので，せき板の開口の形状が三角状の形をしており，一般的には開口の角度が 90°の直角三角せきが多いが，流量が少ない場合は，これより角度の小さい三角せきも使用される．図 1-6 は JIS 規定の直角三角せきであるが，このせきを流れる流量は，せきの各部の寸法，D，B，h などから求めることができる．

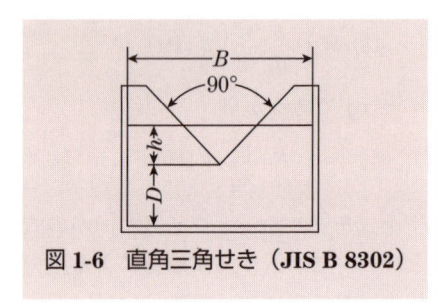

図 1-5 ベンチュリ管

図 1-6 直角三角せき（JIS B 8302）

答 (1)

問 17（管路の抵抗） 直管路を流れる水の圧力損失に関する記述のうち，適当でないものはどれか．

(1) 圧力損失は，管の長さに比例する．
(2) 圧力損失は，管の摩擦係数に反比例する．
(3) 圧力損失は，管内の平均流速の 2 乗にほぼ比例する．
(4) 圧力損失は，管径に反比例する．

解説 管内を流体が運動すると、粘性により流体と流体、流体と固体である管壁との間に摩擦力が生じる。これが流体摩擦であり、流体のエネルギーが減少し摩擦損失として圧力の減少、つまり圧力損失が生じる。この圧力損失を流体の比重量〔密度×g（重力の加速度）〕で除した値が水頭損失である。

図 1-7 に示すように、内径 d〔m〕、長さ l〔m〕の直管を密度 ρ〔kg/m²〕｛比重量 γ〔N/m³〕｝の流体が速度 v〔m/s〕で流れるときに、流体摩擦により失われる圧力 Δp または損失水頭 Δh を計算するにはダルシー・ワイスバッハの式が使われる。

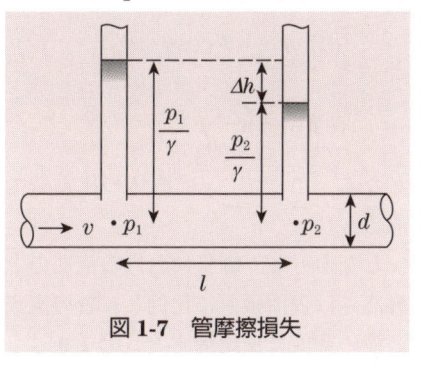

$$\Delta p = p_1 - p_2 = \lambda \cdot \frac{l}{d} \cdot \frac{\rho v^2}{2} \text{〔Pa〕}$$

$$= \lambda \cdot \frac{\gamma}{d} \cdot \frac{v^2}{2g} \text{〔N/m}^2\text{〕} \quad ①$$

$$\Delta h = \frac{\Delta p}{\gamma} = \frac{\Delta p}{\rho g}$$

$$= \lambda \cdot \frac{l}{d} \cdot \frac{v^2}{2g} \text{〔m〕} \quad ②$$

（上記は $\gamma = \rho g$ の関係がある。）

ここで、λ は摩擦係数として使われる比例定数で一般にレイノルズ数 Re と管の内面の粗さに関係する。

(1) 圧力損失の大きさは、①式より l（管の長さ）に比例する。
(2) 圧力損失の大きさは、①式より λ（管摩擦係数）に比例する。
(3) 圧力損失の大きさは、①式より流体の速度の2乗に比例する。
(4) 圧力損失の大きさは、①式より d（管径）に反比例する。

答 (2)

図 1-7 管摩擦損失

問 18（流体と定理） 流体に関する用語の組み合わせのうち、関係のないものはどれか。
(1) ムーディ線図 ────── ウォーターハンマー
(2) 乱流 ────── レイノルズ数
(3) 毛管現象 ────── 表面張力
(4) 非圧縮性流体 ────── ベルヌーイの定理

解説 (a) ウォーターハンマーによる過大な水撃圧は、配管や機器類を振動損傷させたり衝撃音を発生させたりするが、これを防止するには、ウォーターハンマーが発生しやすい箇所にエアチャンバーなどを設

図 1-8 ムーディー線図

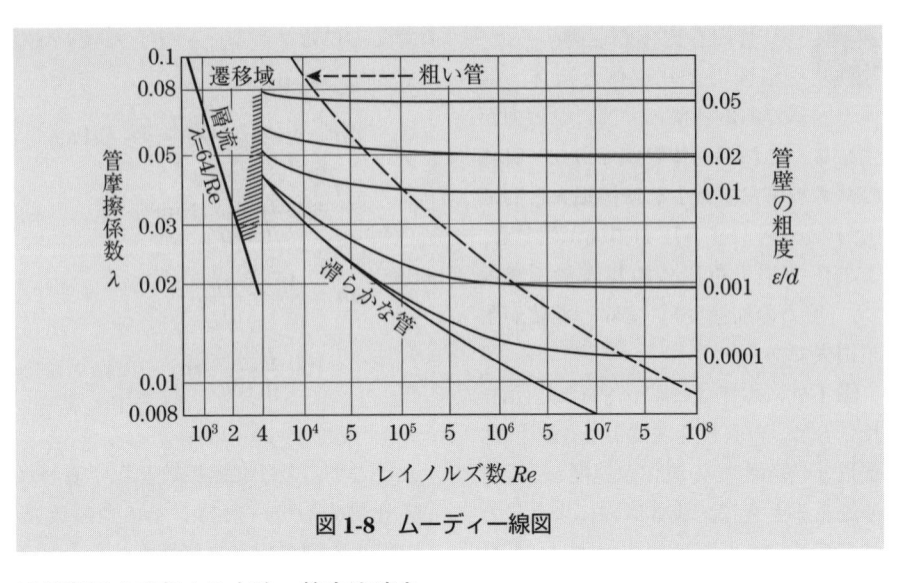

け衝撃圧を吸収する方法，管内流速を遅くする，弁などは閉鎖時間を長くする，安全弁を設けて上昇圧を逃す，などがある．

ムーディー線図は，管内を流体が流れるとき管内面壁の粗さ（ε/d），管摩擦係数（λ），レイノルズ数（Re）の関係を線図で示したもので，一般に管摩擦係数（λ）を求めるために用いられる（図 1-8）．

(b) 液体分子の間の引力による凝集力により，表面積を最小にしようとする力が表面張力で，異なる物質間の分子間の引力を付着力という．表面張力が付着力より強ければ，相手をぬらさないが，付着力の方が強ければ相手をぬらすことになる．毛管現象は，細い管の中で液体が上昇または下降する現象をいい，細管の内部の液面の高さを h，表面張力を T とすると，

$$\frac{\pi}{4} d^2 \cdot h \cdot \gamma = T \cos\theta \cdot \pi d$$

$$\therefore\ h = \frac{4 \times T \cos\theta}{\gamma \cdot d}$$

となる．ここで，γ は液体の比重量である．

したがって，細管における液面の上昇高さは表面張力に比例し，管の直径と液の密度に反比例する（図 1-9）．

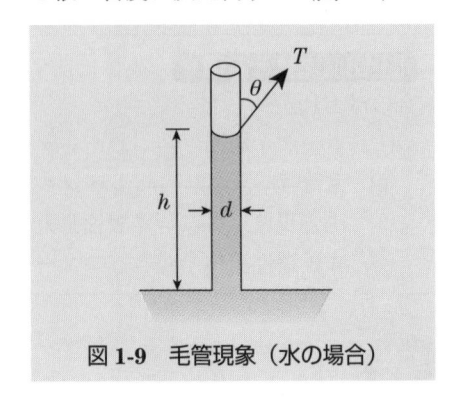

図 1-9 毛管現象（水の場合）

答 (1)

問 19（熱の性質） 熱の移動に関する記述のうち，適当でないものはどれか．
(1) 熱の伝わり方には，伝導，対流，放射（輻射）がある．
(2) 対流は，媒介となる物質を必要としない．
(3) 放射（輻射）による伝熱現象は真空中でも生じる．
(4) 熱は，低温度の物体から高温度の物体へ自然に移動しない．

解説 (a) 対流は，エネルギーを蓄えている物質がある場所から他の場所に移動することと，それに伴い混合運動が行われる熱移動現象である．つまり，流体内の一部分が温められてエネルギーを増すと膨張することで密度が小さくなり上昇し，周りの低温の流体が流れ込み対流が生じ熱の移動が起こる．

(b) 熱力学の第2法則により，熱が低温度の物体から高温度の物体に自然に移ることはない（クロジュースの原理）．低温部の熱を高温部へ移動させるためには，冷凍機やヒートポンプのように，それらを運転するための高いレベルのエネルギーが必要となる．

答 (2)

問 20（比熱，熱容量，顕熱） 熱に関する記述のうち，適当でないものはどれか．
(1) 気体の比熱には，定容比熱と定圧比熱がある．
(2) 物体の温度を1℃上げるのに要する熱量を，その物体の熱容量という．
(3) 固体が気体に変化することを，昇華という．
(4) 顕熱とは，温度変化を伴わない物体の状態変化に費やされる熱量をいう．

解説 (a) 物体に熱を加えると，物体の温度を上昇させ内部エネルギーとなり，一部は膨張により外部に仕事をする．この温度の上昇（温度の変化）に使われる熱を顕熱という．これに対して，温度変化を伴わず，相の変化つまり固体から液体に，液体から気体に，固体から直接に気体へと状態を変えるとき，状態の変化（相の変化）だけに費やされる熱が潜熱である．

(b) 物体には固体，液体，気体の三つの状態がある．物体の状態の変化を相変化といい，融解，蒸発，凝縮，凝固，昇華がある．同一の物質においては相変化における温度，つまり融解点と凝固点，沸点と凝縮点とは同じでありその熱量は等しい．昇華とは相変化の過程で固体が直接気体に変化することをいう．

答 (4)

この問題をマスタしよう

図 1-10　状態の変化

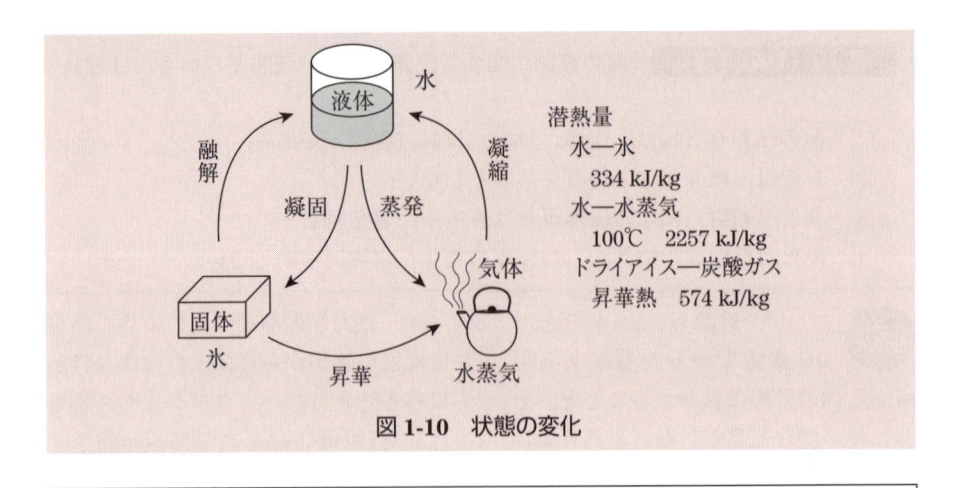

問 21（伝熱，燃焼）
熱の移動に関する記述のうち，適当でないものはどれか．
(1) 熱放射のエネルギー量は，物質の温度に関係する．
(2) 熱伝達は，固体内部の熱移動現象である．
(3) 熱伝導は，物質の移動なしに高温の物質から低温の物質へ熱エネルギーが伝わる現象である．
(4) 熱対流は，媒介となる物質が必要である．

解説　(a) 物体から放射される熱放射の強さと波長は，その物体の表面温度と表面の性状により定まり，例えば絶対温度 T〔K〕の黒体表面から放出される放射量は T（絶対温度）の4乗に比例する（ステファン・ボルツマンの法則）．

熱放射は赤外線や，熱線といわれる電磁波の一種であり，熱移動に媒体を必要としない．

(b) 熱伝達は，固体とそれに接する流体の接触面において生じる熱移動のことである．実際の固体壁の表面と流体の間の伝達は対流のほか伝導や放射（輻射）を伴う熱移動であるが，これを熱伝達としている．熱伝達量を式で表すと，

$$Q = \alpha(t_w - t_o) \cdot A$$

ここで，
Q：熱伝達量（単位時間，単位面積を通過する熱量）〔W/m^2〕
α：熱伝達率〔W/(m^2・K)〕
t_w：固体壁表面温度〔K〕
t_o：周囲流体温度〔K〕
A：固体表面積〔m^2〕
である．

答　(2)

問 22（水の蒸発熱，凝固点，冷凍トン）　熱に関する記述のうち，適当でないものはどれか．

(1) 1 kg，100℃の水を1気圧で水蒸気にするための蒸発熱は，約 419 kJ である．
(2) 1 米国冷凍トンは，約 3.52 kW である．
(3) 1 kg，0℃の水を1気圧で氷にするための凝固熱は，約 334 kJ である．
(4) 1 日本冷凍トンとは，0℃の水1トンを 24 時間で 0℃の氷にするために必要な冷凍能力のことである．

解説

(a) 1 kg，100℃の水を1気圧で 100℃の蒸気にする蒸発熱および 1 kg，100℃の蒸気を1気圧で 100℃の水にする凝縮熱は約 2257 kJ である．

(b) 1 kg，0℃の水を1気圧で 0℃の氷にするための凝固熱および 1 kg，0℃の氷を1気圧で 0℃の水にするための融解熱は約 334 kJ である．

(c) 1 日本冷凍トンとは 0℃の水 1 ton（1000 kg）を 24 時間かけて 0℃の氷にするために必要な冷凍能力をいう．水 1 kg の凝固熱は 334 kJ であるから，

$$1\text{RT} = \frac{334 [\text{kJ/kg}] \times 1000 [\text{kg}]}{24 \times 60 \times 60 [\text{s}]}$$

ここで，1 kJ/s＝1 kW であるから，
1 RT ≒ 3.86 kW

なお，1 米国冷凍トンは 2000 ポンド（lb）を基準とし，氷の凝固熱が 144 Btu/lb であるから，

$$1\text{ USRT} = \frac{144 \times 2000}{24} = 12000 \text{ Btu/h}$$

ここで，1 Btu/h ＝0.293 W として，
1USRT ≒ 3.52 kW

したがって，1 USRT は 1 日本冷凍トンより約 10％小さい値となる．

答　(1)

第2章 電気・建築

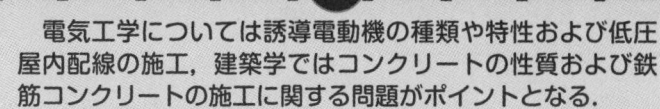

電気工学については誘導電動機の種類や特性および低圧屋内配線の施工，建築学ではコンクリートの性質および鉄筋コンクリートの施工に関する問題がポイントとなる．

(1) 電気工学
 (a) 電圧の区分：低圧，高圧，特別高圧
 (b) 電気方式：単相2線式，単相3線式，三相3線式，三相4線式等
 (c) 誘導電動機：かご形電動機，巻線形電動機，単相電動機
 (d) 屋内配線工事：低圧屋内配線，高圧屋内配線

(2) 建築学
 (a) コンクリート：コンクリートの品質，スランプ
 (b) 鉄筋コンクリート造：かぶり厚さ，梁貫通孔
 (c) RC梁貫通：貫通孔の位置，間隔，補強
 (d) 鉄骨造：RC造との比較，大スパン，高層建築
 (e) 鉄骨鉄筋コンクリート造：耐震性，耐火性

2.1 電気

1. 電気一般

(1) 電圧と許容電流

(a) 電圧の区分

電圧は低圧，高圧および特別高圧の3種類があり，その区分は**第2-1表**による（「電気設備技術基準」以下電技という）．

(b) 屋内電路の対地電圧の制限

以下の場所で使用される対地電圧は，150 V 以下としなければならない．

① 住宅の屋内電路
② 住宅以外の場所の屋内の照明器具に電気を供給する屋内電路
③ 住宅以外の場所の屋内に施設する家庭用電気機械器具に電気を供給する屋内電路

ただし，人が容易に触れるおそれがないよう施設する器具に直接接続する，過電流遮断器や漏電遮断器を設けるなど，一定の施設方法による場合は300 V 以下とすることができる．

(c) 許容電流

絶縁被覆はある一定の温度以上になると急速に劣化して寿命が縮まり，絶縁破壊の原因となる．したがって，温度上昇が一定限度（ビニル電線では60℃）を超えないよう，電線の種類，周囲状況に応じて流し得る電流の限度を定めている．これが電線やケーブルの許容電流である．

(2) 電路と機器の絶縁

(a) 絶縁抵抗

低圧電路は，**第2-2表**に掲げる絶縁抵抗値を有さなければならない．

(b) 絶縁耐力

電路や機器の絶縁強度は，通常使用するときの電圧や事故時の電圧上昇，または雷や開閉サージなどの異常電圧に対して絶縁破壊，短絡，漏電などの事故を起こすことなく使用できるよう

第2-1表 電圧の区分

	低圧	高圧	特別高圧
交流	600 V 以下	600 V を超え 7000 V 以下	7000 V を超える電圧
直流	750 V 以下	750 V を超え 7000 V 以下	

第 2-2 表 低圧電路の絶縁抵抗値

電路の使用電圧の区分		絶縁抵抗値〔MΩ〕
300 V 以下	対地電圧 150 V 以下	0.1 以上
	対地電圧 150 V 超過	0.2 以上
300 V 超過		0.4 以上

な絶縁性能を有する必要がある．この性能を，試験電圧を印加して試験することを絶縁耐力試験という．電技では電気設備を構成する電路および機器の種類により，絶縁耐力試験の試験電圧および試験時間が定められている．

(3) 電気方式

(a) 100 Vまたは200 V単相2線式

住宅などの負荷容量の小さい需要家向きで，単相2線式で引き込みそのまま照明やコンセントに接続して使用する．

(b) 100 V/200 V単相3線式

設備容量の大きい住宅や中小ビルの大多数がこの方式を採用している．100 V 用の照明やコンセントと 200 V 用の大型機器や，40 W 以上の蛍光灯などの電源がとれる方式で，この方式は(a)の方式に比べて配線の本数は多くなるがサイズが小さくてすむので，電灯用として使用されることが多い．

(c) 200 V三相3線式

三相の動力用の電源としてほとんどのビルで採用されている方式で，0.4 kW 以上 37 kW 程度の汎用電動機の電源に使われる．

(d) 240 V/415 V三相4線式

この方法は三相 415 V を動力用に，単相 240 V を照明用の電圧として使うことができる方式で，大規模な事務所ビルや商業ビルまたは，工場などで採用されている．

2. 低圧・高圧屋内配線の施工

(1) 低圧屋内配線

低圧の屋内配線は粉じんの多い場所，可燃性のガス等の存在する場所，燃えやすい危険な物質のある場所等以外に施設する場合は，合成樹脂管工事，金属管工事，可とう電線管工事もしくはケーブル工事等により施設しなければならない．

(2) 高圧屋内配線

高圧屋内配線はケーブル工事または，がいし引き工事による．

(a) ケーブル工事

電気室等以外の電気使用場所の高圧屋内配線等の施設方法は，原則としてケーブル工事とする．この場合の工事方法は，重量物の圧力または著しい機械的衝撃を受けるおそれがある箇所に施設する場合は適当な防護装置を設け，管その他のケーブルを収める防護装置の金属製部分，金属製の電線接続箱およびケーブルの被覆に使用する金属体にはA種接地工事を施す必要がある．また施設方法で造営材の下面または側面に沿って取付ける場合は，

2.1 電気

ケーブルの支持間隔は 2 m（人が触れるおそれがなくて垂直に取付ける場合は 6 m）以下とする．[電技解釈第 10 条，同第 164 条]

(b) がいし引き工事

配線は直径 2.6 mm 以上の軟銅線と同等以上の強さおよび太さの高圧絶縁電線等を使用し，電線の支持点間の距離は 6 m 以下とするが，造営材に沿って取り付ける場合は 2 m 以下とする．電線相互の間隔は 60 mm 以上，電線と造営材との離隔距離は，300 V 以下の場合は 25 mm 以上，300 V を超える場合は 45 mm 以上でなければならない．[電技解釈第 157 条]

(c) 高圧屋内配線と他の配線や配管との離隔距離

高圧屋内配線が他の高圧屋内配線，低圧屋内配線，管灯回路の配線，弱電流電線等または水管，ガス管，もしくはこれらのものと接近し，または交さする場合は 150 mm 以上離隔されていなければならない．[電技解釈第 168 条]

3. 動力設備

(1) 電動機の種類と分類

電動機の種類と分類は第 2-1 図による．また電気設備で最も使用される誘導電動機は第 2-2 図のように分類できる．

(2) 誘導電動機の特徴

① 誘導電動機の特徴として，(イ)力率があまり良くない．定格出力の負荷に対して 80％程度で負荷がかからない状態では 30％程度である．(ロ)負荷の変動に対して速度の変動が少ない等があげられる．

② 三相誘導電動機の一次電流は始

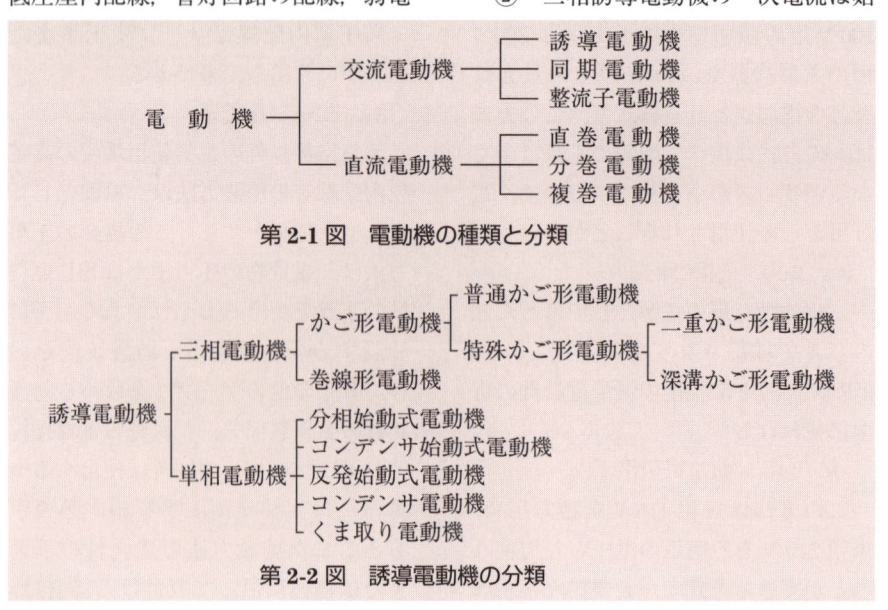

第 2-1 図 電動機の種類と分類

第 2-2 図 誘導電動機の分類

動時に非常に大きい．特にかご形誘導電動機は定格電流の6～7倍となる．この始動時の電流を抑えるために種々の始動法が考えられている．

③ 二重かご形や深みぞかご形誘導電動機は，特殊かご形誘導電動機であるが，これらはかご形誘導電動機が始動電流が大きいわりに起動トルクが小さい特徴を改善するために考えられたもので，始動時の二次抵抗を大きくして始動特性を改善したものである．

④ 巻線型誘導電動機の固定子の構造は，かご型誘導電動機と同じで，けい素鋼板が鉄心材料として使われ何枚も重ねて積層鉄心となっている．巻線型の回転子は，固定子と同じように積層鉄心に三相巻線を施し，スリップリングおよびブラシを設けた構造となっている．スリップリングやブラシを通して外部の巻線抵抗に接続することで始動特性を改善したり，速度を制御することができる．

(3) 電動機の分岐回路

電動機の分岐回路とは，幹線から分岐した部分より分岐過電流遮断器を経て電動機に至る間の配線をいう．

(a) 分岐回路の配線の太さ

① 電動機に供給する分岐回路の配線は過電流遮断器の定格電流の1/2.5（40％）以上の許容電流を有するものとする．

② 電動機を単独で連続運転する場の分岐回路の許容電流は以下による．

電動機などの定格電流が50 A 以下の場合は，その定格電流の 1.25 倍以上の許容電流のあるものとする．

$I_M \leqq 50$ A のとき $I \geqq 1.25 I_M$

ここで，

I_M：電動機の定格電流
I：分岐回路配線の許容電流

電動機などの定格電流が50 A を超える場合はその定格電流の 1.1 倍以上の許容電流のあるものとする．

$I_M > 50$ A のとき $I \geqq 1.1 I_M$

(b) 分岐回路の分岐開閉器，過電流遮断器の取付位置

動力幹線の分岐点から配線の長さが3 m 以下の箇所に開閉器および過電流遮断器を施設する．ただし，分岐点から開閉器および過電流遮断器までの配線の許容電流が，その配線に接続する動力幹線を保護する過電流遮断器の定格電流の 55％（分岐点から開閉器および過電流遮断器までの配線の長さが 8 m 以下の場合は 35％）以上である場合は，分岐点から 3 m を超える箇所に施設することができる（第 2-3 図）．

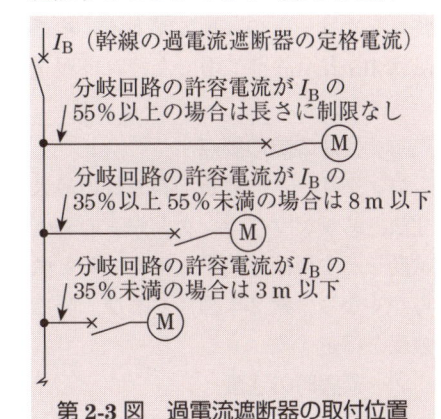

第 2-3 図 過電流遮断器の取付位置

2.1 電　気

2.2 建築

1. 建築一般

(1) コンクリート
(a) コンクリートの品質

構造体として使われるコンクリートは,強度・耐久性・ワーカビリティ（コンクリートの流動性の程度）を要求される.

(2) レディーミクストコンクリートの品質

一般の建設工事で使用されるコンクリートは,レディーミクストコンクリートが使われる．種類としては普通コンクリート,軽量コンクリート,舗装コンクリートの3種類がある．規格品はJIS表示許可工場でなければ製造できない.

① 発注の際の要点

コンクリートの種類,粗骨材の最大寸法,スランプ（コンクリートの施工軟度を示す用語で値が大きくなると軟らかくなる．第2-4図）および,呼び強度を指定する.

② 運搬時の注意

打設時やポンプ圧送を容易にするた

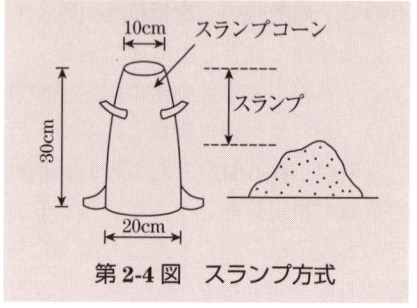

第2-4図　スランプ方式

め水を加えることがあるが,コンクリートの品質を著しく低下することになるので絶対に行ってはならない.

③ 打設までの時間

コンクリートの練混ぜから打設を完了するまでの時間の限度は,気温25℃未満の場合は120分,25℃以上の場合は90分と定められている.

④ 締固め

振動機は一般に内部振動機（棒形振動機）を用いるが,打込み各層ごとに用いて60 cm以下の挿入間隔で行う．コンクリートの上面にペーストが浮くまで行う.

⑤ 養生

コンクリート打設後の表面は,散水や養生マットで最低5日間は湿潤を

保つこと．また寒冷期の施工では，打設後5日間以上はコンクリート表面を2℃以上に保つこと．

2. 建物の構造

(1) 鉄筋コンクリート造

コンクリートは，引張りやせん断力に対して弱いが圧縮力には強い．鉄筋は，コンクリートの弱点である引張り力を補強できるので，鉄筋コンクリート造の構造物は堅固にできる．また，コンクリートは鉄筋の防錆の機能を有するとともに鉄筋を火災による高温から保護する．

(a) 鉄筋のかぶり厚さ

かぶり厚さは，耐火性や，耐久性，構造耐力が得られるように部位別に決められている（第2-3表）．ただし，かぶり厚さが施工上の誤差により異なり，最大で10 mm程度は考慮しなければならない点から，建築基準法施行令で定めるかぶり厚さに10 mmを加えた値としている（第2-5図）．

第2-3表　鉄筋のかぶり厚さ（建築基準法施行令）

耐力壁以外の壁または床	2 cm以上
耐力壁，柱または梁	3 cm以上
直接土に接する壁，柱，床もしくは梁または布基礎の立上り	4 cm以上
基礎	6 cm以上

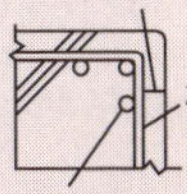

(b) 梁貫通孔

梁に貫通孔を設けて電線管や給排水または空調用配管またはダクト等を通

第2-5図　かぶり厚さ

す場合，梁に断面欠損を生じる．したがって，構造的に補強をしなければならない．梁に貫通孔をあける場合の基準は，「建築工事共通仕様書」建設大臣官房官庁営繕部編で次のように定めている．

① 貫通孔の直径は梁成の1/3以下とし，孔が円形でない場合は，その外接円を孔の径とみなす．
② 孔の中心位置の限度は柱および直交する梁の面から原則として，$1.2D$（Dは梁成）以上離す．
③ 孔が並列する場合は，その中心間隔は孔の径の平均値の3倍以上とする．
④ 孔の直径が梁成の1/10以下，かつ150 mm未満の場合は補強を省略できる．

(2) 鉄骨造

建設現場で使われる構造用鋼材は，炭素鋼が最も多い．これは，炭素の含有量に比例して引張り強さと硬さが増すが，もろくなり溶接性も悪くなる．

〈鉄骨構造の特徴〉

① 鉄筋コンクリート造に比べ軽い．
② じん性があるため耐震性，耐風性にすぐれた大スパンの構造や超

高層の建築物が可能である.
③ 火災に弱く,たわみが大きい.
(3) 鉄骨鉄筋コンクリート造
鉄筋コンクリート造,鉄骨造のそれぞれの長所,短所を合わせもつ.耐震や耐火性にすぐれ,じん性と剛性の高い構造である.

3. 構造力学

(1) 単純梁の片持梁等の反力とモーメント図

梁に荷重がかかった場合,梁の支点には荷重と大きさが等しく向きが反対の抵抗力が働く,これを反力といい,垂直方向に働く反力と,水平方向に働く反力,曲げようとする反力がある.

(a) 支点

梁を支える支点にはピン支点,ローラー支点と固定端がある.ピン支点は第2-6図のとおり反力は垂直方向と水平反力があり,ローラー支点は垂直反力のみである.

ピン支点	ローラー支点
$H \rightarrow \triangle$ / $\uparrow V$	$\triangle$ / $\uparrow V$
・自由に回転する ・上下,水平方向の移動はない ・曲げモーメント=0	・自由に回転する ・一方向に移動 ・上下の移動はない ・曲げモーメント=0

第2-6図 支点と特徴

(b) 固定端と自由端

片持梁の固定端はその点のモーメントと反力を負担することができる.
自由端のモーメントの合計はゼロである.

(c) 単純梁の反力

第2-7図の単純梁の支点A,Bの反力をそれぞれ,A点では垂直反力V_A,水平反力H_A,B点では垂直反力V_B,とする.ここでは水平方向に生じる力は0であるので,$H_A=0$である.

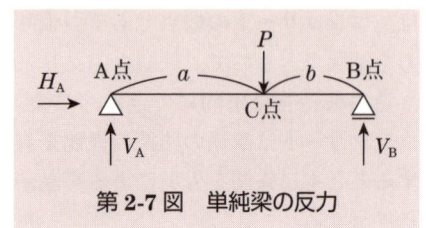

第2-7図 単純梁の反力

支点Aにおける曲げモーメント=0であるから,

M_A(A点における曲げモーメント)
$= a \times p$(時計回り方向を+とする)
$-(a+b) \times V_B$(反時計回り方向を−とする)

$\therefore V_B = \dfrac{a}{a+b} \cdot P$

垂直方向の力は上向きと下向きの力がつり合っているから,

$V_A + V_B = P$

$\therefore V_A = P - \dfrac{a}{a+b} \cdot P = \dfrac{b}{a+b} \cdot P$

となる.

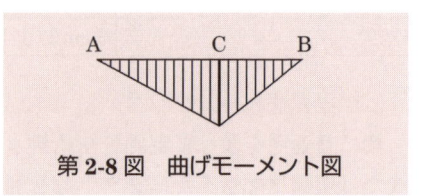

第2-8図 曲げモーメント図

(c) 曲げモーメント

梁が回転しようとする外力を受けたとき，曲げようとする力を曲げモーメントといい，これを梁が引張側となるように力の大きさを図にしたものが曲げモーメント図である（第 2-8 図）.

第 2-4 表　単純梁・片持梁の曲げモーメント

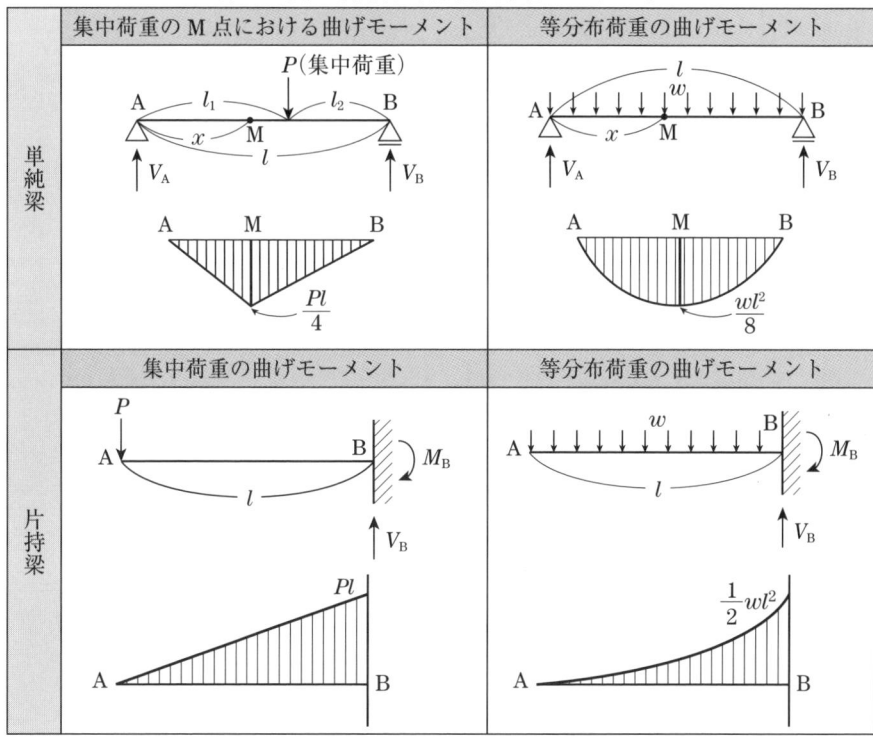

	集中荷重の M 点における曲げモーメント	等分布荷重の曲げモーメント
単純梁	$\dfrac{Pl}{4}$	$\dfrac{wl^2}{8}$
片持梁	Pl	$\dfrac{1}{2}wl^2$

第 2-5 表　その他の曲げモーメントの比較（固定端支持）

集中荷重（鉛直）	等分布荷重

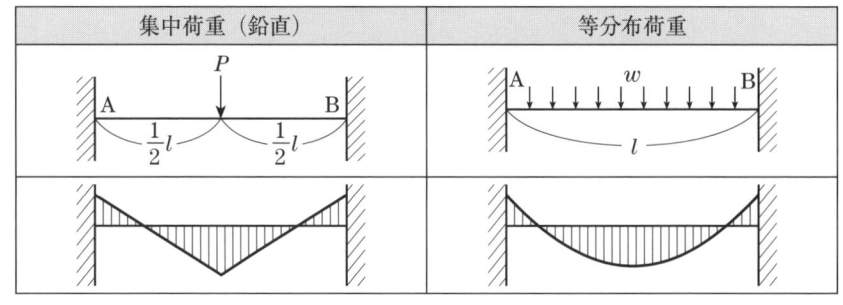

2.2 建築

第 2-6 表　門型ラーメンの曲げモーメント

	単純梁ラーメン	柱脚ピン	柱脚固定
集中荷重			
等分布荷重			

この問題をマスタしよう

問 1（電圧，許容電流） 電気配線に関する文中，□内に当てはまる語句の組み合わせとして，適当なものはどれか．

電線のサイズ（導体の断面積）が大きくなると，電圧降下は　A　なり，許容電流は　B　なる．

　　〔A〕　　　〔B〕
(1)　小さく ── 小さく
(2)　小さく ── 大きく
(3)　大きく ── 小さく
(4)　大きく ── 大きく

解説

(a) 電気回路の任意の2点間の電気的エネルギーの差が電圧あるいは電位差であり単位をV（ボルト）で表している．電線などの導体に電流を流したとき，電線の抵抗により電圧が低下する状態が電圧降下である．

(b) 電気の流れを妨げる性質を電気抵抗といい，単位はΩ（オーム）である．電圧，電流，抵抗の間には次式のようなオームの法則が成立する．

$$E = IR \tag{1}$$

ここで，E：電圧〔V〕，I：電流〔A〕，R：抵抗〔Ω〕である．

また，許容電流とは，電線などに流し得る電流の最大値であり，この値は電線などの導体や絶縁物の最高許容温度から決められている．

(c) 電線などの電気抵抗 R〔Ω〕は，その長さに比例し，断面積に反比例する（図2-1）．

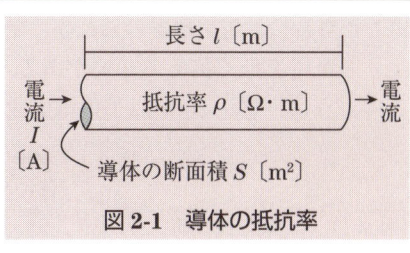

図2-1　導体の抵抗率

$$R = \rho \times \frac{l}{S} \tag{2}$$

ここで，R：電気抵抗〔Ω〕，ρ：抵抗率〔Ω·m〕，l：導体の長さ〔m〕，S：導体の断面積〔mm^2〕である．

(d) 以上の(1)式より，電流が一定であれば電圧降下は抵抗に比例することがわかる．また(2)式より，抵抗は導体の断面積に反比例する．したがって，電線のサイズ（導体の断面積）Sが大きくなると電圧降下は小となり，(1)式より電流Iは抵抗Rに反比例するから許容電流は大となる．

答 (2)

問2（接地） D種接地工事に関する記述のうち，適当でないものはどれか．
(1) 接地抵抗の測定を行う．
(2) 接地目的は，感電の防止である．
(3) 接地線は，機器の充電部に接続する．
(4) 接地極として銅板が使用される．

解説 (a) 電気機器の絶縁が劣化したり，絶縁電線等の絶縁被覆が損傷すると電気機器のケースや金属管に漏電して電圧が発生し，感電災害を起こすことにもなる．これを防ぐため，電気機器の外箱や金属管と大地とを電気的に接地しておき，漏電した場合には電気機器の外箱等に発生する電圧を低く抑える必要がある．このように，電圧300V以下の電気設備に施す接地をD種接地といい，接地抵抗値は100Ω以下とする．また，抵抗値は定期的に測定を行い，規定値以下の値を維持しなければならない．

(b) 接地工事の種類は施設場所に応じ，A種接地工事，B種接地工事，C種接地工事，D種接地工事がある（表2-1）．

答 (3)

表 2-1 接地工事と接地線の太さ
（電技第 6, 10, 11 条, 電技解釈第 17 条. 内線規程）

種別	接地抵抗値	接地工作物	接地線の太さ[mm²]
A種接地	10Ω 以下	高圧・特別高圧の機器の鉄台，外箱，高圧電路の避雷器，等	直径 2.6 mm 以上の軟銅線または引張り強さ 1.04 kN 以上の金属線
B種接地	$150/I_1$Ω 以下 I_1 は1線地絡電流．I_1 の値または所要抵抗値を電力供給者と打合せる．	高圧・低圧結合変圧器の低圧側中性点（低圧側が 300 V 以下の場合で中性点接地が難しい場合の低圧側の一端子）．	直径 4 mm 以上の軟銅線または引張り強さ 2.46 kN 以上の金属線
C種接地	10Ω 以下	300 V 超過の機器の鉄台，外箱．300 V 超過の電線管，金属ダクト，バスダクト，ラック，等	直径 1.6 mm 以上の軟銅線または引張り強さ 0.39 kN 以上の金属線
D種接地	100Ω 以下	高圧計器用変成器の二次側電路．300 V 以下の機器の鉄台，外箱．地中電線を収める管等，金属被覆．300V 以下の電線管，金属ダクト，バスダクト，ラック，フロアダクト，ライティングダクト，線ぴ，X線装置等．	

注）B種接地工事：高圧または 35000 V 以下の特高電路と低圧側との混触の場合，1秒超過2秒以内に自動遮断のとき $300/I_1$Ω，1秒以内のとき $600/I_1$Ω．
　D種およびC種接地工事：地気の場合 100 mA 以下，0.2 秒以下で自動遮断のとき 500Ω．

問3（電動機の特性） 三相誘導電動機に関する記述のうち，適当でないものはどれか．
(1) 力率改善には，一般に進相コンデンサが用いられる．
(2) 一般に容量の大きな電動機は，始動装置を必要とする．
(3) 電動機の回転数は，電源周波数に反比例する．
(4) 電動機は，配線の接続を換えることにより回転方向が変わる．

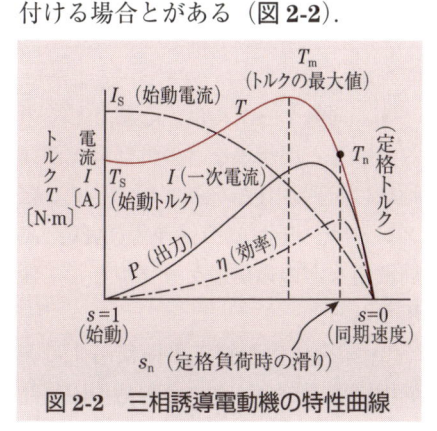

解説 (1) 三相誘導電動機にはかご形誘導電動機と巻線形誘導電動機があるが，いずれも巻線を利用する機器のため，インダクタンスによる電圧と電流の位相差が原因で力率があまり良くない．したがって，進相コンデンサにより力率を改善する方法がとられる．コンデンサの設置は，受変電設備にまとめて大型の進相コンデンサを設ける場合と電動機ごとに取付ける場合とがある（図 2-2）．

図 2-2 三相誘導電動機の特性曲線

(2) 電動機が始動するときには，大きなトルクが必要となる．三相誘導電動機の場合，一般に始動電流は定格電流の5～6倍となり，電動機が大型になると，それだけ始動電流も大きくなり，電動機に接続している電源系統に悪影響を及ぼす．したがって，始動時に電圧を下げて始動電流を抑えるY-△始動法（図 2-3），リアクトル始動法，始動補償器を使う方法などがある．

(3) 電動機の固定子巻線に三相交流電源を印加して回転磁界を作り，その回転磁界に誘導されて同一方向に回転する回転子により電動機としての働きをする．回転磁界の速度を同期速度 N_s といい，

$$N_s = \frac{120f}{p} \ [\text{min}^{-1}]$$

で表される．ここで f:周波数〔Hz〕，p:極数である．

回転子の速度は同期速度 N_s より若干遅れて回転する．その速度を N〔min^{-1}〕とすると，

$$s = \frac{N_s - N}{N_s}$$

ここで，s を滑りといい，同期速度に対しての速度差の割合を示す．

したがって，電動機の回転速度 N は，

$$N = N_s(1-s) = \frac{120}{p} f(1-s) \ [\text{min}^{-1}]$$

となる．

(4) 電動機の回転子は，回転磁界と同一方向に回転する．したがって，固

図 2-3　Y-△始動法

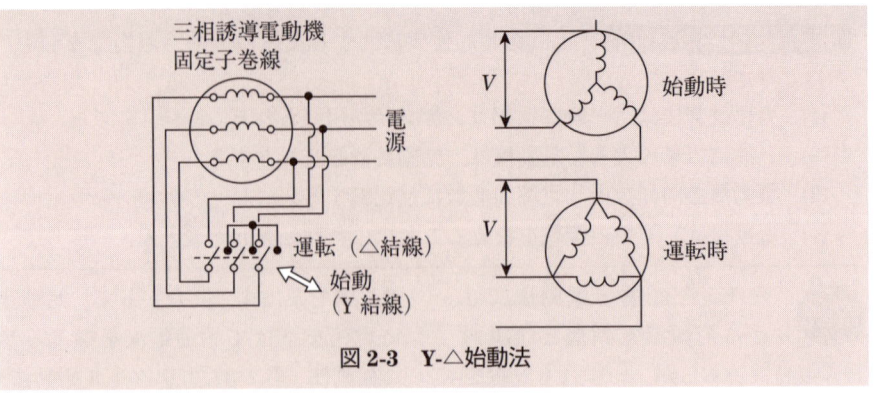

定子の巻線の接続を変えることで回転磁界の方向が変り，回転子の回転方向が変化する．

答 (3)

問 4（配線）　電気工事の配線に関する記述のうち，適当でないものはどれか．
(1) 排煙ファン用電動機の電源配線に，耐火ケーブルを使用した．
(2) 屋内のコンセント電源配線に，同軸ケーブルを使用した．
(3) 合成樹脂管配線を，コンクリートに埋込んで使用した．
(4) 電動機の電源配線を，金属管内で接続してはならない．

解説　(1) 排煙ファンや消火設備等の防災設備を火災時に支障なく作動させるためには，電気を供給する配線の耐熱性が必要である．「防災設備に関する指針」（建設省告示）で，耐熱配線の種別を三つに分類している．

① 耐熱A種配線（FA）：110℃で30分加熱し異常なく通電できる．
② 耐熱B種配線（FB）：280℃で30分加熱し異常なく通電できる．
③ 耐熱C種配線（FC）：840℃で30分加熱し異常なく通電できる．

ここで，耐火ケーブルは耐熱C種配線（FC）であり，排煙ファンの電源配線に適する．

(2) 同軸ケーブルは，心線としての内部導体と編組線などの外部導体が同軸状に配列されたケーブルで，テレビアンテナ，テレビカメラ，CATV，高周波用などの通信用ケーブルとして使用される．

(3) "合成樹脂管工事に使用する合成樹脂管及びボックスその他の附属品は，重量物の圧力や著しい機械的衝撃を受けるおそれがないよう施設すること"と電技解釈第158条で規定されている．

コンクリート内に打込んで配管することは上記にあたらないため可能であ

る．

（4） 金属管工事による配線の場合（電技解釈第159条），合成樹脂管工事の配線の場合（電技解釈第158条），金属可とう電線管工事の配線の場合（電技解釈第160条）は，電線管内では電線に接続点を設けてはならないと定めている．

答　（2）

問5（感電防止） 低圧電路の感電事故を防止するために設置する機器として適当なものはどれか．
(1) 電動機保護用遮断器（MMCCB）
(2) 回路保護用配線用遮断器（MCCB）
(3) 漏電遮断器（ELCB）
(4) ヒューズ（F）

解説

(1) 電動機保護用遮断器（MMCCB）
電動機の過負荷による過電流や事故時の短絡電流が流れたときに，この過負荷電流を遮断するための過負荷保護装置を設けなければならない．これには電動機保護用遮断器（MMCCB）の他電動機用ヒューズなどがある．

(2) 回路保護用配線用遮断器(MCCB)
一般の配線用回路で過電流や短絡電流が生じたとき，電磁作用やバイメタルのわん曲作用により過電流を検出し自動遮断するもので，その最小動作電流が定格電流の100〜125％の間にあり，外部から手動，電磁的または電動的に操作できるものをいう．

(3) 漏電遮断器（ELCB）
電路に地絡（漏電）を生じたときに，負荷機器やその金属製の外箱などに発生する故障電圧または地絡電流（漏電電流）を検出する部分と遮断器部分を組み合わせ自動的に電路を遮断するものをいい，手動で電路の開閉ならびに自動遮断後の復帰が行えるものをいう．

(4) ヒューズ（F）
過負荷電流や短絡電流を自動遮断する機能があり，A種ヒューズ，B種ヒューズ，限流ヒューズ，電動機用ヒューズなどがある．A種ヒューズはその特性が配線用遮断器に近く，最小溶断電流が定格電流の110〜135％の間にあるもので，B種ヒューズは130〜160％の間で動作する．限流ヒューズは，短絡電流を瞬時に遮断し，電気機器および電線に対する短絡電流による電磁力を軽減し，ジュール熱による発熱を抑制する機能がある．電動機用ヒューズは，電動機の保護に適したヒューズである．

答　(3)

この問題をマスタしよう

問.6（鉄筋コンクリート） 鉄筋コンクリートに関する記述のうち，適当でないものはどれか．
(1) コンクリートは，引張りに弱いので鉄筋により補強している．
(2) 異形鉄筋は，丸鋼よりコンクリートに対する付着性がよい．
(3) コンクリートは，アルカリ性なので鉄筋が錆びるのを防ぐ性質がある．
(4) 鉄筋の継手は，応力の大きい位置に設ける．

解説

(a) 鉄筋の継手の位置は，引張力が最も小さい部分に設けることが望ましい．なおコンクリートに圧縮力が常に生じている部分に設ける．鉄筋の引張応力とひずみとの関係は図 2-4 参照．

(b) 異形鉄筋は，コンクリートとの付着力を高めるために鉄筋の表面にふしやリブなどの凹凸をつけたものであるが，鉄筋コンクリートの構造に用いられる鉄筋はその他に丸鋼がある（図 2-5）．

(c) コンクリートはアルカリ性であり，コンクリート内の鉄筋は本来は錆びることは無いが，コンクリートを風雨にさらしておくと，雨水や湿気，空気中の炭酸ガス等により炭酸石灰に化学変化し，コンクリートがアルカリ性から次第に中性化し，鉄筋が錆び始め，次第に膨張してコンクリートにひびわれを生じ，さらに雨水などが浸入し鉄筋の腐食を加速する．

答 (4)

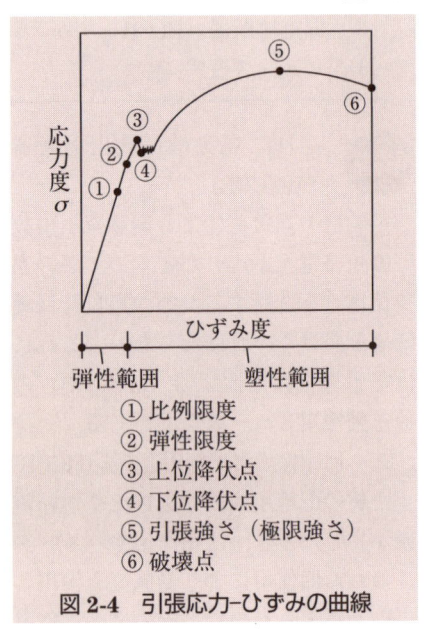

① 比例限度
② 弾性限度
③ 上位降伏点
④ 下位降伏点
⑤ 引張強さ（極限強さ）
⑥ 破壊点

図 2-4 引張応力-ひずみの曲線

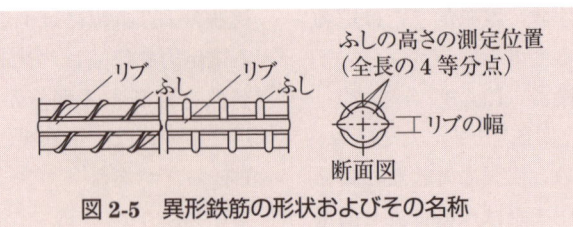

図 2-5 異形鉄筋の形状およびその名称

問7（レディーミクストコンクリート） レディーミクストコンクリート（JIS A 5308）を注文するとき，生産者に指示する必要がないものはどれか．
(1) コンクリートの種類
(2) 呼び強度
(3) 粗骨材の最小寸法
(4) スランプ

解説 レディーミクストコンクリートの規格品を注文する場合，生産者に指定する事項は以下のとおり．
① レディーミクストコンクリートの種類（JISに定められた呼び強度とスランプの組み合わせ．図 **2-6**）．
② セメントの種類
③ 骨材の種類
④ 粗骨材の最大寸法等

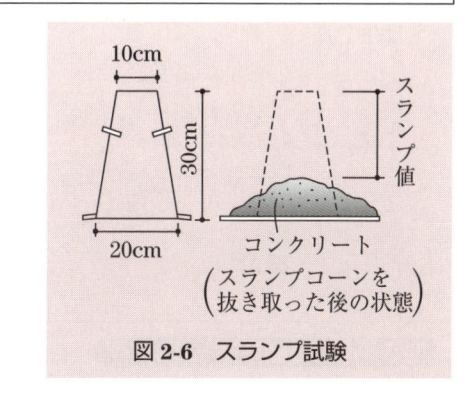

図 2-6 スランプ試験

答 (3)

問8（反力と曲げモーメント） 図のように単純梁に集中荷重 P が作用したとき，曲げモーメント図として，正しいものはどれか．
ただし，梁の自重は無視する．

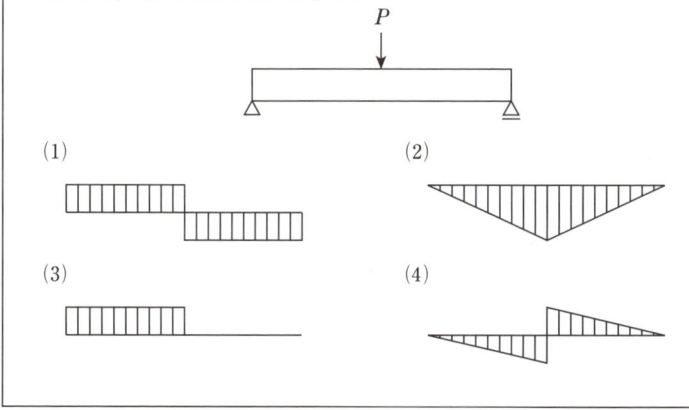

(1)
(2)
(3)
(4)

解説 図2-7で，A点はピン支点，B点はローラ支点である．ピン支点は，上下，水平方向の移動は無いが回転が自由な支点のことであり，ローラ支点は上下の移動は無いが水平方向に移動し回転も自由な支点である．したがって，双方とも曲げモーメントは生じない．

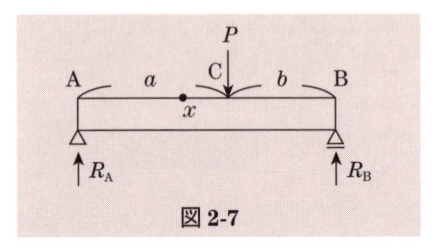

A点の反力，B点の反力をそれぞれ R_A，R_B とし，A点より x の距離にある点の曲げモーメント M_x は，

・$x<a$ のとき…$M_x = R_A \times x$
・$x>a$ のとき…$M_x = R_A \times x - P(x-a)$

となる．

この式で，$x=a$ のとき M_x は最大となる．

答 (2)

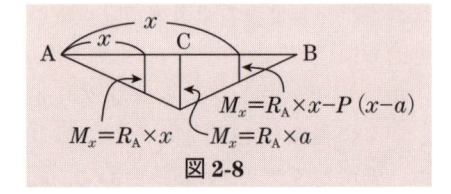

図2-7

図2-8 $M_x = R_A \times x$，$M_x = R_A \times x - P(x-a)$，$M_x = R_A \times a$

問9（反力と曲げモーメント） 荷重と支持状態を示す図と曲げモーメント図の組み合わせで，正しいのはどれか．

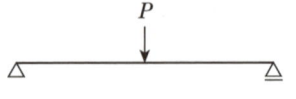

1. 単純梁・集中荷重
2. 単純梁・等分布荷重 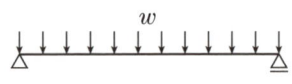
3. 両端固定・集中荷重 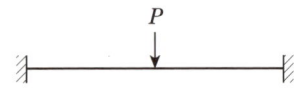
4. 両端固定・等分布荷重 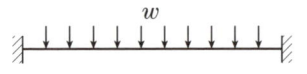

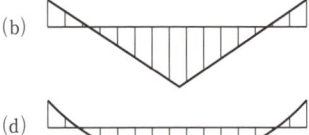

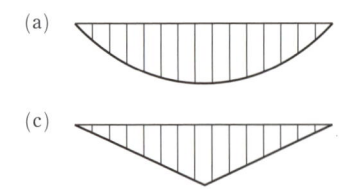

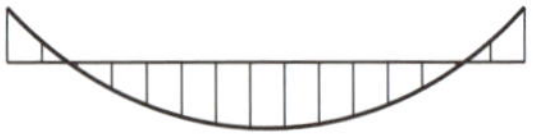

(1) 1－(a), 2－(b), 3－(c), 4－(d)
(2) 1－(b), 2－(c), 3－(d), 4－(a)
(3) 1－(c), 2－(d), 3－(a), 4－(b)
(4) 1－(c), 2－(a), 3－(b), 4－(d)

解説 答 (4)

問10（梁貫通口） 鉄筋コンクリート造の梁貫通孔に関する記述のうち，□内に当てはまる用語の組み合わせとして，適当なものはどれか．
一般に，□A□は，1/3以下でなくてはならない．また，孔が2個つく場合は，その中心間隔は□B□の3倍以上とらなくてはならない．

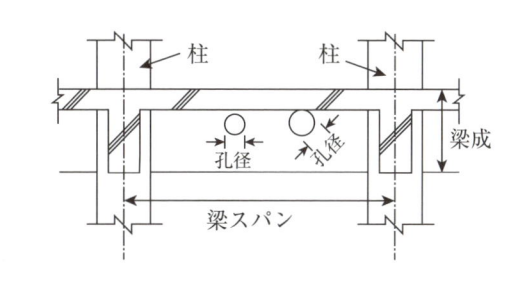

(A)　　　　　(B)
(1) $\dfrac{孔径}{梁成}$ ── 梁成
(2) $\dfrac{孔径}{梁スパン}$ ── 最大孔径
(3) $\dfrac{孔径}{梁成}$ ── 平均孔径
(4) $\dfrac{孔径}{梁スパン}$ ── 最小孔径

解説 本文解説「建物の構造」参照．
梁に貫通孔を設けた場合，断面欠損を生じる．したがって，構造的な補強をしなければならない．補強の方法としては，鉄筋を加工して組立てたり，リング状の補強筋を工場で作り，現場に取付ける方法などがある．

答 (3)

問11（耐震計画） 図の質量200 kgの直方体の四隅をアンカーボルトで基礎に固定する場合，アンカーボルト1本当たりの引抜力とせん断力を求めよ．

ただし，設計用水平震度は1.0，重力加速度9.8 m/s²

$$設計用鉛直地震力 = \frac{1}{2} \times 設計用水平地震力$$

W：機器の重量〔N〕，F_H：水平地震力〔N〕$= K_H \cdot W$
F_V：鉛直地震力〔N〕$= K_V \cdot W$，K_H：水平震度，K_V：鉛直震度
R_1：ボルト1本の引抜抵抗力(応力)〔N〕
R_2：せん断抵抗力(応力)〔N〕

とする．

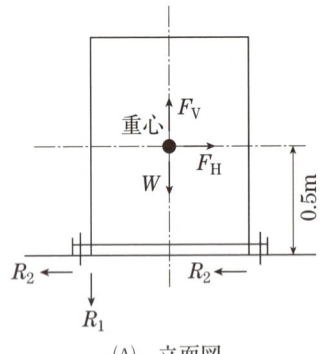

(A) 立面図　　　　(B) 平面図

(1)　$R_1 = 245$　　　$R_2 = 245$
(2)　$R_1 = 490$　　　$R_2 = 245$
(3)　$R_1 = 245$　　　$R_2 = 490$
(4)　$R_1 = 490$，　　$R_2 = 490$

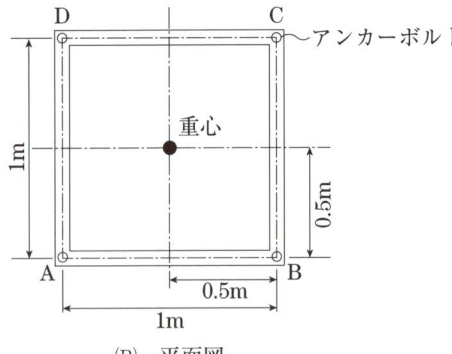

解説

水平地震力　$F_H = 1.0 \times W$
鉛直地震力　$F_V = 0.5 \times W$

ここで，mを機器の質量〔kg〕，gを重力加速度〔m/s²〕とすると，

$W = mg = 200 \text{ kg} \times 9.8 \text{ m/s}^2$
　　$= 1960$ N

B-Cを軸として考えた場合，
右回りモーメント
$1.0 \times W \times 0.5 + 0.5 \times W \times 0.5$

左回りモーメント
$W \times 0.5 + 2R_1 \times 1.0$

∴　$0.5W + 0.25W = 0.5W + 2R_1$

$2R_1 = 0.25 \times 200 \times 9.8 = 490$ N

∴　$R_1 = 245$ N

せん断力 R_2 は，$F_H = 1.0 \times W$ より，

$4R_2 = 1.0 \times W = 200 \times 9.8 = 1960$ N

∴　$R_2 = 490$ N

答 (3)

第3章 空気調和設備

　空気調和では，各種空気調和方式の特徴，空調熱負荷，空気線図，冷暖房では，各種暖房方式の比較，換気・排煙では，居室，火気使用室の換気，自然排煙，機械排煙方式の特徴，排煙機，排煙口等がポイントとなる．

(1) 空気調和
　(a) 空気調和方式：熱媒方式として全空気方式，全水方式，水・空気併用方式
　(b) 空調熱負荷：空調負荷（顕熱，潜熱）
　(c) 空気線図：乾球温度，湿球温度，絶対湿度，相対湿度，エンタルピー等
　(d) 空調機器類：空調機の種類と分類

(2) 冷暖房
　(a) 暖房方式：蒸気暖房，温水暖房，放射暖房
　(b) 配管方式：単管，複管，リフトフィッティング，スイベルジョイント

(3) 換気・排煙
　(a) 換気方式：自然換気，機械換気（第1種，第2種，第3種）
　(b) 排煙方式：自然排煙，機械排煙

3.1　空気調和

1. 概　要

(1) 目的

居住空間の空気の状態を改善することで，居住者の健康や作業能率を維持し，快適性を確保するために，室内空気の温度，湿度や清浄度などをその室の使用目的に合うよう継続的に保つことである．

(2) 内容

(a) 分類

空気調和には，人間を対象とし快適性や健康を保つための保健用空調，工場等で物の生産，加工，保存を目的とする産業用空調がある．

(b) 省エネ，省力化

建物の外壁や窓等を通しての熱損失防止のため，一定規模以上について，建築主の判断の基準（平成15年，経済産業省，国土交通省告示第1号）が定められている．

① 外壁や窓を通しての熱損失の防止について，PAL（Perimeter Annual Load）が定められている．

$$PAL = \frac{\text{ペリメーターゾーンの年間熱負荷〔MJ/年〕}}{\text{ペリメーターゾーンの床面積〔m}^2\text{〕}}$$

　　　建物の種類による　　　建物の規模による
　　　≦(300～550)× 補正係数 (1.0～2.4)

② PALに対して空調設備のエネルギー的な効率的運用を計るべき指数としてCEC（Coefficient of Energy Consumption for Airconditioning；空調エネルギー指数）がある．

$$CEC = \frac{\text{年間空調エネルギー消費量}}{\text{年間仮想空調負荷}}$$

　　　建物の種類による
　　　≦(1.5～2.5)

2. 空調負荷

(1) 熱負荷

室内から取り去る熱量（冷房するための熱量）と室内に与えられる熱量（暖房するための熱量），双方あわせて熱負荷という．冷房負荷は冷却負荷と除湿負荷，暖房負荷は加熱負荷と加湿負荷のことである．

(2) 冷房負荷

冷房負荷の種類を列挙すると，以下のとおりである（第3-1図）．

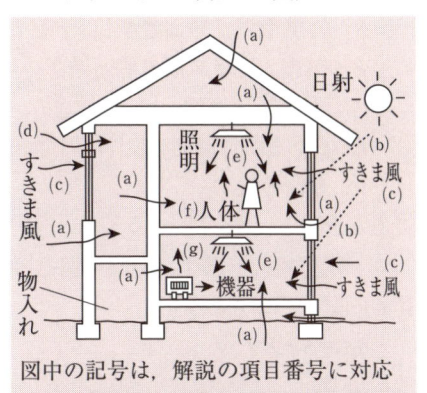

第3-1図　冷房負荷のいろいろ

図中の記号は，解説の項目番号に対応

(a) 壁，屋根，床などの建築構造体や部材を通して侵入してくる熱負荷

① 日射を受けない面（第3-2図）

$q = K \cdot S \cdot \Delta t$

ここで，

q：熱通過量〔W〕

K：熱通過率（熱貫流率）〔W/(m^2·K)〕

S：構造体の面積〔m^2〕

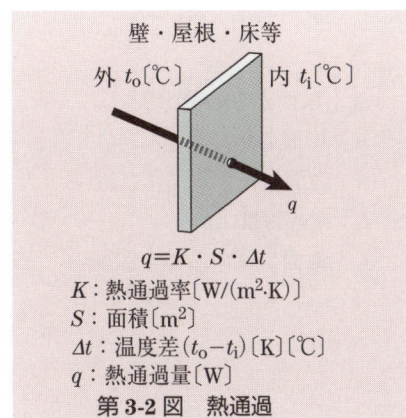

第3-2図　熱通過

$q = K \cdot S \cdot \Delta t$
K：熱通過率〔W/(m^2·K)〕
S：面積〔m^2〕
Δt：温度差($t_o - t_i$)〔K〕〔℃〕
q：熱通過量〔W〕

Δt：室内外の気温の差〔℃〕〔K〕

② 日射を受ける面

日射の影響を受ける外壁は熱の一部を吸収して温度が上昇して，蓄積された熱がその構造体の熱容量などに応じた時間遅れで室内に侵入してくる．これが室内に達するには，一定の時間遅れがある．

このような日射の影響を考慮した仮想の外気温度を相当外気温度といい，室内温度との差を相当温度差（実効温度差ともいう）という．これはその性質から時間とともに変化する．

$q = K \cdot S \cdot \Delta t_e$

ここで，

q：熱通過量〔W〕

K：熱通過率〔W/(m^2·K)〕

S：面積〔m^2〕

Δt_e：相当温度差〔K〕〔℃〕

(b) ガラス窓からの熱負荷

① ガラス面の内外気温度差による熱通過により侵入する熱

$q = K \cdot S \cdot \Delta t$

ここで，

K：熱通過率

S：ガラス面の面積

Δt：ガラス面の内外温度差

② ガラス窓を直接透過してくる放射熱

$q = I \cdot S \cdot F_g \cdot F_s$

ここで，

I：ガラス窓を透過する日射量〔W/m^2〕

S：ガラス窓面積〔m^2〕

3.1　空気調和

F_g：ガラス係数

F_s：遮へい係数

(c) すきま風による熱負荷

ドアや窓から入ってくるすきま風による熱負荷で，顕熱と潜熱がある．

(d) 取入れ外気による熱負荷

室内の換気のために取入れる外気による熱負荷で，顕熱と潜熱がある．

(e) 室内で発生する熱負荷

〈照明負荷〉 白熱灯は 1000 W/kW，蛍光灯は安定器からの発熱があるので，1200 W/kW の発熱（顕熱）を見込む．

(f) 人体から発生する熱量

人体の表面から放出される顕熱，呼吸や発汗により放出される潜熱がある．

(g) 室内の発熱器具からの熱負荷

OA 機器や調理器，湯沸器などから発生する熱負荷で，機器により，顕熱だけのもの，顕熱と潜熱の両方を発生するものがある．

(3) 暖房負荷

(a) 暖房負荷の種類

① 壁や窓ガラスから逃げる通過熱で顕熱である．

② すきま風による熱損失で顕熱と潜熱がある．

③ 取入外気による熱損失で顕熱と潜熱がある．

暖房負荷を検討する時は日射による熱や照明器具や人体の発生する熱は安全側に働くので計算に含めない．

(b) 外壁面，ガラス窓の損失熱量

q_{H1}，$q_G = S \cdot K(t_i - t_o) \cdot \delta$

ここで，

q_{H1}：外壁面の負荷〔W〕

q_G：ガラス面負荷〔W〕

S：外壁やガラス面の面積〔m^2〕

K：外壁，ガラス面の熱通過率〔W/(m^2·K)〕

t_i，t_o：室内外温度〔K〕〔℃〕

δ：方位係数

である．

(c) 内壁負荷（廊下，非暖房室と接する内壁からの熱損失）

$q_{H2} = S \cdot K \cdot \Delta t$

ここで，

q_{H2}：内壁負荷〔W〕

K：内壁の熱通過率〔W/(m^2·K)〕

S：内壁の面積〔m^2〕

Δt：内外温度差〔K〕〔℃〕

である．

(d) 地面に接する壁や床からの熱負荷

地下の地面に接する壁や床からの熱負荷は，暖房時には地面の方が室内温度より低いため損失熱を計算する．

$q_k = S \cdot K \cdot (t_i - t_e)$

ここで，

q_k：床面からの熱損失

K：床面の熱通過率

S：地面に接する面積〔m^2〕

t_i：室内温度

t_e：地面に接する地中温度

である．

3. 空気線図

(1) 空気線図と冷房プロセス

冷房のみの運転をする空調機のモデルを**第3-3図**に示す.

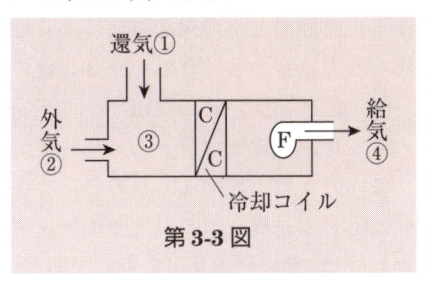

第3-3図

この空調機の運転は，空気線図上で以下のようになる．

- 室内からの還気①と外気②の空気の状態点は空気線図上で①と②となり，混合された空気の状態点③は①と②を結ぶ直線上に存在する．その位置は①と②の状態のそれぞれの空気量の反比例に内分する点となる．③の状態点の空気を冷却コイルで冷却すると④の状態の空気になり，この冷却の過程で相対湿度が増加し，さらに冷却を続けると相対湿度100％の空気となり冷却コイルで結露し④′の状態となる（**第3-4図**）．

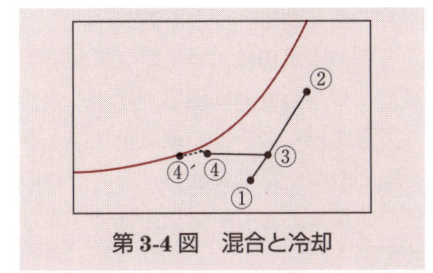

このような結露の原因となる冷却方法では現実問題として不適切なため冷却とともに減湿を行わなければならない．

(2) 空気線図と暖房プロセス

暖房のみの運転をする空調機のモデルを**第3-5図**に示す．この場合，空気線図は以下のようになる．

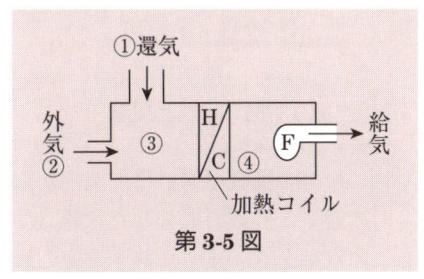

第3-5図

- 室内からの還気①と外気②の空気の状態点は，空気線図上で①と②になり，混合された空気の状態点③は，①，②を結ぶ直線上にあり，それぞれの空気量に反比例で内分する点となる．③の状態の空気を加熱コイルで加熱すると④の状態の空気になり，この場合水分の出入りが無いものとするので絶対湿度は変わらず加熱の段階で相対湿度が減少する（**第3-6図**）．

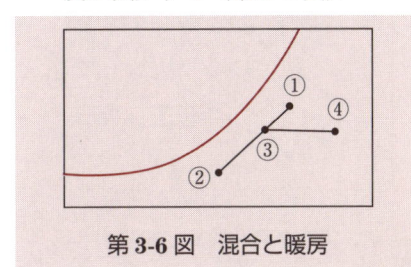

第3-4図　混合と冷却

第3-6図　混合と暖房

3.1　空気調和

したがって，室内は乾燥した空気で満たされ，快適な居住空間を確保することはできなくなる。そこで湿度を高めるために加熱コイルの後に加湿器を設置する（第3-7図）。

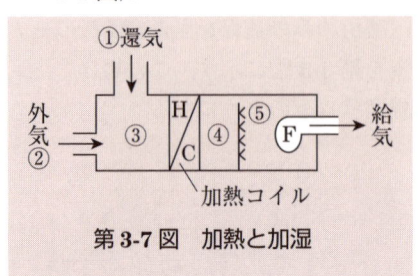

第3-7図　加熱と加湿

冷房の場合と同様に，室内からの還気と外気の混合した状態点③の空気を点④まで加熱する。これをスプレーで加湿すると，絶対湿度が x_4 から x_5 に増加するとともに，スプレーからの水滴が蒸発するときの蒸発潜熱が，そこを通過する空気の顕熱でまかなわれるため，t_4 から t_5 に乾球温度が下がるがこの間のエンタルピーの増減はなく，断熱変化が起きていることがわかる（第3-8図）。

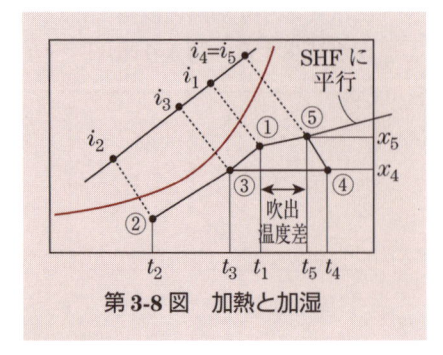

第3-8図　加熱と加湿

4. 空調方式

(1) 空調方式の分類

空調方式は，熱源や機器類を設置する場所や位置により分類する方法，水，空気，冷媒など熱の搬送方法により分類する方法がある（第3-1表，3-2表）。

(2) 各種空調方式の特徴

(a) 定風量単一ダクト方式

この方式は，空調する室の負荷の状態に応じて送風空気の温度や湿度を調整し，一定風量を送り出す方式である。したがって，最小風量が大きい場合，空気清浄度を良好に維持する場合（高性能のエアフィルターを使用しやすいため）などは有利である。

- 多数の室で負荷パターンが異なる場合は，それぞれの要求される温湿度条件を満たさないおそれがある。
- 比較的ダクトスペースが大きい。
- 熱搬送動力費は大きい。
- 中間期の外気冷房は可能，中央機械室の空調機で空調され室内還気70〜75％，外気25〜30％を取り入れ，これを混合調和して各室に供給する。

(b) 変風量単一ダクト方式

各室の吹出口において給気風量を加減し，負荷の変動に適応させる。つまり，各吹出口の手前に変風量ユニットを室別やゾーン別に設け，それぞれの室の状況に応じて給気量を制御する方式である。

第 3-1 表　空調方式の分類

熱源	熱媒	空調方式	特徴
中央式	全空気方式	・定風量単一ダクト方式 ・変風量単一ダクト方式 ・マルチゾーン方式 ・二重ダクト方式 ・各階ユニット方式	・送風空気量が多いため，外気冷房ができる． ・空調機器装置が機械室等に集中設置されていて保守管理が容易． ・清浄度，湿度，臭気，騒音などコントロールしやすい． ・室内にドレン管，エアフィルターや電源など不要． ・中央機械室や各室へのダクトスペースが多く必要である． ・熱媒の搬送動力が比較的大きい．
	水・空気方式	・ダクト併用ファンコイルユニット方式 ・誘引ユニット方式 ・ダクト併用輻射冷暖房方式	・ユニット，機器ごとの個別制御が可能． ・ビルのペリメーターゾーン，ホテル客室，病室などに適する． ・ユニットに高性能のエアフィルターが使用できず，清浄度は高度でない． ・エアフィルターがユニットごとに付くのでメンテナンスが煩雑． ・ダクトスペースは全空気方式に比べ少なくてよい．
個別式	水方式	・ファンコイルユニット方式	・個別のユニットごとに室温を制御しやすい． ・外気の取入れができにくいので，室内はすき間風等による外気取入れができる冷暖房に適する． ・熱媒搬送は配管のみなのでスペースは少なくてすむ．
	冷媒方式	・パッケージユニット方式　個別式／マルチタイプ式	・個別運転がしやすい． ・事務所や住宅，ホテルの客室，小規模の店舗などに適する． ・増設，移設など室の模様替に対応しやすい．

第 3-2 表　熱媒方式による比較と特徴

全空気方式	・大型機器が集中して設置されるので機器のメンテナンスが容易である． ・中間期や冬期の外気冷房が可能（送風量が大きいため）． ・空気清浄，臭気除去，騒音処理が可能．
水・空気方式	・全空気式に比べダクトスペースが少なくてすみ，収まり上有利． ・機器の個別制御が可能．

この方式を Variable Air Volume より VAV 方式という．

可変風量ユニットの種類としては，バイパス形や絞り方式のスロットル形やインダクション形などがある．

低風量時には必要外気量の確保ができることや湿度制御，空気清浄について注意すること．

〈VAV 方式の特徴〉

(イ)　送風機の運転電力費が節約できる．

(ロ)　個別制御が可能．

(ハ)　当初の設備費は若干割高である．

(c)　二重ダクト方式

この方式は，中央の空調機で冷風と温風を作り，それぞれ別々の2本のダ

3.1　空気調和

クトにより高速で送り，各室の吹出口やゾーンごとに設置した混合ユニットで負荷に応じて混合比を変え室内に送風する方式である．

〈特徴〉
(イ) 個別制御が可能であり，冷・暖房同時に行うことができる．
(ロ) 室の模様替に対応しやすい．
(ハ) 冷風と温風を混合するときに生じる混合ロスが発生し運転費がかさむ．
(ニ) ダクトスペースが大きい．

(d) **各階ユニット方式**

この方式は，各階ごとの負荷変動に対応しようとする思想で，中央の一次空調機で取入れ外気を調整し，各階に設けられた二次空調機に送り室内からの還気と混合し，その階の各室に送風する方式である．

〈特徴〉
(イ) 各階ごとの負荷変動を効率よく処理しやすい．したがって，各階ごとにテナント貸しを行う貸事務所などに適している．
(ロ) 空調機が各階に分散するので保守管理が煩雑となる．
(ハ) 空調機室やダクトスペースが大きくなる．

(e) **ダクト併用ファンコイルユニット方式**

ファンコイルユニットは，送風機と冷温水コイルとエアフィルターを内蔵したユニットで，この方式は一般に負荷変動の大きいペリメーター負荷を処理するために窓側にファンコイルユニットを設置し，内部ゾーンには中央の空調機で調整した一次空気（取入れ外気）を供給する方式がとられる．また，室内の換気上，必要な外気も最小限取入れなければならないが，ダクトにより各室に供給する．

ファンコイルユニットは，高性能フィルターが使えず高度の空気清浄は無理があり，湿度が成り行きとなりがちで，暖房時の加湿能力は全空気式に比べると劣るのが一般的である．

〈特徴〉
(イ) 個別制御が可能である．
(ロ) ダクトスペースは小さい．
(ハ) 熱搬送動力は少なく効率が良い．
(ニ) 室の間仕切などの変更に対応しやすい．
(ホ) ユニットが分散しているので，保守管理が煩雑となる．

(f) **マルチタイプパッケージ空調機**

この方式は，1台の屋外ユニットと数台の室内ユニットが冷媒配管で接続されていて，セパレート型となっている．このことにより，設置費の低減と最大負荷の平準化，容量制御の一元化によるランニングコストの低減が図られている．

各室内ユニットは単独に運転することができ，運転台数と負荷に応じて室外ユニットは適切な運転状態に制御される．また，外気の取入れのため外気処理ユニットが用いられ，これに全熱交換器や加湿器などが組み込まれる．

マルチタイプには，同一系統内の室内ユニットを個別に冷房と暖房に切り

換える冷暖房同時運転型もある．
このシステムが普及している理由は以下のことが考えられる．
(イ) 冷媒配管と屋外機および室内機の取り付けがおもな工事内容で，熟練工が少なくなっている現在，工程の少ないシステムが望まれている．
(ロ) ビルのテナントの運転時間が様々で，しかも細分化されてきている．
(ハ) 電気を使うことで運転・制御が

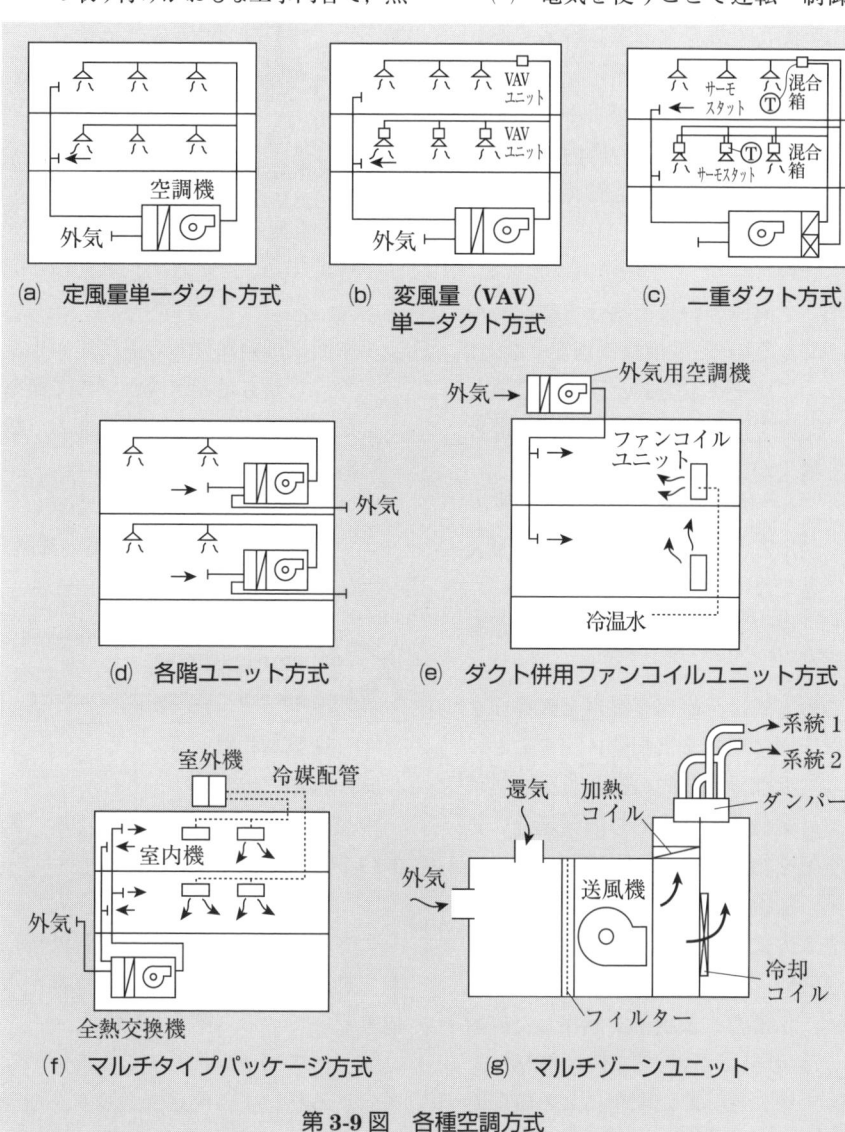

(a) 定風量単一ダクト方式
(b) 変風量（VAV）単一ダクト方式
(c) 二重ダクト方式
(d) 各階ユニット方式
(e) ダクト併用ファンコイルユニット方式
(f) マルチタイプパッケージ方式
(g) マルチゾーンユニット

第3-9図　各種空調方式

3.1　空気調和

容易でしかもクリーンである．

(g) **マルチゾーン方式**

空調機の送風機の吐出側に冷却コイルと加熱コイルを置き，冷風と温風を同時に作り，それをゾーンごとに混合比を変えて温度を調整し給気するもので，1台で負荷パターンが異なる数ゾーンを受け持つことができる．混合の割合は，そのゾーンの室内サーモスタットにより作動する電動ダンパーにより制御される．

〈特徴〉

(イ) 空調機の台数を統合することができるので，設備費は割安となる．

(ロ) 二重ダクト方式と同様，冷風と温風を混合して調整するため混合損失が生じる．

(ハ) 1台の空調機より多数のダクトが出るため，ダクトスペースが大きくなる．

(h) **ダクト併用放射（輻射）冷暖房方式**

この方式は，冷水や温水を天井面または床面に埋込んだ配管に流すことにより，大部分の室内の顕熱負荷を処理し，外気負荷と室内からの循環分の処理空気を給気し，冷却，減湿あるいは加熱，加湿を行い，室内の温湿度を制御する方式である．

〈特徴〉

(イ) 伝導熱や放射熱を利用した放射冷暖房は，ごく自然な快適感がある．

(ロ) 床に埋込んだ配管による暖房時には，室内の天井面に近い部分と，

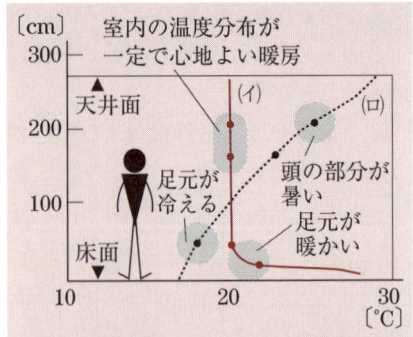

(イ) 床暖房による室内の温度分布
(ロ) 温風暖房による対流式暖房の温度分布

第 3-10 図　床暖房と温風暖房の室内温度分布

床面に近い部分との温度差が小さく，しかも足元が暖かいので頭寒足熱の状態となり快適である（第3-10 図）．

(ハ) 当初の設置費は高額となる．

(ニ) 工場や大空間，天井の高い部屋，住宅などに適している．

5. 空調機器類

(1) 空気調和機

(a) **種類と分類**

中央式と個別式に分類される（第3-11 図）．

(b) **空気調和機の構成**

エアフィルター，空気冷却器(減湿)，空気加熱器，加湿器および送風機から成り立っている（第3-12 図）．

① エアフィルター：じんあいの除去に，ろ材による乾式フィルターや静電作用による電気集じん器が使われ

```
         ┌エアハンド ┬単一ダクト方式
   ┌中央式┤リングユニット├二重ダクト方式
   │      │          └マルチゾーン
   │      │               方式
   │      └パッケージ空調機
   │       （ダクト送風型）
   │      ┌パッケージ空調機
   └個別式┤（室内設置型）
          ├ファンコイルユニット
          ├インダクションユニット
          └ルームエアコン
```

第 3-11 図　空気調和機の種類と分類

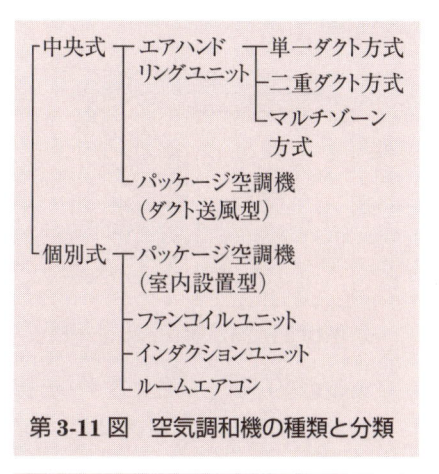

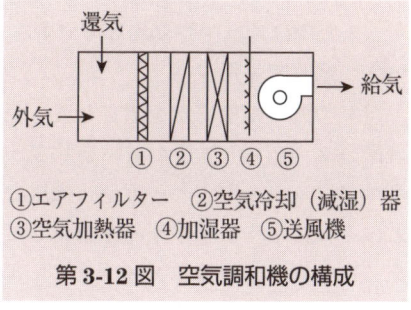

第 3-12 図　空気調和機の構成

①エアフィルター　②空気冷却（減湿）器
③空気加熱器　④加湿器　⑤送風機

る．臭気の除去には活性炭フィルターが使用される．

②　空気冷却器：管内に冷水を通す冷水コイルと，管内で冷媒を蒸発させ蒸発潜熱を周囲から奪い冷却する方式の冷媒コイル（直接膨張コイル）がある．これらは空気を冷却させるだけでなく，露点温度以下に冷却することで減湿も行うことができる．

③　空気加熱器：空気冷却器と同様にファンコイル形の熱交換機が用いられ，管内に温水を流す温水コイル，管内で蒸気を凝縮させる蒸気コイル，冷媒を凝縮させる冷媒コイルがある．冷水と温水を切り換えて使用する冷温水コイルや電熱により空気を加熱する電熱コイルも使用される．

④　加湿器：蒸気を小さい孔から吹出して加湿する蒸気加湿器，微小水滴を空気中で吹出して加湿する水加湿器，水槽の表面から水を蒸発させる蒸発皿形加湿器等がある．

⑤　送風機：多翼送風機（シロッコファン）が普通採用されるが，大型機器の場合には翼形送風機（エアホイルファン）も使われる．

(c)　**エアハンドリングユニット**

中央式でダクト方式の空気調和機．断熱されたケーシングの中にフィルター，冷却（加熱）コイル，加湿器，送風機を納めたもので，ケーシングに収めた空調機をエアハンドリングユニットと呼んでいる．冷水コイルと蒸気コイルを採用しているが，冷水と温水を使うものは冷温水コイルが使われる．しかも，再熱をする場合は空気冷却器と空気加熱器を別々にする必要がある．

(d)　**パッケージ空調機**

一つのケーシングの中にエアフィルター，直膨コイル，加湿器，送風機と往復動圧縮機，凝縮器が組み込まれたユニットで，凝縮器には水冷式と空冷式がある．個別式空調機の一種で，用途としては冷房専用と冷暖房用がある．冷暖房用にはヒートポンプとして用いられる．

(e)　**ファンコイルユニット**

ファンコイルユニットは，建物のペ

3.1　空気調和

リメーターゾーンや個室，ホテルの客室や住宅などに一般的に採用される．

エアフィルター，送風機，冷温水コイルなどで構成され，ケーシング内に収められている．

(f) 全熱交換器

排気と取入外気の間の熱交換に使われる．取入外気の冷暖房負荷を軽減するためであり，空気の温度（顕熱）と湿度（潜熱）を同時に交換ができるため全熱交換器といわれる．回転式と固定式があり，省エネルギー効果が大である．

(g) エアフィルター

① 乾式フィルター

HEPA（高性能）フィルター，ユニット型，自動巻取型，パネル型などがあり，ろ材の密度が大きければフィルターとしての効率は良くなるが圧力損失も大となるので，フィルターをW形に取付ける方法などがある．

  ⓐ HEPA（高性能）フィルター：集じん効率は非常に高く1μm以下の粒子が対象となる．測定はDOPのスモーク（エアロゾル）を用いた光散乱法で測定され，効率は99.97％以上である．クリーンルームや放射性ダストの除去に使用される（第3-13図）．

  ⓑ ユニット型：乾式と粘着式がある．一般のじんあいの捕集するのに適しており，風速は3m/s程度，集じん効率は重量法で80〜90％である．

  ⓒ 自動巻取型：ビルや工場で一般に使用されているもので，ろ材の

第3-13図　高性能フィルター

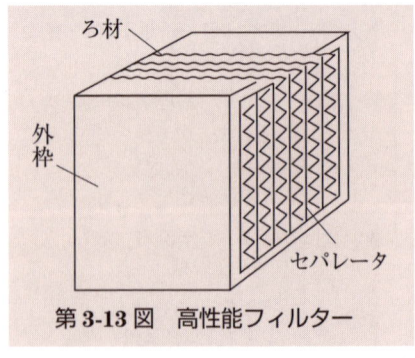

前後の差圧が一定値に達すると自動的に差動する．風速は約3m，じんあいの粒子は1μm以上，集じん効率は重量法で80％程度である．

② 湿式フィルター

空気の流れの中に水を噴霧して，亜硫酸ガス（SO_2）やじんあいを除去するエアワッシャ方式と，ガラス繊維などのろ材に水や液状の薬品を噴霧して集じん効率を高めるキャピラリフィルター方式がある．

③ 活性炭フィルター

じんあいを除去するための目的ではなく，活性炭を使用し，亜硫酸ガス（SO_2）や塩素ガス（Cl_2）などの有害ガスや臭気を吸着させる．SO_2の吸着率は80％程度であるがCOやNOなどのガスは吸着できない．

④ 静電式集じん器

電気集じん器と一般に言われているものは，電離部と集じん部から構成されている．電離部でじんあい粒子を＋（プラス）に帯電させ，集じん部では－（マイナス）極板に付着捕集する二段式帯電式のものである．一段荷電式

第3-14図 静電式集じん器

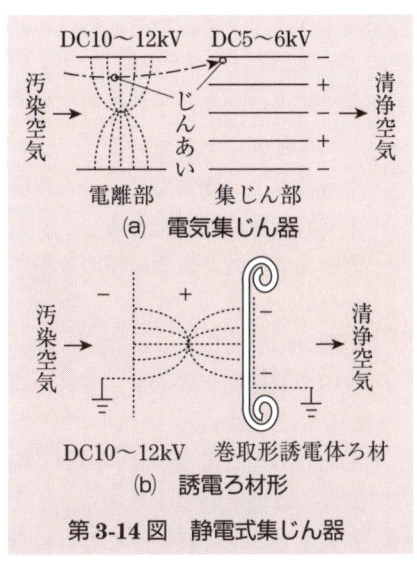

は，じんあい粒子そのものは帯電しないで，電気の誘電作用によりろ材表面に高電圧の静電気を発生させじんあいを吸着させる方法がある．この方式を誘電ろ材形集じん器という．電気集じん器の適応粒子は0.01～1μm，集じん効率は比色法で90％程度で，病院や産業空調用など高度の清浄度を必要とする場所で適用される（**第3-14図**）．

(h) フィルターの性能
① 重量法
一般に低性能のフィルターの試験に用いられる方法で，フィルターで捕集したじんあいの量と下流の高性能フィルター（通過じんあい捕集フィルター）で捕集されたじんあいの重量を測定してその重量比で表す．

② 比色法（変色度法）
中性能フィルターの試験に用いられる．じんあいの粒径1μm以下が対象

で，電気集じん器の試験もこの方法がとられる．

③ 計数法
高性能フィルターの試験に用いられる．試験フィルターの上流と下流から吸引した空気の粉じん濃度を，光散乱式粒子計数器で粉じんの個数をカウントすることで測定する．

6. 自動制御

(1) 自動制御の目的
空気調和装置の能力を負荷に応じて制御するために，冷却器，加熱器，ダンパ等を通過する液体や気体の流量を調整したり，熱源装置，ファンやポンプ等の運転を迅速にしかも正確に自動的に行うことである．つまり，その目的は以下のとおりである．
① 適正な室内環境の維持
② 省エネルギー，省力化に役立つ
③ 機器や装置としての安全性の確保
④ 非常事態における緊急対策等

(2) フィードバック制御
空調の自動制御にはフィードバック制御（Feed Back）がとられることが多い．これは目標値（室温など）と，検

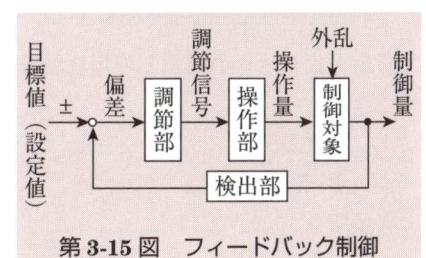

第3-15図 フィードバック制御

3.1 空気調和

出部でそれぞれの制御量の変化を物理的な変位として取り出したものを比較し，その差（偏差）に応じた調節信号を調節部で作り，これにより操作部（弁やダンパ）を作動させ，制御量を目標値に近づける制御である（**第 3-15 図**）．

(a) **フィードバック制御の調整動作**

① 二位置動作

ON・OFF の動作．

② 多位置動作

ステップ動作（多位置動作）．

③ 比例動作

P 動作ともいわれ，偏差の大きさに比例する連続的な調節信号を出す．

④ 微分動作

D 動作ともいわれ，偏差の生じる速度に比例した操作量を生じる．偏差を x，操作量を y とすると，

$$y = m\frac{\mathrm{d}x}{\mathrm{d}t} \quad (m：定数)$$

⑤ 積分動作

I 動作ともいわれ，操作量を変える速度を偏差に比例させる制御動作．

$$y = n\int x \cdot \mathrm{d}t \quad (n：定数)$$

7. 暖 房

暖房方式を熱媒の種類と使用法で分類できる．

(1) **蒸気暖房**

(a) **蒸気暖房の特徴**

＜長所＞

・温水暖房に比べ，放熱器や配管径が小さくてよい（放熱面積は小さくてよい）．

・温水暖房に比べ，予熱時間が短かく間欠運転に適している．

・中規模以上の建物では，温水暖房より設備費は割安である．

・寒冷地で凍結による破損の危険が少ない．

＜短所＞

・室内の温度制御が ON・OFF の状態しかできない．

・放熱器の表面温度が高いので，快適性では温水暖房より劣る．

・蒸気トラップ，減圧弁など付属機器の保守管理に労力を要する．

・ボイラーの取り扱いに資格者が必要な場合がある．

(b) **配管方法**

① 単管式

1 本の配管で蒸気と放熱後の凝縮水を同一配管で運ぶため，蒸気の流れがスムーズでなくスチームハンマを生じやすい．

② 複管式

蒸気配管と凝縮水を流す管を別にし，その接続点には蒸気トラップを設け，還水管には凝縮水と空気だけを通すものである．

(c) **還水システム**（**第3-16図**）

① 重力還水法

乾式還水法と湿式還水法がある．

② 機械還水法

重力によって還水した凝縮水をホットウェルタンク（還水槽）に受けて，

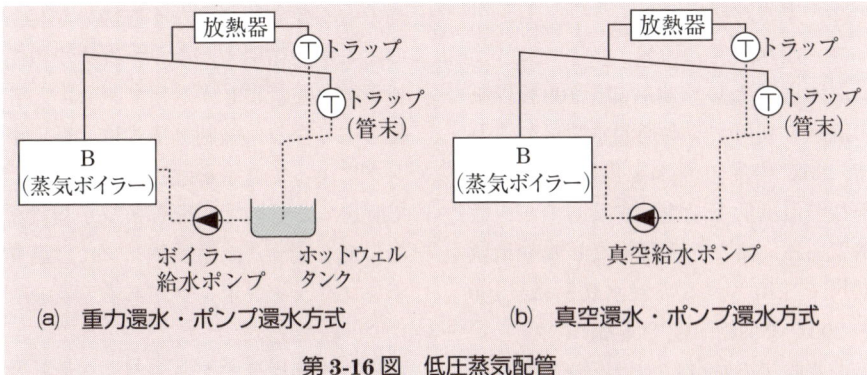

(a) 重力還水・ポンプ還水方式　　(b) 真空還水・ポンプ還水方式

第 3-16 図　低圧蒸気配管

ボイラーに給水ポンプで圧送する方法と，真空ポンプを用いて強制的に吸引する方法がある．後者の場合，リフトフィッティング（**第 3-17 図**）を使用して還水を引き上げることもできる．

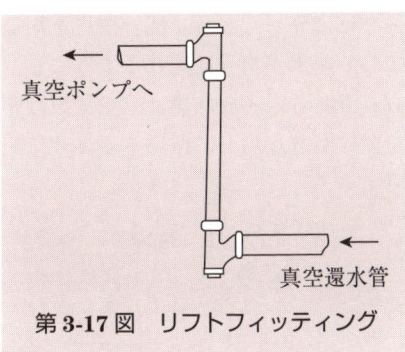

第 3-17 図　リフトフィッティング

(d) **ハートフォード接続法**

低圧蒸気ボイラーで湿式還水管（横走り主管の中を凝縮水が充満して流れる．つまりボイラー水面より下にある．）をボイラーに接続する場合，還水管の途中で水が漏れたときにボイラーの水位が下がらないようにまた，ボイラー内の水が異常時に還水側に流れ出しボイラーが空だきにならないように考えられた配管接続法である（**第 3-18 図**）．

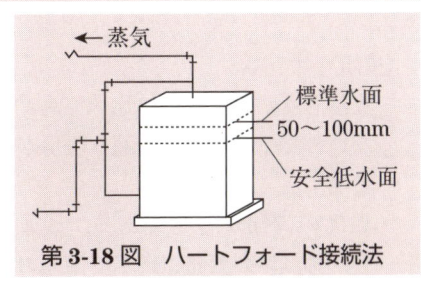

第 3-18 図　ハートフォード接続法

(e) **リフトフィッティング（吸上げ継手）**

真空ポンプを用いて還水する場合，先下り勾配がとれないときには第 3-17 図のような吸上げ継手を用いる．立上り管のサイズは，還水管の口径より 1～2 サイズ小さいものとする．1 段の吸上げ高さは 1.5 m 以内とし，それ以上のときは 2，3 段とし，なるべく真空ポンプの近くに設ける．

(f) **スイベルジョイント（スイベル継手）**

配管の伸縮を吸収するために，蒸気主管からの分岐立上りの部分や放熱器周りの分岐管などで 3 個以上のエルボと短管を組み合わせた接続法のことである．

3.1　空気調和

(2) 温水暖房

(a) 温水暖房の特徴

温水暖房という場合は，100℃以下の温水を利用する普通温水暖房のことで，80℃程度の温水を供給して10℃前後の温度低下で暖房するものが一般的である．また，大規模なビルや地域暖房で採用される高温水暖房は，100～200℃の供給温度である．

温水暖房の特徴は，以下のとおりである．

〈長所〉
- 放熱温度が蒸気暖房に比べて高くないのでやわらかい快適な暖房が可能．
- 温度の調節が容易である．つまり，外気温の変化に応じて温度の制御が可能である．
- 蒸気トラップなどがないため，故障が少なく配管の施工やメンテナンスが容易で安全である．
- 配管の腐食が少ない．

〈短所〉
- 蒸気暖房に比べて熱容量が大きいため，予熱に時間がかかり，間欠運転に適さない．
- 蒸気暖房に比べて放熱器や管径が大きくなり，システム全体としては建設費は高くなる．
- 寒冷地では，運転の停止中に凍結の危険がある．

(b) 温水循環方式

重力循環式と強制循環式がある．重力循環式は，ポンプも使用しないため動力も不要で騒音もなく取扱いが容易であるが，循環力が小さいため小規模で単純な配管にしか適用できないし管径も太くなる．強制循環式は，循環ポンプによって温水を強制的に循環させて暖房するもので，配管系統が複雑な場合でも適する．循環ポンプには渦巻ポンプやラインポンプがある．

(c) 配管方式

単管式と複管式があるが，各放熱器の入口温度が一定となる複管式が一般に使用されている．複管式の直接リターン方式とリバースリターン方式を(**第3-19図**)に示す．リバースリターン方式は，各放熱器ごとの往復の配管長をほぼ等しくとり，配管損失を均等にし，温水が均一に流れるようにした方式である．各放熱器は，空気抜け弁を設け温水が均一に循環するように配慮する．

第3-19図 複管式温水配管
(a) 直接リターン方式　(b) リバースリターン方式

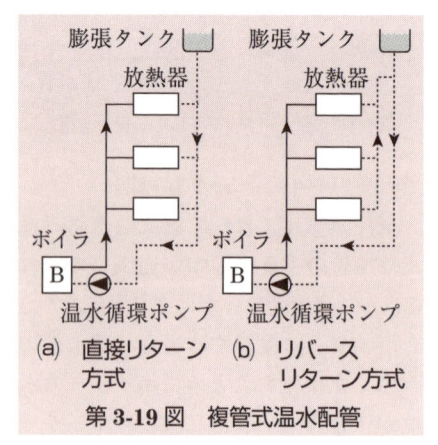

(d) 膨張タンク

温水暖房の系には膨張タンクを設けるが，その目的は，

① 水温が上昇し膨張することによる圧力の上昇を吸収する．
② 温水暖房の装置内の圧力をプラス圧にし，温水の蒸発を防止する．
③ 温水暖房の装置内の圧力をプラス圧にし，空気の侵入を防ぎ障害を防ぐ．
④ 装置内の空気を放出させる場所であり，また配管系内の水の減少に対して補給水を供給することができる．

膨張タンクには開放式と密閉式があり，開放式は大気に開放され配管系の最上部に設置する．密閉式膨張タンクは窒素ガスを封入し，温水の膨張を気体の弾力で吸収させるものであり，開放式に比べ容量が大きくなる．

(3) 放射暖房
(a) 放射暖房の特徴

天井面や床に配管や電熱線を埋込み，これに温水や蒸気あるいは電気を送って，天井面や床面を暖め，この放熱面からの放射熱により室内を暖房する．放熱面（パネル）の背面は，熱のロスを防ぐために断熱処理をする．床の場合の表面温度は30℃程度であり，これ以上温度を高くすると不快感を伴う（**第3-20図**）．

温水暖房や蒸気暖房では，室内の空気の乾球温度が暖房感の目安となるが，放射暖房では，乾球温度の他に，室内の平均放射温度と気流の流速を加味した効果温度で暖房感の指標としている．

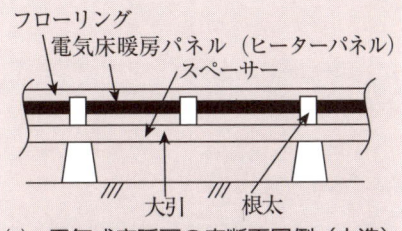

(a) 電気式床暖房の床断面図例（木造）

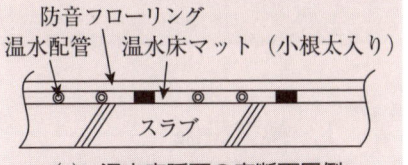

(b) 温水床暖房の床断面図例（鉄筋コンクリート造）

第3-20図 床暖房の断面

蒸気や温水または温風暖房と比べ，放射暖房の特徴を比較してみると，

〈長所〉
・室の中の上下の温度差（垂直方向の温度変化）が少なく，室内気流を生じにくいので暖房感がよい．
・放熱器や配管が露出しないため，部屋が広く有効に使える．
・高天井のホールや会議室，劇場などの補助の暖房として有効である．
・室内空気温度が低いため，熱損失が少ない．
・空気の対流が少ないため，じんあいを巻き上げない．

〈短所〉
・他の暖房方式に比べ設備費が高価である．

3.2 換気・排煙

1. 換気設備

(1) 換気の目的

換気は，室内の汚染空気を外部に排出し，室外から新鮮空気を取り入れることであるが，具体的な目的は次のとおりである．

① 室内空気の清浄度の維持および有害物質の排除．
② 人体や室内の機械設備から発生する排熱や蒸気による室内温度上昇の防止．
③ 燃焼器具への酸素供給目的の新鮮空気の導入．

(2) 換気方式

換気設備には，自然換気方式と機械換気方式がある．

(a) 自然換気方式

給気口と排気筒付の排気口を有するもので，風圧または温度差による浮力により室内の空気を屋外に排出する方式，単に窓からの換気とは異なる（第3-21図）．

(b) 機械換気方式

一般に，風道と送風機から構成され

第3-21図　自然換気方式

る設備で，送風機により強制的に換気を行う．第一種機械換気，第二種機械換気，第三種機械換気の3種類がある（第3-22図）．

① 第一種機械換気

給気用と排気用のそれぞれに専用の送風機，排風機を設ける方式で，換気量が確実に得られ，室内を正圧または負圧にすることができる．厳密な気圧や気流分布が必要な場所に適している．

② 第二種機械換気

給気を送風機により強制的に行うことで室内が正圧となる．排気は排気口

第3-22図 機械換気方式
(a) 第一種機械換気
(b) 第二種機械換気
(c) 第三種機械換気

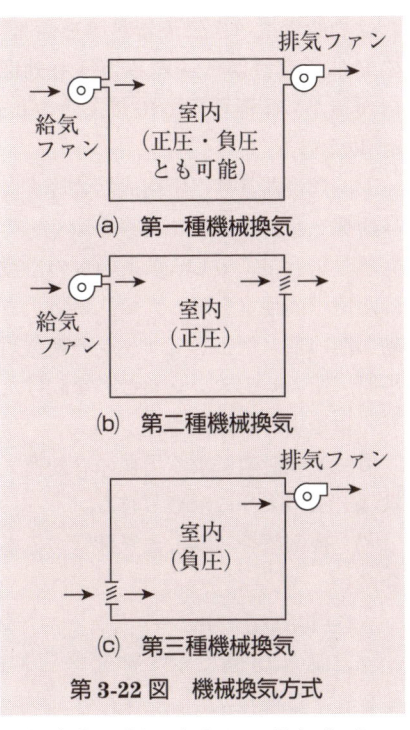

より自然に押し出される換気方式で、外部からの汚染空気の侵入を防止したい部屋や燃焼空気を必要とする部屋には適しているが、有害ガスや臭気を発生する部屋には適さない。適用例としてクリーンルーム、手術室などがある。

③ 第三種機械換気

排風機により室内空気を排出する方式で、室内が負圧となるため給気は給気口より自然に流入してくる。この方式は、便所や浴室のように室内に臭気や水蒸気が発生する場合に、他の部屋に拡散させない部屋の換気に適している。

(3) 換気設備の設置基準（建築基準法第28条,同施行令第20条の2）

(a) 換気設備を必要とする場所

① 居室

居室には換気のための窓その他の開口部を設け、その換気に有効な部分の面積はその居室の床面積に対して、1/20以上としなければならない。ただし、政令で定める換気設備（第3-3表参照）を設けた場合はこの限りでない。

ここで、換気に有効な面積とは、実際に開放しうる面積をいう。引違い窓では窓面積の1/2、機械換気設備による場合の有効換気量は、次式で求められる。

$$V = \frac{20 A_f}{N} \ [\mathrm{m^3/h}]$$

ここで、

V：有効換気量 $[\mathrm{m^3/h}]$

A_f：床面積 $[\mathrm{m^2}]$ − (窓等の換気に有効な床面積 $[\mathrm{m^2}]$) ×20.

第3-3表 建築基準法関連による換気設備の規定

	換気設置が必要となる室	換気設備の種類
1	無窓の居室〔換気に有効な窓、その他の開口部の面積が、その居室の床面積の1/20未満〕	・自然換気設備 ・機械換気設備 ・中央管理方式の空気調和設備
2	劇場、映画館、演芸場、観覧場、公会堂、集会場の居室	・機械換気設備 ・中央管理方式の空気調和設備
3	調理室、浴室その他の室でかまど、こんろ、その他の火を使用する設備または器具を設けた室	・自然換気設備 ・機械換気設備

（ただし，中央管理方式の空調設備の場合は減じない）

N：1人当たりの占有面積≤ 10〔m²/人〕
（ただし，10を超えるときは10）

② 特殊建築物の居室

劇場，映画館，演芸場，観覧場，公会堂および集会場の居室には，換気設備（第3-3表参照）を設けなければならない．

機械換気設備による場合の有効換気量は，次式で求められる．

$$V = \frac{20A_\mathrm{f}}{N} \ [\mathrm{m^3/h}]$$

ここで，

V：有効換気量〔m³/h〕
A_f：床面積〔m²〕
N：1人当たりの占有面積≤ 3 m²/人（ただし，3を超えるときは3）

③ 火を使用する設備もしくは器具を設けた室

調理室，浴室その他の室でかまど，こんろなど火を使用する設備もしくは器具を設けた室には，換気設備（第3-3表参照）を設けなければならない．ただし，以下の ⓐ, ⓑ, ⓒ に該当する場合は適用外となる．

ⓐ 密閉型燃焼器具等（直接屋外から燃焼のための空気を取り入れ，かつ排ガスその他の生成物を直接屋外に排出するものなど，室内空気を汚染しない機器）のみを設けた室．

ⓑ 床面積の合計が100 m²以内の住宅または住戸に設けられた調理室で，燃焼器具等（密閉式燃焼器具等または煙突を設けた燃焼器具等を除く）の発熱量合計が12 kW以下，有効開口面積が，床面積の1/10以上かつ0.8 m²以上のもの．

ⓒ 燃焼器具等（密閉式燃焼等または煙突を設けた燃焼器具等を除く）の発熱量の合計が6 kW以下のものを設けた室（調理室を除く）で，換気上有効な開口部（例としてサッシの換気用小窓，壁のレヂスターなど）を設けたものは適用対象外となる．

機械換気設備による場合の有効換気量は，次のように求められる．

㋑ 換気扇等のみにより排気する場合

$V = 40KQ$ 〔m³/h〕

㋺ 第3-23図に示す排気フードⅠ型を有する場合

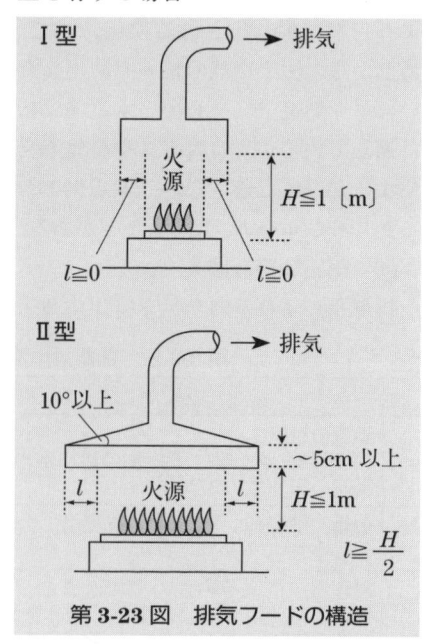

第3-23図 排気フードの構造

第 3-4 表　理論廃ガス量（建設省告示 1826 号改正告示 2465 号）

	燃料の名称	発熱量	理論廃ガス量
(1)	都市ガス		$0.93 \text{ m}^3/(\text{kW}\cdot\text{h})$
(2)	LP ガス（プロパン主体）	50.2 MJ/kg	$0.93 \text{ m}^3/(\text{kW}\cdot\text{h})$
(3)	灯油	43.1 MJ/kg	$12.1 \text{ m}^3/\text{kg}$

$V=30KQ \ [\text{m}^3/\text{h}]$

（ハ）第 3-23 図に示す排気フード II 型を有する場合

$V=20KQ \ [\text{m}^3/\text{h}]$

（ニ）煙突を設ける場合

$V=2KQ \ [\text{m}^3/\text{h}]$

以上，（イ），（ロ），（ハ），（ニ）において，

V；有効換気量〔m^3/h〕

K；燃料の単位燃焼量当たりの理論廃ガス量（第 3-4 表）

Q；発熱量〔kW〕または燃料消費量〔kg/h〕

2. 排煙設備

(1) 排煙の目的

建物内で火災が発生した際の避難，消火活動や人命救助のため煙を排除，隔離する防煙対策が必要となる．この対策として，建物内に間仕切や防煙垂れ壁による防煙区画を設けること，防煙区画内や避難通路などに蓄積する煙や排出する排煙装置を設けることが必要となる．

(2) 排煙設備の設置基準

排煙設備の設置を必要とする建築物またはその部分については，以下の条件のいずれかに該当するものとする．（建基令第 126 条の 2）

① 建築物
  ⓐ 特殊建築物で延面積が 500 m² を超えるもの．ただし，学校，体育館等は除く．
  ⓑ 階数が 3 以上で，延べ面積が 500 m² を超える建物．
  ⓒ 延べ面積が 1000 m² を超える建築物の床面積 200 m² を超える大居室．
  ⓓ 排煙上有効な開口部のない居室（無窓の居室）．
② 特別避難階段の付室
③ 非常用エレベータの乗降ロビー
④ 地下街
  地下街の地下道に接する建築物
⑤ 消防法によるもの
  ⓐ 劇場，映画館などで舞台部の床面積が 500 m² 以上のもの．
  ⓑ キャバレー，遊技場，百貨店，駐車場などの地階または無窓階で床面積が 1000 m² 以上のもの．

ここで⑤の消防法による排煙設備は，建築基準法により排煙設備を設置した場合，消防法の適用は免除されることが多い．ただし，建基令で設置義務の無い部分や消火設備を設けたために緩和措置により排煙設備が免除されている部分であっても，消防法の設置義務のある部分については，消防法による

排煙設備を設けなければならない．

(3) 排煙設備の構造

排煙設備の構造は，建基令126条の3で以下のように定めている．

① 防煙区画は，火災発生の初期に煙の拡散を防ぐ目的で設けられるもので，不燃材料でつくるか，または覆った間仕切壁と50 cm以上天井面から突き出した垂れ壁等で床面積500 m^{2}以内ごとに区画する．ただし，劇場や集会場などの客席は500 m^{2}を超えた区画とすることができる．

② 排煙設備の排煙口，風道等煙に接する部分は不燃材料で作る．

③ 排煙口は，区画内のどこから測っても水平距離が30 m以内の位置に1個以上，天井または壁の上部で天井から80 cm以内に設置し，外気に開放する場合を除き排煙風道に直結する（第3-24図）．

④ 排煙口には手動開放装置を設ける．手動開放装置のうち，直接手で操作する部分は，壁に設けるときは床面より0.8～1.5 mの高さの位置に，天井から吊り下げる場合は床面より1.8 mの高さに設ける．

⑤ 排煙口の開放装置は手動開放装置を原則とするが，煙感知器と連動する自動開放装置または遠隔操作方式による開放装置を手動開放装置以外に設けてもよい．

ただし，31 m以上の建築物や面積が1000 m^{2}以上の地下街では，中央管理室で制御および作動状態が監視できること．

⑥ 排煙機は280℃で30分以上耐える耐熱構造とし，排煙風道の末端に設け，1つの排煙口の開放により自動的に作動すること．天井高さが3 m以下の一般建築物ではその排煙能力は120 m^3/分以上で，かつ防煙区画部分の床面積1 m^{2}につき1 m^3/分であること．ただし，2以上の防煙区画部分にわたるときは，当該防煙区画部分のうち床面積の最大のものの床面積1 m^{2}につき2 m^3/分以上の排煙能力が必要となる．

劇場等の場合で防煙区画面積が500 m^{2}を超える場合の排煙機の能力は，500 m^3/分以上で，かつ防火区画の床面積（2以上区画がある場合はその合計面積）1 m^{2}について1 m^3/分以上と

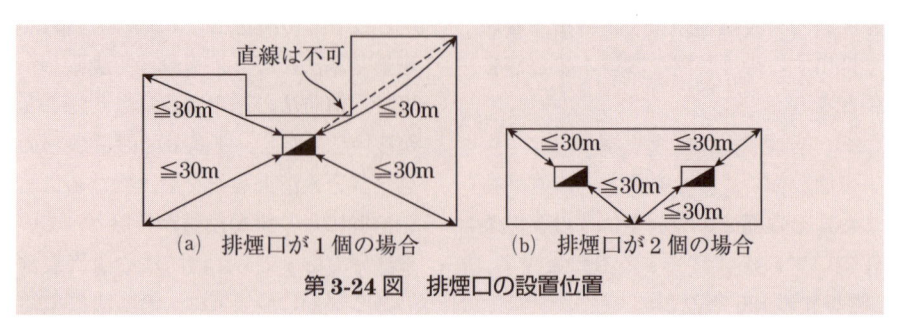

(a) 排煙口が1個の場合　　(b) 排煙口が2個の場合

第3-24図　排煙口の設置位置

する.

　なお，排煙機の設置が不要の条件は，排煙口の開口面積が防煙区画部分の床面積の1/50以上で直接外気に接する場合で，このときは自然排煙でもよい.

⑦　排煙風道は，煙に接する部分は鋼板製等の不燃材料で作り排煙専用とする．またコンクリートダクトを使用してはならない．

⑧　排煙機の電源は，自動充電装置または時限充電装置を有する蓄電池，自家用発電装置などとし，常用の電源が断たれたときに自動的に切り替えられて接続できることが必要であり，30分間継続して排煙設備を作動させることができる容量以上で，かつ開放型の蓄電池は減液警報装置をつけること．

⑨　排煙設備に用いる配線は600V耐熱ビニル電線またはこれと同等以上の耐熱性を有する配線とすることとし，他の電気回路に接続せず，かつその途中で一般の者が容易に電源を遮断することができないものとすること．

　配線の方法は耐火構造の主要構造部に埋設した配線，不燃材料で仕上げた天井の裏面（二重天井内）に鋼製電線管などを用いて行う配線，耐火構造の床または壁，防火戸で区画されたダクトスペース，その他これに類する部分に行う配線，MIケーブルを用いて行う配線のいずれかとする．

⑩　排煙風道の風量の算定
　ⓐ　排煙口の開放条件
　　（i）上下階の排煙口は同時開放しない．
　　（ii）同一階で隣接する2防煙区画は同時開放の可能性があるものとする．
　ⓑ　各階の横引きのダクトの風量
　　（i）同時開放がない場合は，そのダクトが受持つ最大の防煙区画の風量とする（床面積1 m^{2}について1 m^3/分）．
　　（ii）同時開放がある場合は，隣接する2防煙区画の合計容量が最大となる風量とする．
　ⓒ　縦のメイン風道の風量
　　（i）最遠の階から順次比較し，各階ごとの排煙風量のうち大きい方の風量とする．

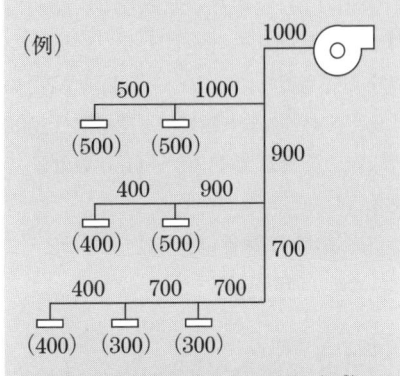

（例）

```
                           1000
         500    1000      ┐
         ┴      ┴         │
        (500)  (500)      │900
                           │
         400    900        │
         ┴      ┴          │
        (400)  (500)       │700
                           │
         400   700   700   │
         ┴     ┴     ┴     │
        (400) (300) (300)
```

・（　）内は防煙区画の床面積〔m^2〕
・ダクト上部の数値は排煙ダクトの通過風量〔m^3/分〕

排煙機の容量
　$Q = 2 \times K \times (最大床面積〔m^2〕)〔m^3/分〕$
　K：1.1（余裕係数）
つまり $Q = 1100$〔m^3/分〕

第3-25図　排煙ダクトの風量計算例

3.2　換気・排煙　　77

この問題をマスタしよう

問1（冷房負荷） 空気調和の冷房時の熱負荷計算に関する記述のうち，適当でないものはどれか．
(1) 照明器具からの熱負荷には，潜熱と顕熱がある．
(2) 外気導入に伴う熱負荷は，冷房風量の算出に関係しない．
(3) 人体による熱負荷は，作業の状態によって異なる．
(4) ガラス窓からの熱負荷には，ガラス窓を透過した日射による熱取得と室内外の温度差による熱取得がある．

解説 (1) 照明器具のうち，白熱灯の入力電力はほとんど熱に変化するものと考えられる．蛍光灯は，安定器（バラスト）で消費される電力が余分に発熱する．このように，照明器具の種類により発生熱量は異なる．照明器具からの熱は相変化を伴わず，物体の温度を変化させるだけだから，顕熱に関係する．発熱量は一般に，白熱灯で1000 W/kW，蛍光灯で1180～1160 W/kWである．

(2) 冷房の風量は，

$$V = \frac{3600 \cdot Q}{C_p \cdot \rho \cdot \Delta t}$$

ここで，
 Q：室内顕熱負荷〔kW〕
 C_p：空気の定圧比熱〔kJ/(kg·K)〕
   (1.006 kJ/(kg·K))
 ρ：空気の密度〔kg/m³〕(1.2kg/m³)
 Δt：室内空気とコイル出口空気の温度差（乾球温度）〔℃〕
 3600：〔kJ/s〕を〔kJ/h〕に換算

以上から，冷房風量と外気導入による熱負荷は関係しないことがわかる．

(3) 人体の発生熱量は，人種，性別，年令，運動の程度，周囲の温度によって異なる．軽い作業をしている場合の発熱量は1人当たり約116～140 W程度で，放射および汗などの水分蒸発によるものが大部分であり，顕熱と潜熱の両方が室内に放射され，室温が低いときは顕熱が多く，室温が高いときは潜熱が多くなる．

(4) 窓ガラスからの熱負荷は，窓ガラスの外側と内側の，①内外温度差による通過熱，②太陽光による入射の透過熱によるものがある．

① 内外温度差による通過熱は，
  $q = K \cdot A \cdot \Delta t$
ここで，
 A：ガラス窓の面積〔m²〕
 K：ガラスの熱通過率〔W/(m²·K)〕
 Δt：ガラスの両側の気温の差〔℃〕

② ガラス窓に入射した日射は，一部は反射され，透過分は透過放射熱となり，ガラスに吸収される分はガラス

の温度を上昇させ，その一部が放射や対流により室内に侵入してくる．

日射による透過熱は，

$q = I \cdot A \cdot F_g \cdot F_s$

ここで，

I：窓ガラスを透過する日射量〔W/m²〕

A：窓ガラス面積〔m²〕

F_g：ガラス係数で厚さ3mmの普通ガラスを基準として透過する割合を示したもの．

F_s：遮へい係数でブラインド等を設けた場合の日射量の遮へいの割合．

なお，日射量は直達日射と太陽からの光が乱反射して入ってくる天空放射を含み，ガラス面の方位と時刻により変化する．

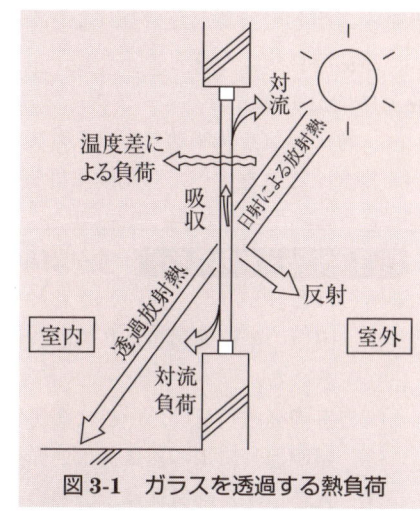

図3-1 ガラスを透過する熱負荷

答 (1)

問2（熱負荷） 一般事務室における空気調和の熱負荷計算に関する記述のうち，適当でないものはどれか．

(1) 日射などの影響を受ける外壁の冷房負荷は，時間遅れを考慮する．
(2) 陽の当たらない北側のガラス窓においても，冷房負荷として日射負荷を考慮する．
(3) 暖房時には，土間床や地下壁からの通過熱は，無視する．
(4) サッシからの隙間風負荷は，導入外気量と排気量を調整し，室内を正圧に保つことで無視する．

解説 (1) 壁などの日射を受ける構造体は，日照の時間経過とともに，その熱の一部を吸収して表面から温度が上昇し，構造体の熱容量による時間的遅れで室内に侵入する．このような影響を考慮した仮想の外気温度を相当外気温度といい，これと室内温度との差を相当温度差という．

(2) 日射を受けない壁面などの場合でも，日射負荷はゼロにはならない．これは，天空放射によるものと考えられ，温度差による窓ガラスの熱通過量に近い値である．

(3) 暖房時には，土間床や地下壁を通して室内の熱が放散するが，土壌温度の方が室内温度より低いので，損失

この問題をマスタしよう

熱量を考慮して計算しなければならない．冷房時には安全側となるため，計算上は無視する．

(4) 導入外気を強制的に取り入れている場合，これをすべて強制的に排気するのではなく，排気量を若干少なく調整すると，自然換気，つまり隙間風の負荷を無視できることになる．

答 (3)

問3（顕熱・潜熱負荷） 空気調和の熱負荷に関する記述のうち，適当でないものはどれか．

(1) 内壁の単位面積当たりの熱負荷は，隣室との温度差に熱通過率を乗じて求める．
(2) 室内発熱負荷は，一般に暖房負荷計算では無視して扱う．
(3) 照明器具による熱負荷は，顕熱のみである．
(4) 人体による熱負荷は，潜熱のみである．

解説

(a) 外気に接していない間仕切壁や天井，床などにおいて，相手側のスペースが冷房していない場合は伝導により熱負荷が生じる．その温度が明らかであれば温度差を求めて計算すればよいが，一般の非冷房室や廊下であれば温度差を推定しなければならない．

一般に，太陽放射熱の影響のない内壁の熱負荷は，

$$q = K \cdot A \cdot \Delta t$$

ここで，
q：熱通過量〔W〕
K：熱通過率〔W/(m²·K)〕
A：構造体の面積〔m²〕
Δt：構造体の手前側と向こう側の温度〔K〕

であり，単位面積当たりの負荷は，

$$\frac{q}{A} = K \cdot \Delta t$$

となり，温度差に熱通過率を乗じたものとなる．

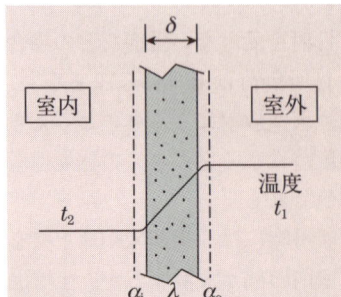

熱通過率 K は次の式で与えられる．

$$\frac{1}{K} = \frac{1}{\alpha_o} + \frac{\delta}{\lambda} + \frac{1}{\alpha_i}$$

α_o, α_i：外面および内面の表面熱伝達率〔W/(m²·K)〕
λ：壁体の熱伝導率〔W/(m²·K)〕
δ：壁体の厚さ〔m〕

図3-2 熱通過率 K の求め方

(b) 人体の発生する熱は身体の表面や呼気から生じるもので、体温の放射や対流による顕熱、汗や呼気中の水分や汗の蒸発による潜熱がある。

答 (4)

問4〈空気線図(1)〉 全空気方式の冷房時における空気線図に関する記述のうち、適当でないものはどれか。

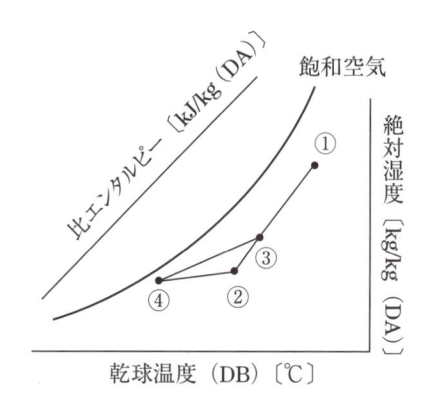

(1) 冷却コイル前後の空気状態の変化は、状態線②④で示す。
(2) 点④は、冷却コイル出口空気の状態を示す。
(3) ②③と①②の長さの比は、外気量と給気量の比を示す。
(4) 点①は、導入外気の状態を示す。

解説 設問の湿り空気線図と図3-3を対比してみると、①の状態点は外気の状態を示し、②は室内還気の状態を示す。

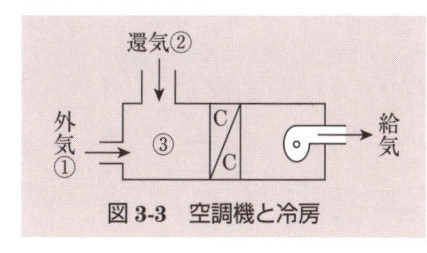

図3-3 空調機と冷房

③は室内還気と外気が混合した空気の状態を示し、空気線図上は、直線①②を外気と室内還気の空気量の混合割合に反比例するよう内分する点である。

③④は、図3-3の空気調和機の冷却器による冷却および減湿の状態を示し、④は冷却コイル出口の空気の状態を示す。

答 (1)

問5（空気線図(2)） 全空気方式の暖房時における空気の状態変化を示す湿り空気線図に関する記述のうち，適当でないものはどれか．

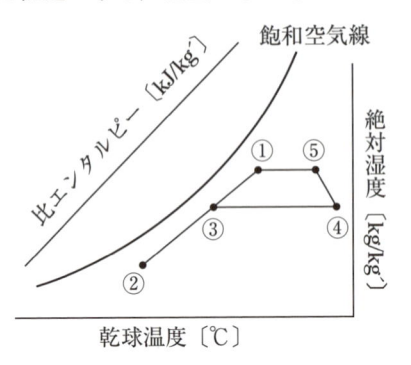

(1) 加熱コイルの入口の空気の状態点は，④である．
(2) 空気調和機の出口の空気の状態点は，⑤である．
(3) 室内空気の状態点は，①である．
(4) 導入外気の状態点は，②である．

解説 図3-4(a)図において，室内からの還気①と外気⓪の空気の状態点は，湿り空気線図上で①と⓪になる．(b)図で混合された空気の状態点⑶は，①，⓪を結ぶ直線上にあり，それぞれの空気量に反比例する形

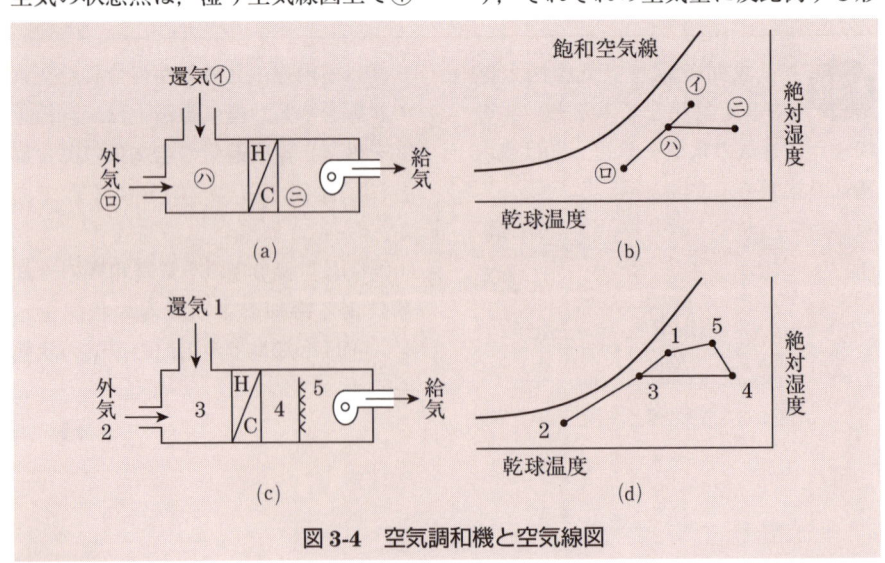

図3-4 空気調和機と空気線図

で内分する点となる．㈥の状態の空気を加熱コイルで加熱すると㈢の状態の空気になる．この場合，水分の出入りが無いものとすると，絶対湿度は変わらず加熱の段階で相対湿度が減少している．したがって，室内は乾燥した空気となり，快適な居住空間を確保することが困難となる．そこで，湿度を高めるために(c)図のように加熱コイルの後に加湿器を設置する．(d)図において，室内からの還気と外気の混合した状態点3の空気を4まで加熱する．これをスプレーで加湿すると，絶対湿度が増加するとともに，水滴が蒸発するときの蒸発潜熱がそこを通過する空気の顕熱でまかなわれるため，乾球温度が下がる．

答 (1)

問6（空調設備と用語） 空気調和に関する用語の組み合わせのうち，関係のないものはどれか．
(1) ユニット形空気調和機 — 加湿器
(2) 直だき吸収冷温水機 — 臭化リチウム
(3) ファンコイルユニット — 流量調整弁
(4) 温水ボイラー — 真空給水ポンプ

解説 (a) 真空給水ポンプは，蒸気配管，つまり蒸気を供給する蒸気管と，凝縮水を戻す還水管がある．凝縮水は，還水管内を重力で流下する重力還水式と真空ポンプで吸引して還水管内を流す真空還水式がある．低圧蒸気の還水に真空還水式が使われる．

(b) 直だき吸収冷温水機は，ガスだきや油だきをする燃焼装置を冷温水機内に組み込んだもので，蒸発器，吸収器，発生器，凝縮器などから構成されている．吸収剤として臭化リチウム溶液を使い，その吸湿性を利用して，蒸発器で蒸発した冷媒（水）の蒸気を吸収器内の吸収剤に吸収させ，蒸発器内の冷媒の蒸発を継続させ蒸発潜熱を奪うことにより冷水の温度を下げる機能がある．加熱装置は，蒸気を吸収した吸収液を加熱凝縮するために使われる．

(c) ファンコイルユニットは，エアフィルター，冷却（加熱）コイル，送風機等をケーシングに収めたもので，小型の温度調整空気を供給する機器であり，事務所ビルの窓側やホテルや病院の個室などによく用いられる．冷却（加熱）コイルは，冷房時には6℃程度の冷水を通過させ，また，暖房時には70℃程度の温水を供給する．このため，冷温水量調整用として流量調整弁などを設ける．

答 (4)

この問題をマスタしよう

問7（空調方式） 空気調和方式に関する記述のうち，適当でないものはどれか．
(1) 変風量単一ダクト方式は，定風量単一ダクト方式に比べて省エネルギー性に優れている．
(2) マルチ形パッケージユニット方式は，1台の屋外機に対して，複数台の屋内機が冷媒管で結ばれている．
(3) 定風量単一ダクト方式は，ファンコイルユニット・ダクト併用方式に比べて一般に搬送動力が小さい．
(4) ファンコイルユニット・ダクト併用方式は，個別制御が可能である．

解説

(a) 空調方式の単一ダクト方式には，定風量方式と変風量方式がある．

定風量方式は一定量の給気を行い，その空気の温度を変えることで空調する部屋の負荷変動に対応する方式であり，これに対して変風量方式は，負荷変動に対して吹出し口で空気風量を可変とすることで対応する方式である．変風量方式をVAV方式とも呼ぶが，定風量方式に比べ，個別制御がしやすく，搬送動力も大幅に減らすことができ，省エネルギーの効果はあるが，初期の設備費は割高となる．

(b) マルチ形パッケージユニット方式は，屋内ユニットと屋外ユニットが分離されているセパレート形で，1台の屋外ユニットと数台の屋内ユニットが冷媒配管で接続されている．この方式は，屋内のユニットは単独に運転することが可能であるばかりでなく，冷房と暖房を個別に運転する冷暖房同時運転形もある．屋外ユニットは屋内ユニットの運転台数と負荷に応じて適切な運転状態に制御される．この方式は空気熱源ヒートポンプ式が多い．

(c) ファンコイルユニット・ダクト併用方式は，日射負荷や外壁，窓ガラスからの伝熱負荷などのペリメーター部の外部負荷に対応するため，窓側にファンコイルユニットを設置し，負荷変動の少ないインテリア部分の内部発熱負荷は，定風量や変風量ダクト方式などと併用した方式である．したがって，ダクトは全空気式のダクトサイズに比べ小さくてす

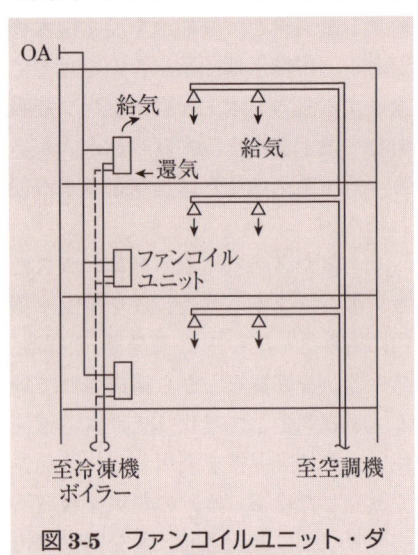

図3-5 ファンコイルユニット・ダクト併用方式

み，搬送動力は少なく，しかもダクトスペースも有利となる．ファンコイルを使用することで個別制御が可能となるが湿度が成り行きとなり，暖房時の加湿能力は全空気式に比べ劣る．

答 (3)

問8（ゾーニング） 空気調和における室などとそのゾーニング方法に関する組み合わせのうち，適当でないものはどれか．

　　　　（室など）　　　　　　　　　　　　（ゾーニング方法）
(1) インテリアゾーンとペリメーターゾーン ── 使用時間別ゾーニング
(2) 南側事務室と北側事務室 ──────── 方位別ゾーニング
(3) 食堂と一般事務室 ─────────── 負荷傾向別ゾーニング
(4) 電算機室と一般事務室────────── 空調条件別ゾーニング

解説 (a) 一般的な建物で外周部に窓ガラスがあるごく普通の建物の場合は，日射や外気温度の変化などで冷暖房の負荷は時間的に大きく変化する．冷房負荷についていえば，建物の東側の最大負荷の時間帯は午前8時前後で，南側の最大負荷時は正午頃である．また，西側は西日による影響で午後4時前後，北側は日射の影響を受けないが，外気温度がいちばん高い午後3時頃となる．日射や外気温の影響を受けないインテリアゾーンは，照明器具や事務機器，人体などからの発熱により年間冷房負荷と考えられ，ペリメーターゾーンとは負荷の傾向が大きく異なる．このように，空調するための区域をいくつかに分けることをゾーニングという．

(b) ゾーニングは，(a)の方位別のゾーニングのほかに以下のようなものがある．

① 負荷傾向別ゾーニング；会議室，食堂や講堂など，一般居室と異なる負荷傾向の空間は独立した系統を設ける．

② 使用時間別ゾーニング；集会所，会議室，宿直室など間欠的に使用するものやある期間定常的に残業等で使用する場合，ビル内の事務所部分と商店街のように運転時間の異なる場合など一般部分と系統を分ける．

③ 空調条件別ゾーニング；電算機室など空調の対象が機械装置であるような場合，一般部分とは温湿度条件が異なるので別系統とする．

答 (1)

```
        N（北）
      ┌──④──┐
W     │      │  E
（西）③│ コア部分 │①（東）
      │      │
      └──⑤──┘
        ──②──
        S（南）
```

①，②，③，④：ペリメーターゾーン
⑤：インテリアゾーン

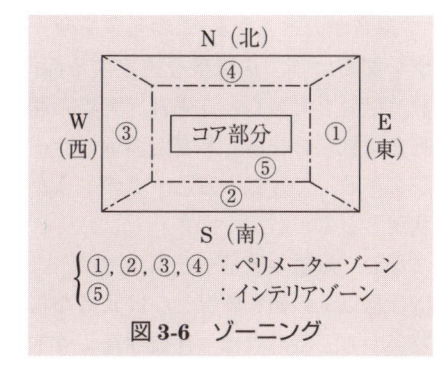

図3-6 ゾーニング

問9（送風機） 設計仕様に対する送風機の性能曲線として，適当なものはどれか．

ただし，●は設計点を示す．

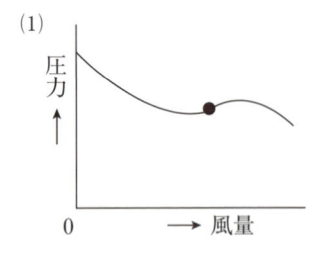

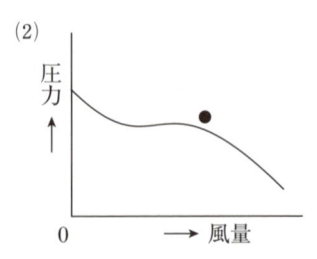

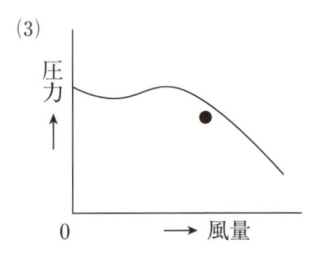

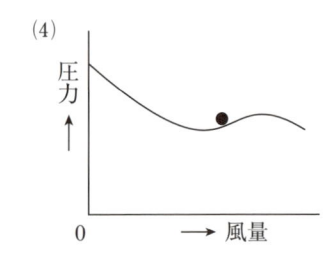

(1) 圧力 ↑ → 風量

(2) 圧力 ↑ → 風量

(3) 圧力 ↑ → 風量

(4) 圧力 ↑ → 風量

解説 送風機だけでなく，ポンプや圧縮機の流量や風量を弁やダンパーで絞って減じ，特性曲線が右肩上りとなる部分で運転すると，急に激しい脈動や振動を発生し，運転不能になる．つまり，安定した性能が得られず，圧力や流量が周期的に変動し，騒音が大きくなる．この現象をサージングという．送風機を選定する際，設計風量を大きくとり過ぎ，実際の運転では風量を絞って不安定領域（サージング域）で運転すると，このような状況となる．

なお，機器の風量や吐出出力は，設計仕様以上の値を確保しなければならないから，設計点は，性能曲線より下側になければならない．

それでは，なぜ性能を曲線の右肩上りの部分で運転するとサージングを起こすのか考えてみよう．

例えば，ダクト系のダンパーを絞り，風量を減少したとする．ファンがそれにすぐ追随して風量を減少できればよいが，慣性を有するから風量はしばらくそのままの状態が続く．すると，ダクト内の圧力は上昇し，ファンはさらに風量を増し，圧力はそれにつれて増大するという悪循環となり，極大点に至って風量の増加が停止し，ダクト内の圧力は低下し始める．と先程の現象と逆の状態が発生し，結局，極大点と極小点を往復することになる．これが

第3章　空気調和設備

サージングの実態である．右肩下りの部分での運転は，これとは逆に安定した状態となる．（図 3-7）

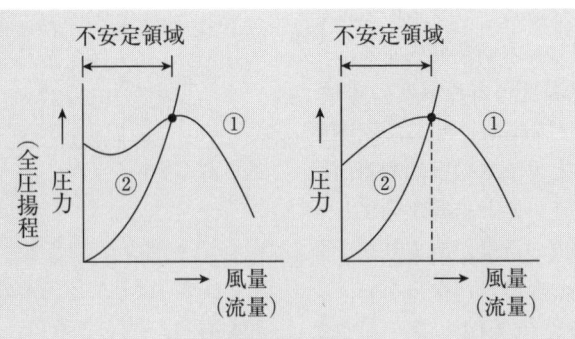

答 (3)

①；機器の性能曲線
②；抵抗曲線
不安定領域；サージング域

図 3-7　ファン，ポンプの特性曲線とサージング

問 10（湿り空気の状態変化）　居室における温湿度条件のうち，窓ガラス表面に結露を生ずる可能性が最も高いものはどれか．
ただし，窓ガラスの居室側表面温度は 10℃ DB とする．

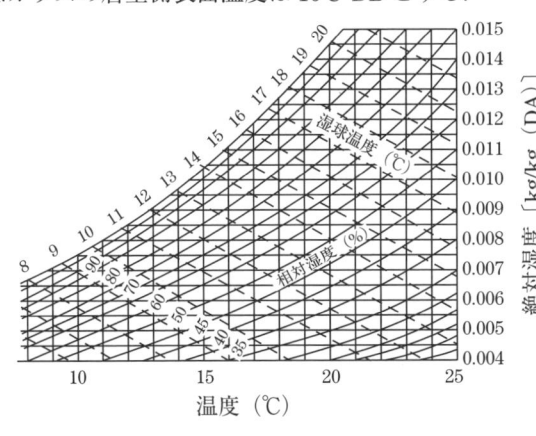

(1) 居室の温湿度が 22℃ DB，50% RH のとき．
(2) 居室の温湿度が 19℃ DB，52% RH のとき．
(3) 居室の温湿度が 18℃ DB，55% RH のとき．
(4) 居室の温湿度が 16℃ DB，60% RH のとき．

解説 この問題では，窓ガラスの表面温度が室内空気の露点温度以下になると，ガラスの表面に水蒸気が凝縮して水滴を発生する．室内空気の乾球温度と露点温度の差は，湿度が高いほど小さい．なお，室内空気の乾球温度とガラスの室内側表面温度との差が大きいほど結露が発生しやすいから，室内の湿度があまり高くならないようにしなければならない．

設問の湿り空気線図上で，(1)のときの露点温度(1)′は，図 3-8 のように11.5℃，(2)および(3)の露点温度(2)′および(3)′は 9.5 と，(4)の場合の露点温度(4)′は 8.8℃となり，露点が 10℃以上の空気が過飽和状態になる．

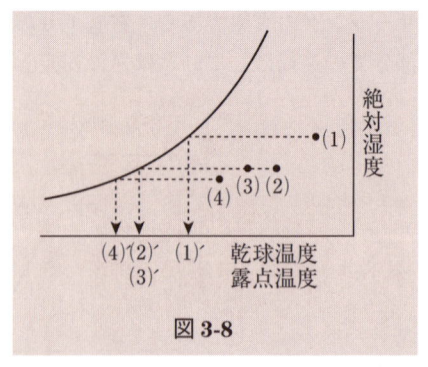

図 3-8

答 (1)

問 11（熱源設備の構成） 建築物の冷暖房用主熱源器の構成として，適当でないものはどれか．
(1) 往復動冷凍機＋鋼板製ボイラー
(2) 直だき吸収冷温水機
(3) 二重効用吸収冷凍機＋鋳鉄製ボイラー
(4) ヒートポンプ

解説 二重効用吸収冷凍機は，一重効用形冷凍機の再生器を高圧と低圧の 2 段に分けたものである．効率は良いが，高圧蒸気（687〜785 kPa）または高温水（190℃程度）により高温再生器を加熱し，高温再生器で発生した冷媒水蒸気を利用して低温再生器を加熱するため，高圧蒸気または高温水が必要である．吸収冷凍機の特徴は，①大電力が不要，②騒音，振動が小さい，③低負荷時の効率が良く 10％程度まで制御できる，④始動時間が長い，⑤冷水温度が若干高い，等がある．

鋳鉄製ボイラーはセクショナルボイラーとも呼ばれ，セクションを追加することで容量を増すことができる．蒸気ボイラーとして使用する場合は，最高使用圧力 98 kPa 以下，温水ボイラーとして使用する場合は，水頭圧 50 m 以下，温水温度 120℃以下と規定されている．

答 (3)

問12（熱源設備の構成） 冷暖房兼用型のルームエアコンに関する記述のうち，適当でないのはどれか．
(1) 冷房運転と暖房運転の切換は，冷媒の流れを変えて行う．
(2) 冷媒封入量は，冷媒配管の長さが影響する．
(3) 暖房運転時の室内機は，蒸発器の働きをする．
(4) 暖房時，外気温度が低いときに運転すると，屋外機の熱交換器に霜が付着することがある．

解説 (a) 冷房運転と暖房運転の切換は，四方弁などを使うことにより冷媒の流れを逆向きにする．
(b) 冷暖房能力は，配管長が長くなり配管抵抗が増加すると，膨張弁の冷媒通過量が減少し能力が低下するため，冷媒の量を増やす必要がある．
(c) 暖房運転時には，室内機は冷媒を液化させ，その際発生する凝縮熱を放出して暖房する凝縮器の働きをし，室外機は外気から熱を奪って冷媒を気化させる働きをする．冷房運転はこの逆のサイクルとなる．

答 (3)

問13（蒸気暖房と温水暖房） 暖房に関する記述のうち，適当でないものはどれか．
(1) 温水暖房は，蒸気暖房に比べて一般に所要放熱面積が大きく，また配管も太くなる．
(2) 蒸気暖房の還水管は，温水暖房の温水配管に比べて一般に腐食が早い．
(3) 温水暖房は，蒸気暖房に比べ制御が比較的容易で，暖房の感じが柔らかい．
(4) 蒸気暖房は，温水暖房より装置の熱容量が大きいので，予熱時間が長い．

解説 温水暖房と蒸気暖房の基本的な相異点は，温水暖房は温水を放熱器に通すことにより，その温度降下による温度差の顕熱を利用して暖房する．温度100℃の温水が65℃に下がるまでに放熱する熱量は，

(100−65)×比熱(水)＝147 kJ/kg

である．これに対して，蒸気暖房は，蒸気を放熱器内で凝縮させ，凝縮の際の潜熱を利用して暖房する．蒸気1 kg当たりの凝縮潜熱は2257 kJ/kgであるから，暖房に利用できる熱量は蒸気の方が温水に比べて格段に多いことがわかる．このことから，温水暖房設備の熱容量は蒸気暖房に比べて大きく，設備費が高価となり，予熱に時間がかかることがわかる．

答 (4)

問 14（暖房方式） 温水床パネル式放射暖房に関する記述のうち，適当でないものはどれか．
(1) 温風暖房に比べて，室内空気の垂直方向の温度むらが少ない．
(2) 一般に予熱時間が短いので，間欠運転に適している．
(3) 室内空気温度が比較的低くても，快適性が保たれる．
(4) 放熱器や配管が室内に露出しないので，室の利用度が高い．

解説 (a) 放射暖房には，温水式，蒸気式，電気式などがあり，床や壁，天井などから加熱パネルにより暖房する．床パネルの場合は，表面温度を30℃程度とする．放射暖房の特徴をあげると，長所としては，①垂直温度変化が少なく，室内気流を生じない優れた暖房感が得られる，②平均放射温度（MRT）を上げることにより室内空気温度を低くでき，熱損失が少ない，③配管や放熱器が露出しないためスペースが広くとれる，などで，短所は，①配管の埋設費などの初期の設備費が高い，②熱放射面の裏側の断熱を考慮しなければならない，③予熱時間が長くなる，等がある．

(b) 放射暖房は，温水暖房や蒸気暖房と違い，室内空気の乾球温度だけで暖房感の指標とするのではなく，乾球温度の他に室内の平均放射温度と気流の速度を加味した効果温度を暖房時の快感度の指標としている．平均放射温度（MRT）は，室内の天井，床，壁，窓ガラスなどパネル面を含んだ室内表面の平均温度であり次式で求められる．

$$\mathrm{MRT} = \frac{\sum t_0 A_0 + t_1 A_1}{\sum A_0 + A_1}$$

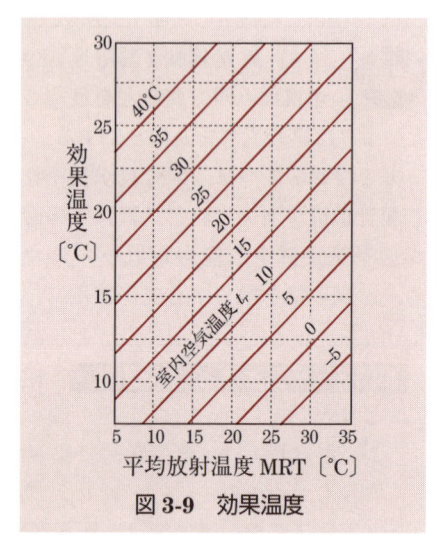

図 3-9 効果温度

ここで，
t_0：各非加熱面の表面温度〔℃〕
A_0：各非加熱面の面積〔m^2〕
t_1：加熱パネルの表面温度〔℃〕
A_1：加熱パネルの面積〔m^2〕

効果温度は，実際にはMRT（平均放射温度）と室内温度との平均値で示される．MRTの値が大きいと，図 3-9 のように室内の空気温度が若干低くても良い暖房効果が得られる．

答 (2)

問 15（建基法と換気設備） 図に示す機械換気方式の組み合わせとして，適当なものはどれか．

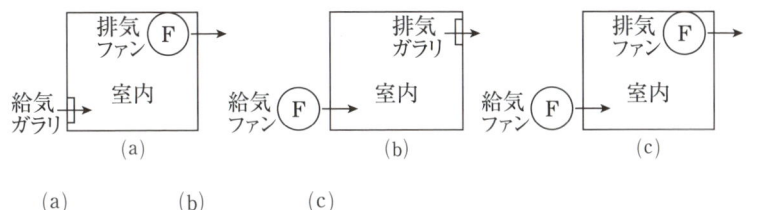

```
    排気            排気             排気
    ファン (F)→     ガラリ →         ファン (F)→
給気        室内    給気       室内   給気       室内
ガラリ             ファン (F)→       ファン (F)→
      (a)               (b)              (c)
```

	(a)	(b)	(c)
(1)	第2種	第3種	第1種
(2)	第3種	第1種	第2種
(3)	第1種	第2種	第3種
(4)	第3種	第2種	第1種

解説

(a) 機械換気とは自然換気に対する語句である．自然換気設備というのは自然に空気の流入や流出がある建物の開口部を指すのではなく，吸気口と排気筒付きの排気口を備えたもので，給気口や排気口の高さ，排気筒の立上がりの高さについても規定されている．

第一種機械換気とは，給気側，排気側にそれぞれ送風機を設ける方式で，最も確実で，給気量，排気量を計画どおりにすることが期待できる．つまり，給気量と排気量を調節することにより室内をプラス圧でもマイナス圧にでもできる．劇場，映画館，地下鉄などの大空間や厨房など燃焼空気を取入れ臭気を外部に出さぬよう排気量を給気量より多くするシステムに用いられる．

(b) 第二種機械換気は給気側にのみ送風機を設け室内をプラス圧とし，排気は排気口（排気ガラリ）より排出される．必要空気量が確実に得られるため燃焼空気が必要なボイラー室，発電機室への給気や空調システムの外気取入れ用，クリーンルームや手術室に採用される．ただし，臭気や有害ガスを発生する室の換気には適さない．

(c) 第三種機械換気は排気側に排風機を設け室内をマイナス圧とし，給気は給気口（給気ガラリ）より供給される．室内がマイナス圧になるため臭気や水蒸気を外部に拡散させない効果がある．局所換気もこの方式である．厨房，便所，浴室，湯沸室，有害ガスを発生する実験室等に採用される．

答 (4)

問16（建基法と換気設備） 換気設備に関する記述のうち，適当でないのはどれか．

(1) 給気口は，換気上有効な換気扇を設けた場合，天井の高さの1/2以下の位置にしなくともよい．
(2) ドラフトチャンバ内の圧力は，室内より負圧とする．
(3) 密閉式の燃焼器具を設けた部屋は，燃焼のための換気設備を設けなくともよい．
(4) 排風機は，ダクト内が正圧になる部分が長くなる位置に設けるとよい．

解説 (1) 換気上有効な排気のための換気扇その他これに類するものを設ける場合は，天井高さの1/2以下にしなくともよい．
(2) ドラフトチャンバ内は，室内より負圧に保ち，チャンバ内の汚染空気が室内に漏れないようにする．
(3) 直接屋外から空気を取り入れ，廃ガス等を直接屋外に排出する構造の燃焼器具を設けた室は，換気設備の適用が除外される．
(4) 排風機により排気する場合，排気がダクトの途中で漏れて他の部屋に支障を来さないようにする．排風機はなるべくダクト系の末端に設け，ダクトの負圧部分を長くすることが必要である．

答 (4)

問17（換気量） 図に示す開放式のガス器具に設けたレンジフードの有効換気量の最小値として，「建築基準法」上，正しいものはどれか．
ただし，k：理論排ガス量 $m^3/(kW \cdot h)$ または m^3/kg
　　　　Q：器具の発熱量 kW または燃料消費量 kg/h とする．

(1) $2kQ$
(2) $10kQ$
(3) $20kQ$
(4) $40kQ$

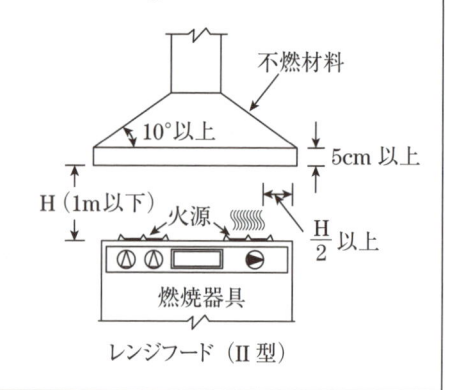

図：レンジフード（Ⅱ型）
不燃材料，10°以上，5cm以上，H（1m以下），火源，$\frac{H}{2}$以上，燃焼器具

解説 火を使用する場所，例えば調理室や浴室などに換気扇などの機械換気設備を設ける場合の有効換気量は，建設省告示第1826号（昭和45年）で次の式により計算した数値以上でなければならないと規定されている．（図 **3-10** 参照）

$V = n \cdot k \cdot Q$

ここで，

V；換気扇等の有効換気量〔m^3/h〕

n：
 イ　排気口（建物の外壁に開口部を設ける）に換気扇を設ける場合 =40
 ロ　レンジフード（簡易）を設ける場合 =30（換気フードⅠ型）
 ハ　フード（営業用）を設ける場合 =20（換気フードⅡ型）
 ニ　煙突を設ける場合 =2

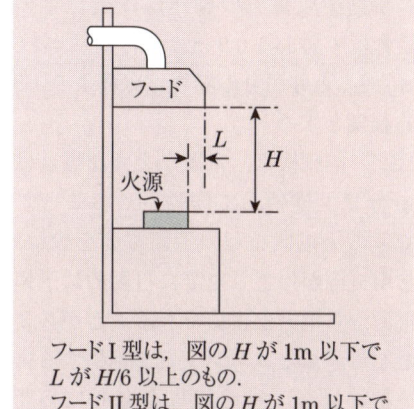

フードⅠ型は，図の H が1m以下で L が H/6 以上のもの．
フードⅡ型は，図の H が1m以下で L が H/2 以上のもの．

図 3-10

k；理論排ガス量〔m^3/(kW·h)〕または〔m^3/kg〕

Q；発熱量〔kW〕または燃料消費量〔kg/h〕

答 (3)

問18（排煙設備） 排煙設備に関する記述のうち，適当でないものはどれか．
(1) 排煙口は，天井面または壁面の上部に取り付ける．
(2) 電源を必要とする排煙設備には，予備電源を設ける．
(3) 排煙機は，排煙口の開放に伴い自動的に作動するようにする．
(4) 排煙口，風道その他煙に接する部分は，不燃材料または準不燃材料で造らなければならない．

解説 (1) 排煙口の取付け位置は，天井高が3m未満の場合は天井面に設けるか，または天井面から80cm以内で，かつ防煙垂れ壁以内の壁面とする．天井高さが3m以上の場合は，天井の高さの1/2以上でかつ床面から2.1m以上とし，防煙壁の下端より上方の部分に設ける．

また排煙口は防煙区画の各部分からの水平距離で30m以下とし，常時閉鎖状態を保つこととする．排煙口には手動開放装置を設け，火災時の場合には手動開放装置により排煙口を開き火災による煙を排出する．

この問題をマスタしよう

手動開放装置の操作部は壁付きの場合は床面より 0.8 m≦ 取付高さ ≦1.5 m とし，天井吊りの場合は床面より 1.8 m 程度とする．

(2) 排煙機は，電源が必要な場合は 30 分以上継続して作動させることができる発電機などの予備電源を設け，常用電源が停電した際に自動的に予備電源から電力が供給できることが必要となる．また，エンジンで駆動する排煙機の場合，30 分間以上運転に必要な燃料を備えることが要求されている．

(3) 排煙機の排煙能力は，天井高さ 3 m 以下の場合は毎分 120 m^3 以上とし，防煙区画の床面積 1 m^2 につき 1 m^3/ 分以上とする．ただし 2 区画以上受持つ場合は，その中で最大の区画の床面積 1 m^2 について 2 m^3/ 分以上とする．排煙機は，いずれかの排煙口の開放により自動的に作動する設備とする．

(4) 排煙設備において，煙に接する排煙口や排煙ダクトは不燃材でなければならないし，排煙ダクトを小屋裏や天井裏などに設ける場合は，金属以外の不燃材料で覆わなければならない．排煙ダクトで防火区画を貫通する場合は，その部分に 280℃で作動する防火ダンパーを設ける．なお，排煙機の耐熱性能は吸込み温度が 280℃で 30 分以上異常なく作動し，吸込み温度がさらに上昇して 560℃においても 30 分以上著しい損傷なく運転可能な仕様であること．

答 (4)

問 19（排煙機の設置位置） 排煙設備の系統図において排煙機の設置位置として，適当でないものはどれか．ただし，防火ダンパーは省略している．

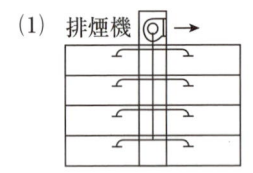

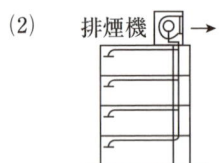

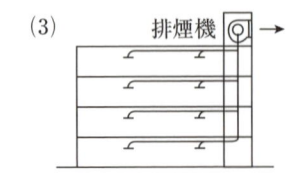

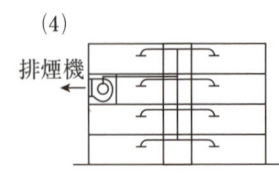

解説 排煙機とその設置位置に関しての注意事項をあげると以下のとおりである．

① 排煙機を屋上の機械室などに設置する場合は，火災時の排煙の際に機械室内の室温の異常な上昇や煙の排出

方向などを考えて，機械室の構造や位置，換気等を検討すること．
② 排煙機を設置する基礎や架台はコンクリートや鋼材などの不燃材とし，木材やゴムなどの可燃性の材料を使用しない．
③ 屋外に設置する排煙機は，風雨に対しての防護措置を考慮する．また，電動機は全閉防水型とする．
④ 排煙機にダンパーなどの調整器は取り付けない．

⑤ 排煙機は，多翼形で耐熱性のものを使用し，排煙が直接電動機に接触しないものを採用する．
⑥ 排煙機の設置場所は，排煙系統の最上部の排煙口より高く，吐出側ダクトが最短となる位置とする．
⑦ 排煙機のケーシングなどが排煙の際に温度が上昇し周囲に危険のおそれがある場合，排煙ダクトに準じた断熱を施す．

答 (4)

問20（空調設備） パッケージ形空調機に関する記述のうち，適当でないものはどれか．
(1) 冷媒配管が長くなると能力が低下する．
(2) 機械室の面積は，一般に中央熱源方式に比べ小さい．
(3) 外気温度が低下すると，暖房能力が低下する．
(4) 冷房運転時は，外気温度が上がると冷房能力は低下する．

解説 (1) 冷媒配管の長さは水平，垂直とも制限があり，冷媒充てん量を増す必要がある．
(2) パッケージ形空調機は複数の機器を分散設置するため，設置面積は大きくなる．
(3) 暖房運転時，室内機は凝縮器として働き，冷媒を凝縮して液化させ，そのとき発生する凝縮熱を室内に放出して暖房する．室外機は外気から熱を取り込み冷媒を気化させる蒸発器の働きをする．したがって，外気温度が低下すると暖房能力は低下する．
(4) 冷房運転時は，冷媒を圧縮する際に発生する熱を室外機より放熱する．屋外機の放熱板からの放熱量は，外気温度が上昇すれば減少し，冷房能力は低下する．

答 (2)

第4章 給排水衛生設備

　上水道の各施設とその役割，公共下水道の管渠，給水設備の汚染防止，水槽の構造，給湯方式，通気方式，排水管とトラップ，屋内消火栓，ガス漏れ警報，合併処理浄化槽の処理方式と BOD 除去率等がポイントとなる．

(1) **上下水道**
　(a) 上水道施設：取水施設，導水施設，浄水施設，送水施設，配水施設
　(b) 下水道：公共下水道，流域下水道，都市下水路

(2) **給水，給湯**
　(a) 給水方式：水道直結方式，増圧直結方式，高置タンク方式，圧力タンク方式，タンクレス加圧方式
　(b) 給水設備に関する用語：クロスコネクション，吐水口空間，逆サイホン作用
　(c) 給湯方式：中央式と局所式，加熱方式は直接と間接加熱方式

(3) **排水・通気**
　(a) 排水：汚水，雑排水，雨水および特殊排水
　(b) トラップ：封水，破封，自己サイホン作用，吸引作用，逆圧作用，毛管作用，蒸発，二重トラップの禁止
　(c) 間接排水：排水口空間，水受け容器
　(d) 通気管：各個通気管，ループ通気管，伸頂通気管，結合通気管

(4) **消防設備**
　(a) 屋内消火栓設備：加圧送水装置，1号消火栓，2号消火栓

(5) **ガス設備**
　(a) ガスの種類，その他：都市ガス，LPG，ウォッベ指数，安全装置

(6) **浄化槽**
　(a) 処理方式：物理的処理…ろ過沈殿，生物化学的処理…散水ろ床法，活性汚泥法，接触ばっ気法等がある

4.1 上・下水道

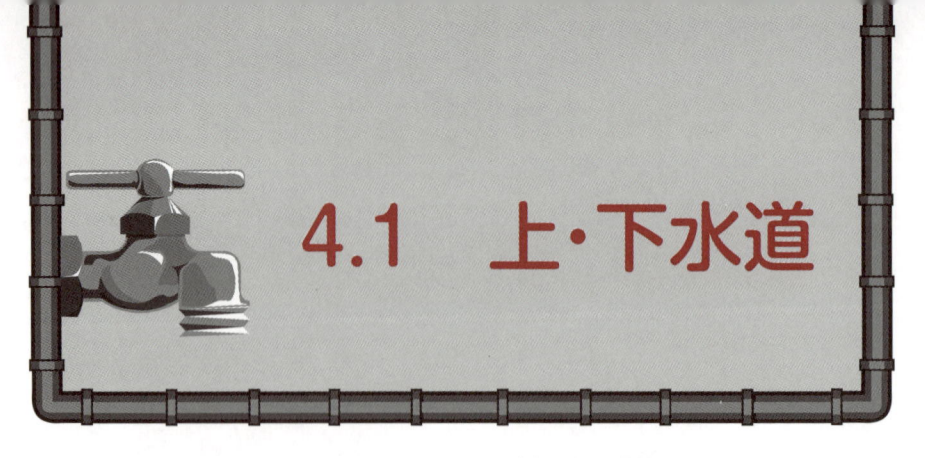

1. 上水道

(1) 上水道の目的と内容

　上水道とは水道法でいう水道のことである．人の飲用に適する清浄な水を安定的に供給することを目的とし，それには，需要を満たす水量があり，飲料水としての水質基準に適合し，適度な水圧に保たれていることが必要である．

(2) 上水道施設

　水道とは，導管およびその他の工作物により飲料水を供給する施設の総体のことである．導管とは鋳鉄管などの有圧管路をいい，その他の工作物とは取水施設，貯水施設，導水施設，浄水施設，送水施設，および配水施設のことをいい，一般に水道事業者などの設置者が管理するものである（第4-1図）．

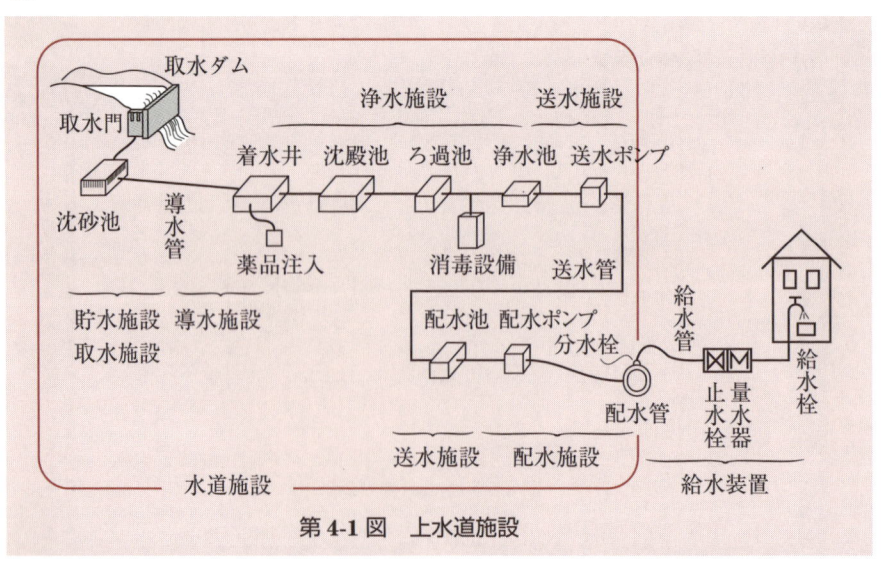

第 4-1 図　上水道施設

(3) 上水道の設置基準

水道は，水道施設の全部または一部を有すべきものとして，各施設の要件を備えるものと水道法5条に定めている．

(a) 取水施設の要件

① 洪水時や渇水時も計画取水量を確実に取水できること．

② 海水の影響が無く，付近の井戸などに影響のないことや水源が汚染されるおそれが無いこと．

(b) 導水施設

原水を浄水施設に送る施設で，水路やポンプなどの施設を総称していう．導水方式は，

① 自然流下式とポンプ加圧式
② 開水路式と管水路式
③ 地下式と地表式

に分けられる．自然流下式の導水管の流速は 3.0 m/s 程度とする．

(c) 浄水施設での沈殿，ろ過の方法

①緩速ろ過方法と，②急速ろ過方式に分類される．

浄水施設には消毒設備が必要であるが，水道法上で需要家の水栓における残留塩素の量を定めている（**第4-1表**）．

(d) 送水施設

浄水を送るのに必要なポンプや送水管などの施設である．

(e) 配水施設

浄水を配水池から給水区域内の需要家に一定以上の圧力で連続して所要の水量を配水するための施設のことで，配水管路の最大静水圧は 0.75 MPa を超えない程度とし，最大動水圧は最高で 0.5 MPa 程度が望ましい．

(f) 給水装置

水道法第3条で次のように定義している．「給水装置とは需要者に水を供給するために水道事業者の施設した配水管から分岐して設けられた給水管およびこれに直結する給水用具をいう．」したがって，配水管の水圧と縁が切れている構造の受水タンク以降の設備は，水道法で定める給水装置ではない．

〈配水管から給水管を取り出す場合の注意事項〉

① 分水栓により給水管を取り出す場合，その間隔を 30 cm 以上とする．

② 給水管を道路内に配管する場合，他の埋設物との離隔距離を 30 cm 以上とする．

③ 給水管を公道などに布設する場合の埋設深さは，公道で 120 cm 以上，歩道で 90 cm 以上，私道内で 60 cm 以上，私有地内では 30 cm 以上とするのが標準である．

第 4-1 表　給水栓における残留塩素

	遊離残留塩素〔ppm〕	結合残留塩素〔ppm〕
通常時	0.1 以上	0.4 以上
病原生物に汚染されるおそれがある場合，または汚染を疑わせるものを多量に含むおそれがある場合	0.2 以上	1.5 以上

2. 下水道

(1) 下水道の目的と内容

廃水や雨水を排除して処理し，これを河川や海などの公共水域に放流する施設で，排水管，排水渠，その他の排水施設，これに接続して下水を処理するために設けられる処理施設，またはポンプ施設等から構成される．

(2) 下水道の種類

公共下水道，流域下水道，都市下水路が下水道法第2条に定められており，それぞれの機能役割も定義されている．

(a) 公共下水道

地方公共団体が管理する下水道で，下水を排除しまたは処理するために終末処理場を有するもの，または流域下水道に接続するもので排水施設の相当部分が暗渠であるもの．

(b) 流域下水道

2以上の市町村の区域における下水を排除する，終末処理場を有するもので，地方公共団体が管理する．各市町村が単独で公共下水道を建設するより経済的である．

(c) 都市下水路

市街地における雨水排除を目的としたもので，終末処理場を有しないため汚水を流入させることはできない．

(3) 下水道の排除方式

合流式と分流式がある．合流式は雨水と汚水を同じ管渠で排除する方式であり，分流式はこれらの下水をそれぞれ別々の管渠系統で排除する方式である．

それぞれ一長一短があるが，合流式の場合，雨水量が汚水量の3倍以上のとき雨水吐管より下水の一部を未処理のまま放流されるため，公共水域が汚濁される（第4-2図）．

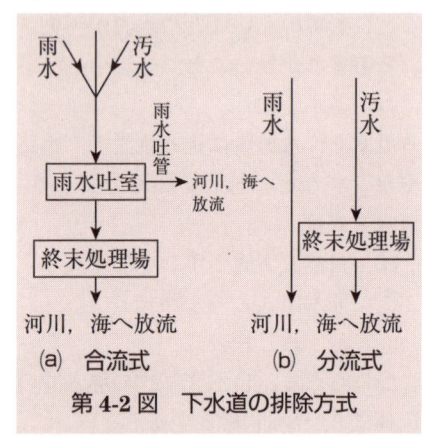

第4-2図 下水道の排除方式

(4) 管路施設

(a) 計画下水量

管渠，ポンプ場，処理場等の下水道施設の設計に用いる下水量である．

① 汚水管渠：計画時間最大汚水量．
　雨水管渠：計画雨水量．
② 合流管渠：計画時間最大汚水量
　　　　　　＋計画雨水量．

(b) 終末処理場

下水を最終的に処理して河川その他の公共の水域または海域に放流するための下水道の施設で，処理法には高級，中級および簡易処理の3段階がある．高級処理を原則とし，立地条件により中級処理が行われる．下水道法第2条

に規定されている．

(c) 伏越し

下水管渠が河川，地下鉄など移動不可能な地下埋設物に突き当たるときは，これらの下をくぐらなければならない．この部分を伏越しという．計画に当たっては以下に注意する．

① 下水を流しながら清掃できるように，伏越し管渠は複数とする．
② 管渠は土砂の沈積を防ぐため上流管渠より一回り小さくし，流速は 20 ～ 30% 増加させる．
③ 伏越し室は上下流ともゲートまたは角落しを設け，0.5 m 以上の泥だめを設ける（第 4-3 図）．

(d) 排水設備

土地建物の所有者や管理者が，その敷地内の下水を公共下水道に流入させるために必要な排水管等の排水施設のことで，これが不完全の場合，公共下水道に悪影響を与えるため，建築基準法および下水道法施行令第 8 条の技術上の基準により施工する．

① 管渠とます
ⓐ 汚水は必ず暗渠とし，漏水のないようにする．
ⓑ 管渠の勾配は 1/100 以上．
ⓒ ますの底は 15 cm 以上の泥だめ（雨水の場合）を設け，雨水以外のますはインバートを設ける．

② 除害施設

下水道施設を妨げたり，損傷するおそれのある廃水の場合，除害施設を設ける．

ⓐ 温度 45℃以上の場合．
ⓑ pH 5 以下または 9 以上の場合．
ⓒ ノルマルヘキサン抽出物質含有量が一定以上の場合．
ⓓ よう素消費量が 220 mg/L 以上の場合等．

以上の内容について，温度が高い場合は管渠内で悪臭を発散したり，浸食を早めたりするため冷却する．酸やアルカリが強すぎると，施設の浸食を助長するので中和する．油脂類を含む場合は，管渠を閉鎖する恐れがあるため分離する．

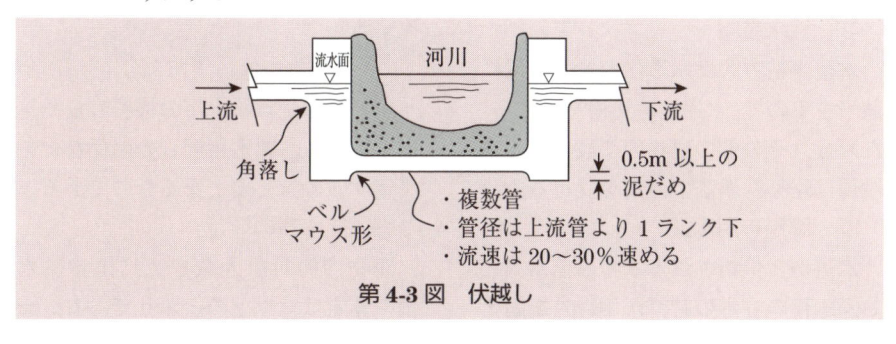

第 4-3 図　伏越し

4.1　上・下水道

4.2 給水・給湯

1. 給　水

(1) 給水設備の目的と内容

給水設備の目的は，建物内で水が使用される「必要な箇所」に「必要な水量」を「使用目的に適した水圧」で「衛生的で安全な水質」で供給することである．

(a) 衛生的に安全な水質とは

① 水道法第4条2項にいう厚生労働省令「水質基準に関する省令」（厚生労働省令第101号）で定めた50項目の基準．（水道法参照）

② 水道法施行規則第17条により「給水栓において残留塩素を保持すべき値」

(b) 給水装置

水道直結方式は水道法の給水装置に該当するので，水道法の適用を受ける．ただし，その他の建物内に設ける給水設備は建築基準法の適用を受ける．

(c) 簡易専用水道

水道から供給される水のみを水源とし，水槽の容量の合計が 10 m^3 を超える給水設備は簡易専用水道といわれ，維持管理は水道法の適用を受ける．

(2) 汚染防止

建築基準法施行令第129条の2の5第2項

① クロスコネクションの禁止（飲料用の配管設備と他の配管設備を直接連結させないこと）．

② 逆サイフォン作用による逆流の防止（水槽，流し等のあふれ縁と水栓の開口部との距離を保つこと）．

③ 有害物質の侵入防止．

④ 給水タンク類は衛生上支障が無いこと（ほこりや有害物が入らない構造で金属製のものはさび止めが施されること．6面点検．上部1 m，側面60 cm，底面60 cm以上のスペースを確保する）．

(3) 予想給水量

予想給水量は給水用の機器容量や給水システム，給水用配管の関係などを決定するのに必要となるものである．

(a) 給水量の算定

建物内の対象人数 C 人による給水量の算定は，以下のとおりである．

ⓐ $C = K \times m \times A$

ここで,
- K：延面積に対する有効面積の割合
- m：有効面積当たりの人数〔人/m^2〕
- A：建物の延面積〔m^2〕

ⓑ 1日の給水量 V_d〔L/day〕

$V_d = C \times q_d$

ここで,
- q_d：1人1日当たりの給水量〔L/(day・人)〕

ⓒ 時間平均予想給水量〔L/h〕

$Q_h = V_d / T$

ここで,
- T：1日使用時間〔h/day〕
- V_d：1日予想給水量〔L/day〕

・時間最大予想給水量：$Q_m = (1.5〜2.0) \cdot Q_h$ … 機器容量の算定
・ピーク時予想給水量：$Q_p = (3.0〜4.0) \cdot Q_h$
・瞬時最大予想流量：1分単位の流量(1日のうちで最も多くの水が使用される時間帯で瞬時に流れる最大の給水量) … 給水管の管径計算等

(b) 受水槽, 高置水槽の容量

高置水槽は一般に建物の屋上に設置するが, 必要水圧を得るのに最も条件が悪い最上階の水栓や衛生器具のうち例えばシャワーや洗浄水が必要な場合は70 kPaが必要となる. この場合, 最上階の使用場所から高置水槽の底部まで8 m以上必要となる.

・受水槽容量 $Q_1 = (1.0〜2.0) \cdot Q_m$
・高置水槽容量 $Q_2 = (0.5〜1.0) \cdot Q_m$
・Q_m：時間最大予想給水量

(4) 給水方式の分類

① 直結方式 ─ 水道直結方式 / 増圧直結給水方式

② 受水槽方式 ─ 圧力タンク方式 / 高置タンク方式 / ポンプ直送方式

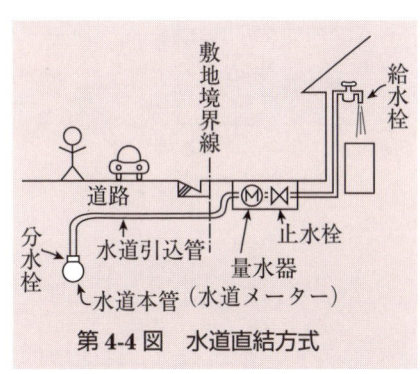

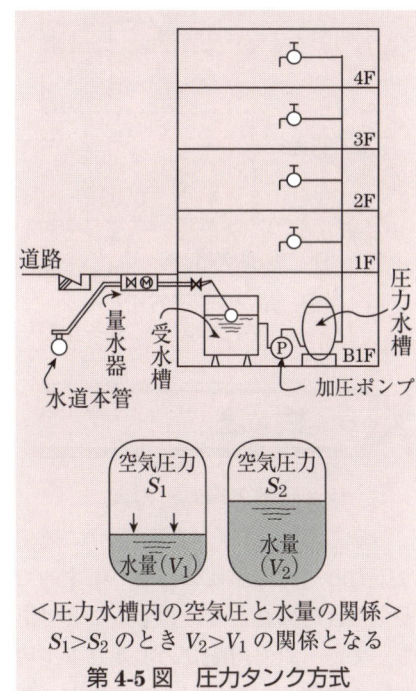

第4-4図 水道直結方式

<圧力水槽内の空気圧と水量の関係>
$S_1 > S_2$ のとき $V_2 > V_1$ の関係となる

第4-5図 圧力タンク方式

4.2 給水・給湯

第 4-6 図　高置タンク方式

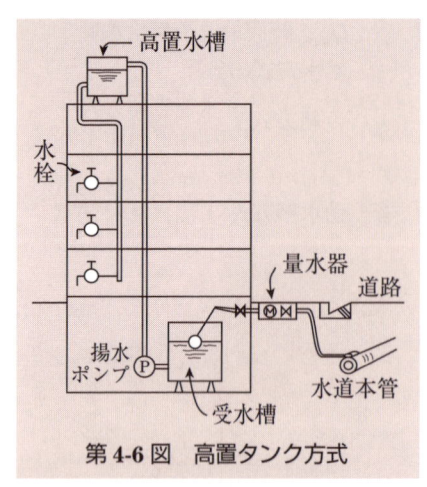

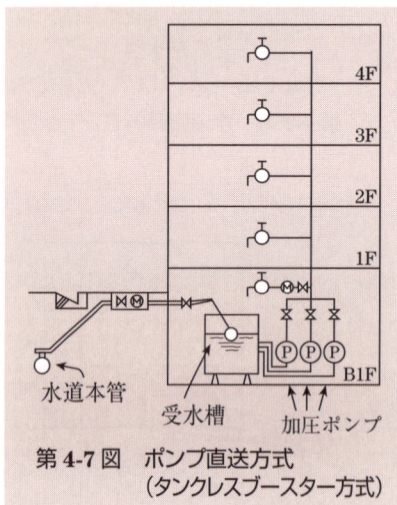

第 4-7 図　ポンプ直送方式
　　　　　（タンクレスブースター方式）

2. 給　湯

(1) 給湯設備の目的と内容

　給水設備と同様，必要箇所に適切な圧力と適度の温度の湯を，衛生的で安全に目的に合う量供給することである．また，給湯用配管の温度降下や機器類，配管の腐食に対する配慮が必要となる．

(2) 給湯方式

(a) 中央式給湯方式

　比較的大型の建物に採用される方式で，中央の機械室に加熱装置，貯湯タンク，循環ポンプを設置し，屋上に膨張タンクを設ける．給湯栓を開けると間もなく湯が出るように，循環ポンプと返湯管を用いて湯の強制循環を行う．

(b) 局所式給湯方式

　給湯が必要な各場所ごとに小型の湯沸器を分散設置するもので，保守管理は不便であるが，個別に操作が可能なため，経済的に使うことができる．

① 種類

ⓐ　瞬間式局所給湯方式：給水が加熱コイルを通過する間に湯となり給湯できる．

ⓑ　貯湯式局所給湯方式：一定量を貯湯できる容器と加熱器を設け，給水，加熱はボールタップや自動温度調節器により自動的に行う．

② ガスの燃焼方式（第 4-8 図）

ⓐ　元止め式：給湯量の少ない小型の瞬間湯沸器に使用される．湯沸器に給水する側の配管の弁を開くと水圧が高圧側のダイヤフラムにかかり，バーナーに点火し水が加熱される．

ⓑ　先止め式：中・大型の瞬間湯沸器に使用される．水の流れによる差圧を利用しているため，給水量が少ないと着火しないことがある．

第4-8図　瞬間式湯沸器

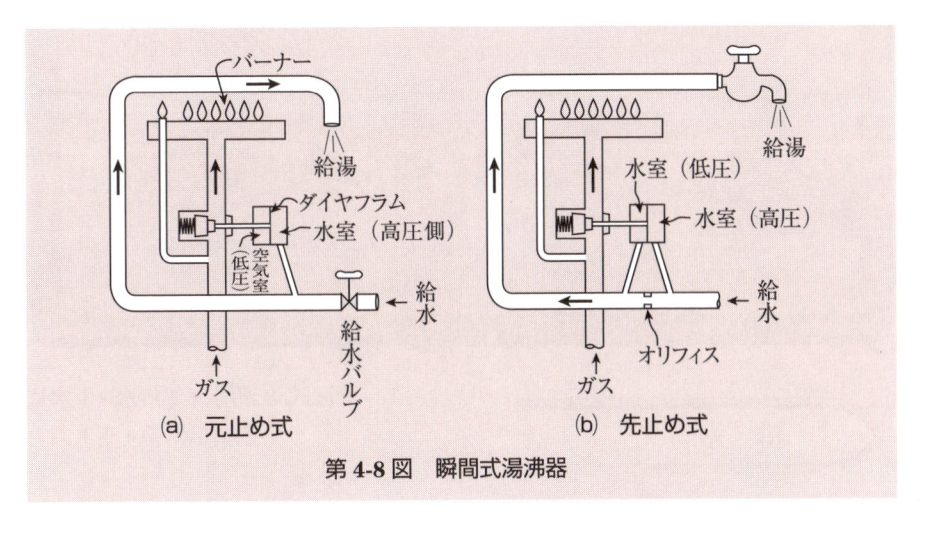

(3) 配管方式と供給方式
(a) 配管方式

単管式と複管式がある．

① 単管式

給湯管だけで返湯管を設けない方法で，経済的であるが使用していないと配管中の湯が冷えてしまう．

② 複管式

配管や機器からの損失熱量を加熱器で補給し，常に一定の温度の湯を供給できる．

(b) 複管式

重力循環式と強制循環式がある．

① 重力循環式

給湯と返湯の温度差，配管や機器からの熱損失による自然循環水頭により循環させる．

② 強制循環式

返湯管と貯湯槽（ストレージタンク）の間に循環ポンプを設ける．大規模な建物に適用する．

(c) 上向き配管と下向き配管

① 上向き配管

給湯横主管より立て管を立ち上げ，立て管より分岐し各器具に供給する．最上部での圧力不足に注意．

② 下向き配管

最上階に設けられた横主管より立て管を立ち下げ供給する方式である．

(4) 安全装置

水の温度が上昇し，機器や配管の内部の圧力が上昇する．給湯装置が密封構造になっていると，圧力により破損のおそれがある．このための安全装置は以下のとおりである．

① 逃し管（膨張管）：圧力を逃すための管．

② 膨張タンク：膨張した水を受けるタンク（開放式，密閉式）．

③ 逃し弁：逃し管をつけられない場合．

4.2　給水・給湯

4.3 排水・通気

1. 排 水

(1) 排水の目的と内容

生活排水としての雑排水や汚水および工場，研究所などから排出される特殊排水を建物外と敷地外へ排出し，下水管などの排水系統からの臭気や有害物質の侵入を防ぐためにトラップを設け，封水により，これらを遮断する．

(2) 排水方式

合流式と分流式がある．ただし，建築設備系と下水道系では若干表現が異なる．

(a) 建築設備（建基法，SHASE）
① 合流式
　建物内：（汚水＋雑排水）系
　敷地内：（汚水＋雑排水）系および
　　　　　雨水系
② 分流式
　建物内：汚水系＋雑排水系
　敷地内：汚水系＋雑排水系＋雨水系

(b) 下水道（下水道法）
① 合流式：〔｛汚水＋雑排水｝（下水道では汚水）＋雨水〕系
② 分流式：｛汚水＋雑排水｝（下水道では汚水）系＋雨水系

(3) 排水管

(a) 勾配と管径
① 排水管の勾配

排水管の横走り管の勾配は，ゆるやかすぎると自浄作用がなく，固形物を流下させることができないため，管内の流速は平均 1.2 m/s，最大で 2.4 m/s，最小で 0.6 m/s 程度とする．排水横走り管の勾配は，**第4-2表**が標準とされている．

第 4-2 表　排水横管の勾配
（SHASE 206）

管径〔mm〕	勾配
65 以下	1/50　以上
75，100	1/100　〃
125	1/150　〃
150 以上	1/200　〃

注）標準流速 0.6 〜 1.5 m/s

② 管径の決め方(1)

排水は，衛生器具，トラップ，器具排水管，排水横枝管，排水立て管，排水横主管，敷地排水管の順に流れ，管径は排水量が増えるに従い次第に太く

する必要がある．また，管径決定の一般事項は以下のとおりである．

- ⓐ 排水管の最小管径は 30 mm とする．
- ⓑ 雑排水管で固形物を含むおそれのある排水を流す最小管径は 50 mm とする．
- ⓒ 汚水管の最小管径は 75 mm とする．

(b) トラップ

① トラップの目的

排水系統の下水管や排水管などからの臭気の流入，微生物，病原菌，小虫や可燃性ガスなどの侵入を防ぐため，排水管の途中や器具内にトラップを設け封水によりその役目を果す（第4-9図）．

二重トラップは，トラップとトラップの間に空気が溜りやすく流れが妨げられ，封水が破れやすいので禁止されている（第4-10図）．

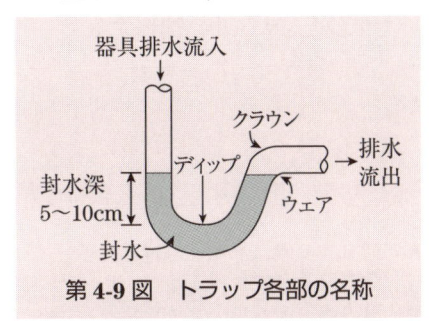

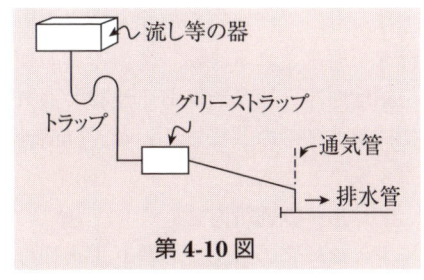

第4-10図

② トラップの種類

各種のトラップを第4-11図に示す．

③ トラップの封水が破られる原因

ⓐ自己サイホン作用，ⓑ誘導サイホン作用，ⓒはね出し，ⓓ毛細管現象，ⓔ蒸発

2. 通 気

(1) 通気設備の目的と内容

① 配管内の気圧を大気圧に保ち排水の流れを円滑にすることができる．

② 封水の損失を防ぐ．

③ 配管内の換気を図ることができ，配管の劣化の防止，管内を清潔に保つことができる．

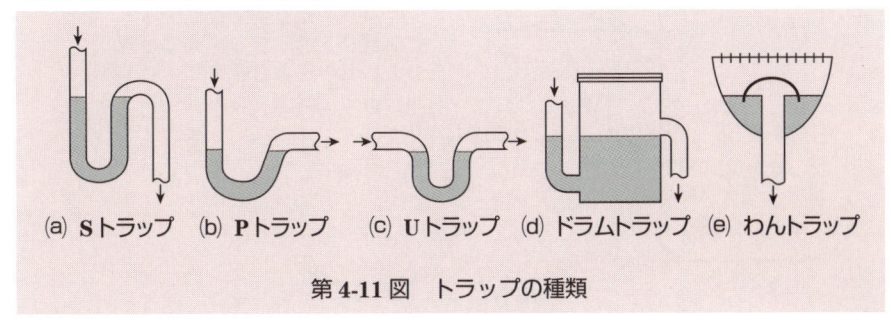

第4-9図 トラップ各部の名称

第4-11図 トラップの種類

4.3 排水・通気

(2) 通気方式の分類
① 各個通気方式
各器具の排水管から各々通気管を立上げるもので，建物の用途上排水の円滑さを要求される建物，衛生器具の使用頻度の高い器具類がある建物の通気に採用されるのが好ましいが，経済性がネックとなる．

② ループ通気方式
排水横枝管の最上流の器具排水管接続点直後より通気管を立上げ，通気立て管や伸頂通気管に接続する方法で，我が国で一般に採用されている．

③ 伸頂通気方式
通気立て管を設置しないで，排水立て管とその頂部の伸頂通気管だけで通気する単純な方式で，設備は最も安い．

(3) 通気管の種類
① 各個通気管
② ループ通気管
③ 伸頂通気管
④ 逃し通気管（器具8個以上を持つ排水横枝管は，最下流の器具排水管が接続された直後の排水横枝管の下流側で逃し通気管を設ける）

(4) 通気配管の注意事項
① 通気管の床下接続：排水管がつまった場合通気管内に流入し，通気管の役目をしなくなる．

② 排水槽（汚水槽，雑排水槽，雨水槽等）の通気管はそれぞれ単独に外気に開放する．

③ 通気立て管と雨水立て管の接続は，雨水の影響で通気立管内の気圧が変動し，封水が破れたり，良好な排水ができなくなる．

④ 間接排水系統，特殊排水系統の通気管は，一般の通気系統に接続しないで単独とし大気中に開口する．

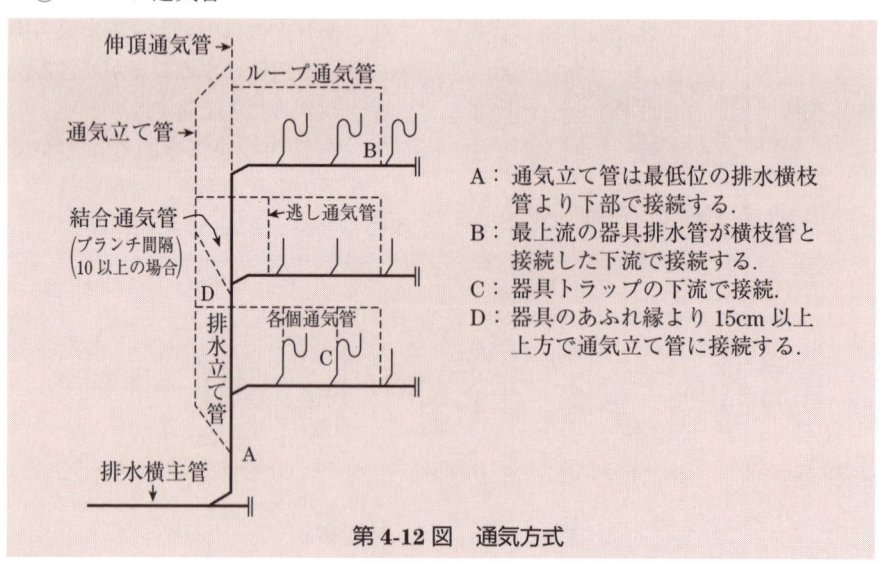

A：通気立て管は最低位の排水横枝管より下部で接続する．
B：最上流の器具排水管が横枝管と接続した下流で接続する．
C：器具トラップの下流で接続．
D：器具のあふれ縁より15cm以上上方で通気立て管に接続する．

第4-12図　通気方式

4.4 消火設備

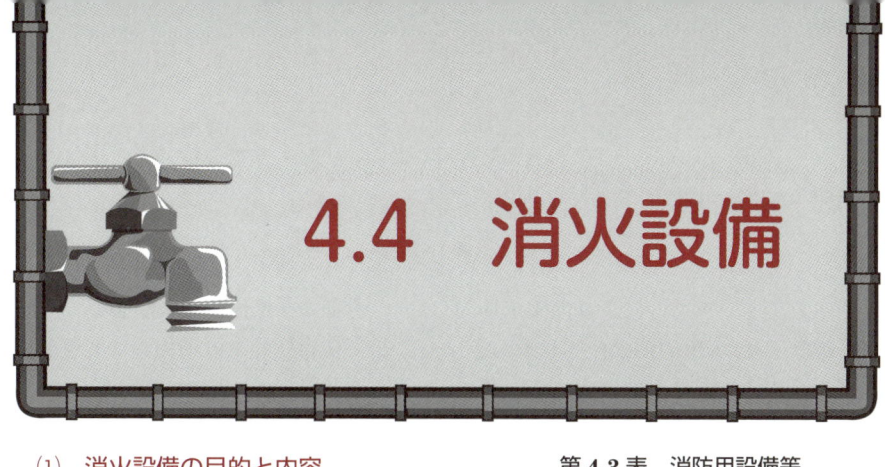

(1) 消火設備の目的と内容

消火設備とは「水その他の消火剤を使用して消火を行う機械器具または設備」のことで，10種類が消防法で定められている．これらの消火設備の目的は，火災を初期の段階で消し止め，その被害を最小限にとどめることである．そのため，消火設備等を確実に作動させなければならない．そこで，消防法令により消火設備の技術基準を定めている．

(2) 消防用設備

体系は**第4-13図**に示すとおりである．

(3) 消火の原理

(a) 燃焼の3要素

①可燃物，②温度，③酸素．

(b) 消火の手段

① 可燃物の除去．
② 冷却消火：水の蒸発潜熱を利用し冷却する．
③ 窒息消火：酸素の除去，濃度低下（泡，粉末，CO_2 などがある）．

(4) 屋内消火栓

屋内消火栓およびそれに連結した

第4-3表　消防用設備等

［消火設備］
・消火器および簡易消火用具
　（水バケツ，水槽，乾燥砂など）
・屋内消火栓設備
・スプリンクラー設備
・水噴霧消火設備
・泡消火設備
・不活性ガス消火設備
・ハロゲン化物消火設備
・粉末消火設備
・屋外消火栓設備
・動力消防ポンプ設備
［警報設備］
・自動火災報知設備
・ガス漏れ火災警報設備
・漏電火災警報器
・消防機関へ通報する火災報知設備
・非常警報器具または非常警報設備
［避難設備］
・すべり台，避難はしご，救助袋，緩降機，その他の避難器具
・誘導灯および誘導標識
［消火活動上必要な施設］
・排煙設備・連結散水設備
・連結送水管
・非常用コンセント設備
・無線通信補助設備

ホースやノズルを収納する屋内消火栓箱を各階に設置し，火災発生時に消火栓箱の扉を開きホースを延伸してから放水口の開閉弁を開き，押ボタンスイッチ，あるいは圧力タンクに設けら

```
                    ┌─ 消防の用に供する設備 ┌─ 消火設備
    消防用設備等 ──┼─ 消防用水              ├─ 警報設備
                    └─ 消火活動上必要な施設  └─ 避難設備
```

第 4-13 図

れた圧力スイッチなどにより消火ポンプを起動させ，各屋内消火栓へ送水し，ノズルからの放水により消火する．停止は手動停止とする．

(a) **屋内消火栓の種類**

① 1号消火栓：事務所ビル，工場，倉庫等（操作は2人が必要）．

② 易操作性1号消火栓：1号消火栓と同じ（1人で操作可能）．

③ 2号消火栓：旅館，ホテル，社会福祉施設，病院等（1人で容易に操作可能）．

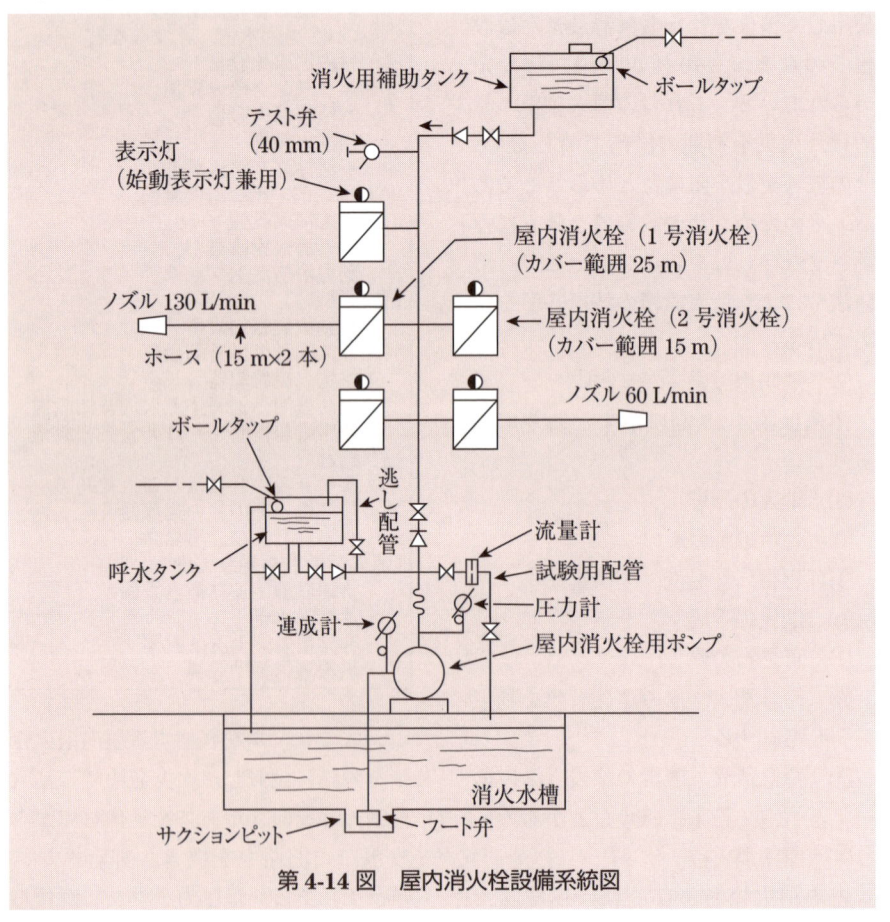

第 4-14 図　屋内消火栓設備系統図

(b) 設置基準

① 階の各部からホース接続位置まで，1号消火栓 25 m 以下，2号消火栓 15 m 以下．

② 消火栓箱の表面に「消火栓」の表示と赤色の表示灯を設ける．

③ 屋内消火栓の開閉弁の位置は，床上から 1.5 m 以下とする．

④ 加圧送水装置が起動したとき表示ができること．表示灯の点滅など．

(c) 加圧送水装置

① 放水圧力の制限：ノズルからの放水圧力は 0.7 MPa 未満とする．

② ポンプ吐出量が定格吐出量の 150％である場合の全揚程は，定格全揚程の 65％以上とする．

(d) 配管

配管の耐圧は，加圧送水装置の締切り圧力の 1.5 倍以上とする．

(e) 非常電源

① 屋内消火栓設備を有効に 30 分間以上連続して作動できる容量とする．

② 延べ面積 1000 m^2 以上の特定防火対象物の場合は，自家発電設備または蓄電池設備とする（非常電源専用受電設備は不可）．

第 4-4 表 屋内消火栓の設置基準

項目	消火設備	屋内消火栓		
		1号消火栓	易操作性1号消火栓	2号消火栓
防火対象物	工場，作業場，倉庫，指定可燃物	○	○	×
	旅館，ホテル，社会福祉施設，病院等の就寝施設	○	○	◎（特に指導）
	その他の防火対象物	○	○	○
水平距離		25 m 以下	同　左	15 m 以下
最大同時使用個数		2 個	2 個	2 個
水源水量		設置個数または 2 個 ×2.6 m^3	同　左	設置個数または 2 個 ×1.2 m^3
ノズル先端の放水圧力		0.17 MPa 以上（0.7 未満）	同　左	0.25 MPa 以上（0.7 未満）
放水量		130 L/min 以上	同　左	60 L/min 以上
ノズルの開閉装置		──	容易に開閉できる装置付き	容易に開閉できる装置付き
開閉弁の高さ（床面上）		1.5 m 以下	1.5 m 以下	1.5 m 以下
加圧送水装置の吐出量 〔L/min〕		設置個数または 2 個 ×150	同　左	設置個数または 2 個 ×70
ホース等格納箱表面の表示		消火栓	消火栓	消火栓
主管のうちの立上り管		50 mm 以上	同　左	32 mm 以上

4.5 ガス設備

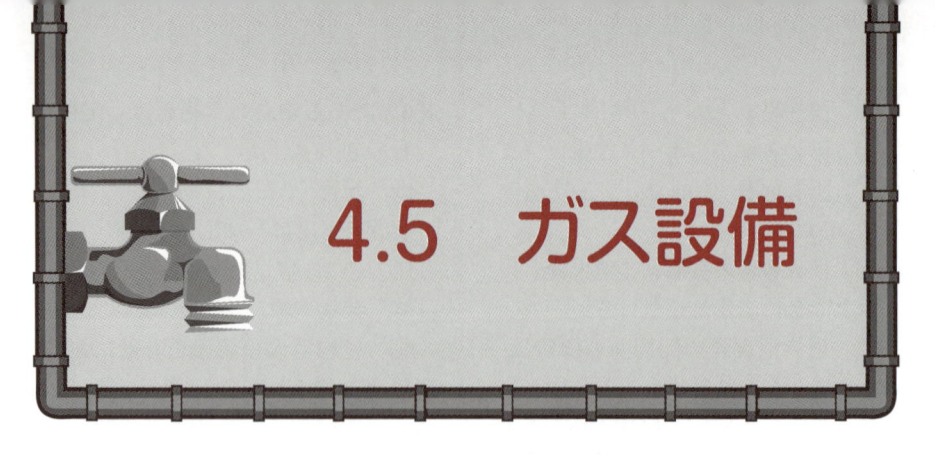

(1) 目的と内容

給湯用，厨房調理用，冷暖房用，浴用など，ガスの利用範囲は広く多方面に利用されている．このガスを，必要な場所に安全に必要な量を何時でも使用できるように供給するのが目的である．

(2) ガスの種類

(a) 都市ガス（City Gas）

石炭，コークス，原油，重油，ナフサ，天然ガス，液化石油ガス等を原料として製造されたガスを，単体または混合して使用する．その混合割合は，ガス事業者によって異なる．

① 発熱量

ガス1 m³当たりの発熱量を空気に対する比重の平方根で除した値がウォッベ指数であり，$(MJ/m^3)/\sqrt{ガスの比重}$で表され，ガスの燃焼性の比較に用いられる．ガスバーナーが単位時間に消費する熱量はウォッベ指数に比例する．

② 供給方式（ガス事業法施行規則第1条）

ⓐ 低圧：0.1 MPa 未満
ⓑ 中圧A：0.3 MPa 以上 1 MPa 未満
　　中圧B：0.1 MPa 以上 0.3 MPa 未満

第 4-5 表　各種ガスの性質（日本冷凍空調工業会・ガス吸収冷温水機ハンドブック）

	燃焼性の種別	発熱量〔kJ/Nm³〕	比重（空気=1.0）	理論空気量〔m³〕	最大燃焼速度〔cm/s〕	爆発限界〔％〕	原料種別
都市ガス（天然ガス）	6A	29300	1.25	7	37	8.6 〜 38.3	ブタン
	6B	20930	0.55 〜 0.68	4.6	50 〜 70	5.7 〜 31.6	
	6C	18880	0.50 〜 0.62	4.1	55 〜 80	5.7 〜 40.0	
	13A	46050	0.55 〜 0.68	11	39	4.3 〜 14.5	LNG
液化石油ガス	プロパン	100000	1.6	24	42	2.2 〜 7.3	
	ブタン	130000	2.0	32	37	1.9 〜 8.3	

注）理論空気量は 0.24 m³/1000 kJ，実際の燃焼には 10 〜 20％の過剰空気量が必要．
　　最高使用圧力：>1 MPa を高圧，0.1 〜 1 MPa を中圧，>0.1 MPa を低圧．

ⓒ　高圧：1 MPa 以上
　③　**ガス配管の管径**
　低圧ガスについては，低圧ガス流量公式（ポールの式）を利用する．
$$Q = 0.707 \sqrt{\frac{1000HD^5}{SLg}} \ [\text{m}^3/\text{h}]$$
ここで D：配管の内径〔cm〕
　　　H：圧力差〔kPa〕
　　　S：ガスの比重（空気を 1 として）
　　　L：配管の長さ〔m〕
　　　g：重力の加速度〔m/s^2〕

(b)　**液化石油ガス（LPG：Liquefied Petroleum Gas）**

　プロパン，プロピレン，ブチレンやエタンを含むガスで，加圧することで液化し，容積は約 1/250 になる．発熱量は 102000 kJ/m^3 であり，比重は空気より重い．
　①　**供給方式**
　LPG をボンベから調整器を通して気化させガス栓に供給する方法で，ボンベは 10 kg，20 kg，50 kg などの種類がある．
　②　**ボンベの設置場所**
　周囲温度 40℃ 以下，ボンベに転倒防止チェーン，20 L 以上のボンベは火気より 2 m 以上離す．通気，直射日光，湿気，腐蝕等に注意する．
　ⓒ　**ガス設備の安全装置**
　ガス漏れ警報装置や自動ガス遮断装置があり，前者は検知器，受信機，警報装置から構成されている．地下街や地下室等で 1000 m^2 以上のもの（消防法施行令 21 条の 2），3 階以上の共同住宅の住戸部分（建基法施行令第 129 条の 2 の 2）などに定められている（**第 4-15 図**）．
　自動ガス遮断装置にはマイコンメーター等がある．

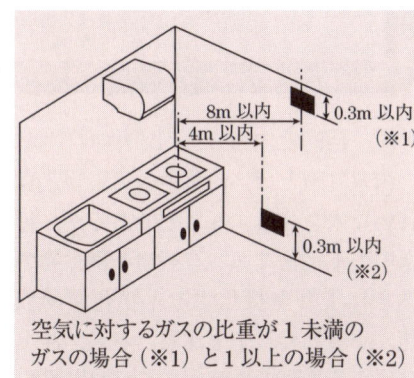

第 4-15 図　ガス漏れ警報装置

ⓓ　**理論空気量**
　単位量のガスが燃焼するのに必要な空気量を，理論空気量という．しかし，実際はこれより 20 ～ 50％の余剰の空気が必要となる．理論空気量と実際に必要な空気量との比を，空気過剰率という．

4.6　浄化槽

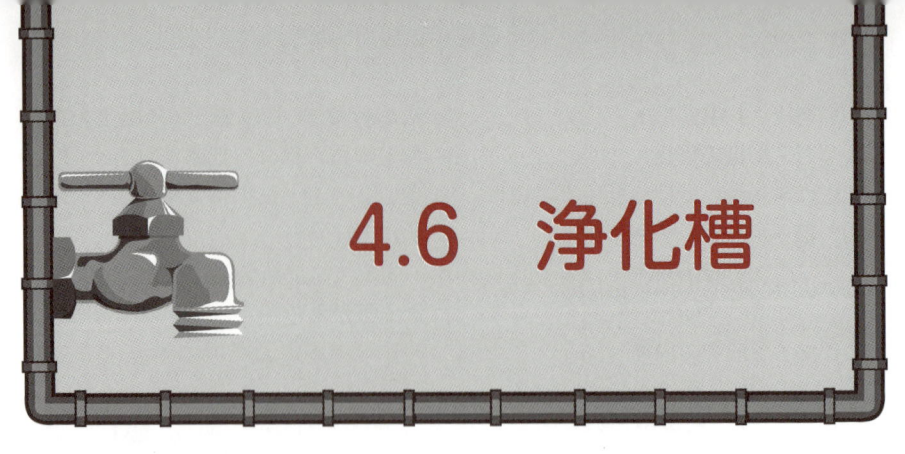

(1) 目的と内容

汚水処理とは，汚水中の汚染物ときれいな水を分離することであるが，汚水中の不純物である有機物を微生物の働きにより無機化する生物化学的機能，不純物の粒子を沈澱，ろ過，浮上分離する物理的方法がある．浄化槽は，おもに前者の生物化学的処理により行う方法である．

(2) 処理方式

(a) 生物膜法

接触材，回転板や砕石などの表面に汚水を接触させ，これらの表面に膜状に付着して繁殖するバクテリアにより汚水中の有機物などを吸着し分解させる方式である．

① 接触ばっ気方式

ばっ気槽内に多くの表面積を有する接触材を入れ，汚水中に酸素を入れるためにばっ気し，その表面に生成した生物膜により汚水を浄化する．

② 回転板接触方式

回転板を槽内に入れて回転させ，回転板の表面に生成した生物膜により汚水を浄化する．

③ 散水ろ床方式

ろ材の砕石を積み上げた層をろ床というが，汚水をろ床に散水すると，汚水中の微生物がろ材の表面に付着し生物膜を生成する．この生物膜が，ろ床を流下する汚水中の有機物を吸着し酸化分解する．

(b) 活性汚泥法

汚水をばっ気槽内に入れて空気を入れてかくはんを続けていると，バクテリアが汚水中の有機物を食物として取り入れて増殖を始め，微細な固まりを形成する．これが集まり，フロックを形成する．汚水中のフロックはさらに有機物を吸着し，好気性微生物により酸化されて，無機質，CO_2，水に分かれる．この生物体の固まり（フロック）は，汚水中の有機物を吸着，酸化，分解する能力を有しているので活性汚泥という．

活性汚泥法の種類は以下のとおり．

① 長時間ばっ気方式

処理対象人員が5000人以下ではこの方式がとられる．標準より大きなばっ気槽で汚水の滞留時間を長くとる

(16時間以上）ことで，酸化を十分行わせるもの．

② **標準活性汚泥方式**

大規模な合併処理方式のばっ気槽で，ばっ気時間を8時間以上とするものである．

(3) **処理対象人員**

対象となる建物から排出される汚水が，汚水量や汚濁物質量の標準的な量を出す人間の何人分に相当するかという値であり，し尿浄化槽を実際に使用する人数ではない．

処理対象人員は，昭和44年建設省

第4-6表　建築用途別処理対象人員算定基準表（抜粋）（JIS A 3302-00 等）

（算定単位）
n：人員〔人〕，A：延べ面積〔m^2〕，C：大便器数〔個〕，C_1：総便器数（大便器数，小便器数および両用便器数を合計した便器数）〔個〕，U：小便器数（女子便所にあっては，便器数のおおむね1/2を小便器とみなす）〔個〕，P：定員〔人〕，P_1：収容人員〔人〕，P_2：駐車ます数〔ます〕，P_3：乗降客数〔人/日〕，R：客室数〔室〕，B：ベッド数〔床〕，S：打席数〔席〕，S_1：コート面数〔面〕，L：レーン数〔レーン〕，H：ホール数〔ホール〕，t：単位便器当たり1日平均使用時間〔時間〕

類似用途別番号	建築用途		処理対象人員 算定人員	算定単位当たりの汚水量およびBOD濃度（参考値）			
				合併処理対象		単独処理対象	
				汚水量	BOD	汚水量	BOD
2	住宅施設関係	イ 住宅	$A<130$の場合　$n=5$ $130≦A$の場合　$n=7$	200 L/(人・日)	200 mg/L	50 L/(人・日)	260 mg/L
		ロ 共同住宅	$n=0.05A$*	10 L/(m^2・日)		2.5 L/(m^2・日)	
		ハ 下宿・寄宿舎	$n=0.07A$	14 L/(m^2・日)	140 mg/L	3.5 L/(m^2・日)	
		ニ 学校寄宿舎・自衛隊キャンプ宿舎・老人ホーム・養護施設	$n=P$	200 L/(人・日)	200 mg/L	50 L/(人・日)	
8	学校施設関係	イ 保育所・幼稚園・小学校・中学校	$n=0.20P$	50 L/(人・日)	180 mg/L	35 L/(人・日)	100 mg/L
		ロ 高等学校・大学・各種学校	$n=0.25P$	60 L/(人・日)		40 L/(人・日)	
		ハ 図書館	$n=0.08A$	16 L/(m^2・日)	150 mg/L	4 L/(m^2・日)	
9	事務所関係	イ 事務所	厨房設備有 $n=0.075A$	15 L/(m^2・日)	200 mg/L	3.7 L/(m^2・日)	260 mg/L
			厨房設備無 $n=0.06A$		150 mg/L	2.8 L/(m^2・日)	
10	作業場関係	イ 工場・作業所・研究所・試験場	厨房設備有 $n=0.075P$	100 L/(人・日)	300 mg/L	38 L/(人・日)	
			厨房設備無 $n=0.30P$	60 L/(人・日)	150 mg/L	15 L/(人・日)	

※ただし，1戸当たりのnが，3.5人以上の場合は，1戸当たりのnを3.5人または2人（1戸が1居室だけで構成されている場合に限る）とし，1戸当たりのnが6人以上の場合は1戸当たりのnを6人とする．

注）JISに規定されているのは，処理対象人員であり，「算定単位当たりの汚水量およびBOD濃度（参考値）」については，解説書に記載されており，今後一部変更となる可能性があるので留意する．

4.6　浄化槽

告示第3184号により，JIS A 3302（建築物の用途別によるし尿浄化槽の処理対象人員算定基準）により算定することと定められている（第4-6表）．

(4) 浄化槽の性能
ⓐ BOD除去率

し尿浄化槽の性能は，放流水のBODとBOD除去率で表される．BOD除去率とは，し尿浄化槽への流入水のBODに対しBODの除去される割合を百分率で表したもので以下の式で計算される．

$$BOD除去率 = \frac{流入水のBOD - 放流水のBOD}{流入水のBOD} \times 100 \ [\%]$$

(5) 浄化槽の構造

し尿浄化槽の構造は，建築基準法施行令第32条に基づき昭和55年建設省告示第1292号（改正平成18年国交省告示第154号）「し尿浄化槽の構造基準」に規定されている．

ⓐ 小規模合併処理の浄化槽（第4-7表）
① 分離接触ばっ気方式（処理方法は生物膜法）
② 嫌気ろ床接触ばっ気方式（〃）
③ 脱窒ろ床ばっ気方式（窒素分を取除く必要がある場合）（〃）

ⓑ 一般の合併処理の浄化槽
① 回転板接触方式（処理方法は生物膜法）
② 接触ばっ気方式（〃）
③ 散水ろ床方式（〃）
④ 長時間ばっ気方式（処理方法は活性汚泥法）
⑤ 標準活性汚泥方式等（〃）

第4-7表　小規模合併処理方式のし尿浄化槽のフローシート
建設省告示第1292号（改正平成18年国交省告示第154号）

処理方式	放流水のBOD〔mg/L〕	処理対象人員〔人〕	フローシート
分離接触ばっ気方式または嫌気ろ床ばっ気方式	20以下	50以下	→沈殿分離槽または嫌気ろ床槽→接触ばっ気槽→沈殿槽→消毒槽→ はく離汚泥　沈殿汚泥（5～30人） 沈殿汚泥（31～50人）
脱窒ろ床接触ばっ気方式	20以下	50以下	循環 →脱窒ろ床槽→接触ばっ気槽→沈殿槽→消毒槽→ はく離汚泥　沈殿汚泥（5～30人） 沈殿汚泥（31～50人）

この問題をマスタしよう

問1（上水道施設の機能） 上水道施設に関する記述のうち，適当でないものはどれか．
(1) 浄水施設は，原水を水質基準に適合させるために，沈殿，ろ過，消毒などを行う施設である．
(2) 送水施設は，浄化した水を給水区域内の需要者に必要な圧力で必要な量を供給するための施設である．
(3) 取水施設は，河川，湖沼，地下の水源から粗いごみや砂を取り除いて水を取り入れる施設である．
(4) 導水施設は，原水を取水施設より浄水施設まで送る施設である．

解説 送水施設は，浄水施設を経た浄水を常時一定の流量で配水池に送る施設で，送水ポンプ，送水管で構成されている．その計画送水量は，計画一日最大給水量（1年を通じて1日の給水量の最も多い量）を基準としている．

配水施設は，浄水を配水池から給水区域内の需要家に一定以上の圧力で連続して所定の水量を配水するための施設で，配水管の水圧は最小動水圧で 0.15 MPa，最大 0.5 MPa とする．

答 (2)

問2（浄水施設） 浄水施設のフローとして，適当なものはどれか．
(1) 着水井→沈殿池→浄水池→ろ過池→塩素注入井
(2) 着水井→ろ過池→沈殿池→浄水池→塩素注入井
(3) 着水井→沈殿池→ろ過池→塩素注入井→浄水池
(4) 着水井→ろ過池→塩素注入井→沈殿池→浄水池

解説 浄水施設で原水を浄化する目的は，水道法で定められた水質基準を満たす飲用に適する水を効率的に作り出すことである．ろ過式の浄水施設のフローは，着水井→沈殿池→ろ過池→塩素注入井→浄水池である．

① 着水井は，導水施設から導入される原水の水位の変動を安定させ，原水量を計量，調節し，ろ過，沈殿，薬品注入のそれぞれの施設に導かれる原水を迅速にしかも正確に処理するために設ける．

② 沈殿池は不純物を沈殿させて除

この問題をマスタしよう

去するところで，普通沈殿法と薬品沈殿法の二つの処理の方法がある．普通沈殿法は水より比重の大きい不純物を自重により自然に沈降させる方法で，薬品沈殿法は原水に硫酸アルミニウムなどの薬品を混ぜて，不純物である浮遊物を化学作用により凝集してフロックを作り沈降速度を高め沈殿させる方法である．

③　ろ過池は，沈殿池で処理された水をろ過池の砂層を通過させることで浮遊物や細菌などを取除く所で，その処理の方法は緩速ろ過法と急速ろ過法の二つがある．

緩速ろ過法はろ過速度で1日3～5 mの速度でろ過させる池で，水中の浮遊物が砂層と砂利層からなるろ過層を通過することで低濁度の水を処理する．急速ろ過池は原水を1日120～150 mの速度でろ過層を通過させるもので，薬品沈殿を行いフロックができた原水をろ過層を通過させ濁度や色度の高い水を処理するのに適している．

④　塩素注入井は，ろ過することで除去されなかった細菌を除去するために，塩素，さらし粉，次亜塩素酸ソーダなどを注入し，水栓で規定された残留塩素を確保するために塩素殺菌を行う．

答　(3)

問3（水質基準）　水道水の水質基準として，「水道法」上，検出されてはならないものはどれか．
(1)　大腸菌
(2)　銅
(3)　フッ素
(4)　カドミウム

解説　(a)　水道水の水質については水道法第4条第1項に次のように規程されている．

①　病原生物に汚染され，または病原生物に汚染されたことを疑わせるような生物もしくは物質を含むものでないこと．

②　シアン，水銀その他の有毒物質を含まないこと．

③　銅，鉄，フッ素，フェノールその他の物質をその許容量を超えて含まないこと．

④　異常な酸性またはアルカリ性を呈しないこと．

⑤　異常な臭味がないこと．ただし，消毒による臭味を除く．

⑥　外観はほとんど無色透明であること．
などである．

(b)　水道水の具体的な水質基準は，厚生労働省令第101号により，健康に関する31項目について，および水

道水が有すべき性状に関して20項目，合計51項目について規定されている．選択肢のうち，水道水に検出されてはならない項目は大腸菌で，他の項目については検出されてもよい上限値が定められている．

答 (1)

問4（管路施設） 水道施設の配水管に関する記述のうち，適当でないものはどれか．
(1) 分水栓によって給水管を取り出す場合，その間隔は30 cm以上とする．
(2) 埋設管には原則として，企業者名，布設年次，業種別名等を明示するテープをはり付ける．
(3) 割T字管によって給水管を取り出す場合，配水管の管径より小さいものとする．
(4) 配水管と他の地下埋設物との間隔は，15 cm以上とする．

解説

(a) 配水管の布設は下記により施工する．

① 配水管は鋳鉄管，鋼管や硬質ビニル管などが使用される．

② 配水管を他の地下埋設物と交差または接近して布設するときは，少なくとも30 cm以上の間隔を保つ．

(b) 給水管の布設は下記により施工する．

① 給水管を道路内に布設する場合は，他の埋設物との間隔を30 cm以上確保する．

② 地階や2階以上に配管する場合は，各階ごとに止水器具を取り付ける．

③ 給水装置の露出部分で凍結や結露のおそれがある場合は，適切な防寒措置や防露措置を施す．

④ 電食や酸，アルカリにより管に腐食の懸念がある場合は，適切な対策を施す．

(c) 水道施設の配水管から分岐した給水管とこれに直結する給水用具を給水装置というが，配水管の水圧と縁が切れた状態の受水槽以降の設備は水道法上の給水装置ではない．

配水管から給水管を分岐する場合は以下の項目に留意する．

① 給水管を配水管から分岐する場合は，配水管の管の種類，管径および給水管の管径により分水栓，T字管，割T字管などを使用する．

② 分水栓やサドル分水栓により給水管を取り出す場合は，間隔を30 cm以上とする．

③ チーズ，T字管や割T字管により給水管を取り出す場合は，配水管の管径より小さいものとする．

答 (4)

> **問5（排水設備の構造）** 下水道の排水設備の設置に関する記述のうち，適当でないものはどれか．
> (1) ますは，管渠の起点，合流点，屈曲点に設けるが，直線部においては管の内径の約200倍の間隔をおいて設置する．
> (2) 汚水を排除する排水渠は，原則として開渠とせず，暗渠とする．
> (3) 排水管の勾配は，原則として1/100以上とする．
> (4) 分流式の公共下水道に接続する場合は，汚水と雨水とを分離して排除する構造とする．

解説 排水設備とは，敷地内の建物より排出される下水を公共下水道に流入させるために必要な排水管やます等の排水施設であり，単に下水道の「ます」という場合は，公道内の雨水ますや汚水ますを示す．本問は敷地内のますに関しての設問であり，以下のような内容が下水道法施行令第8条に規定されている．
① もっぱら雨水を排除すべき管渠の始まる箇所．
② 下水の流路の方向または勾配が著しく変化する箇所．ただし，管渠の清掃に支障がないときはこの限りでない．
③ 管渠の長さがその内径または内のり幅の120倍を超えない範囲内において管渠の清掃上適当な箇所．
④ 管渠の内径や管種が異なる箇所．

答 (1)

> **問6（下水管渠の接合）** 下水道における管渠の接合に関する記述のうち，適当でないものはどれか．
> (1) 2本の管渠が合流する場合の中心交角は，原則として60度以上とする．
> (2) 地表勾配が急な場合は，原則として地表勾配に応じ，段差接合または階段接合とする．
> (3) 管渠の継手は，水密性および耐久性のあるものとする．
> (4) 管渠径が変化する場合の接合方法は，原則として水面接合または管頂接合とする．

解説 (a) 2本の管渠が合流する場合は，中心交角はなるべく60度以下として流れが円滑になるようにし，曲線で合流する場合の曲率半径は管径の5倍以上とする（図4-1）．
(b) 地表勾配が急な場合は，管径の

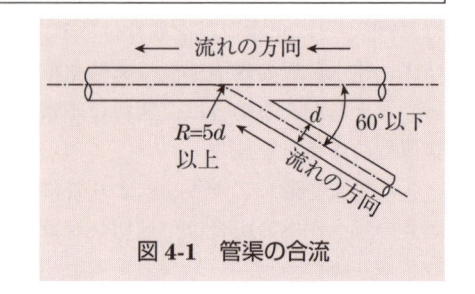

図4-1 管渠の合流

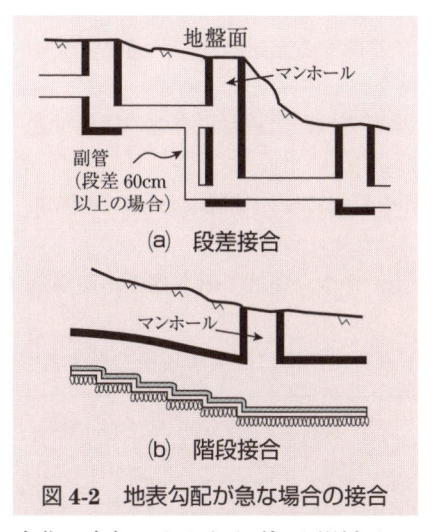

図 4-2 地表勾配が急な場合の接合

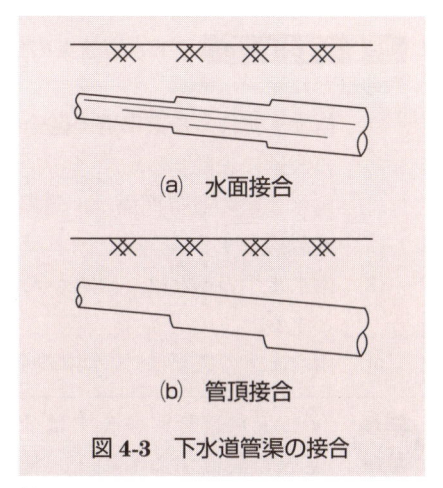

図 4-3 下水道管渠の接合

変化の有無にかかわらず，原則として地表勾配に応じて段差接合または階段接合とする（図 4-2）．
(c) 管渠径が変化する場合や 2 本の管渠が合流する場合の接合方法には，水面接合，管頂接合，管底接合，管中心接合があるが，原則として水面接合または管頂接合とする（図 4-3）．

答 (1)

問 7（下水管渠の接合） 下水道の管渠に関する記述のうち，適当でないものはどれか．
(1) 管渠底部に沈殿物が付着しないように，原則として最小流速は 0.6 m/s 以上とする．
(2) 管渠やマンホールに損傷を与えないように，汚水管渠の最大流速は 3 m/s 以下とする．
(3) ますと本管をつなぐ取付管は，本管の中心線より下方に取り付ける．
(4) 排水管の長さがその管径の 120 倍を超えない範囲内にますを設ける．

解説 ますと下水本管との接続管が取付管で，その取付部は本管に対し 60°〜90° とし，本管の中心線より上方側に取り付ける．

答 (3)

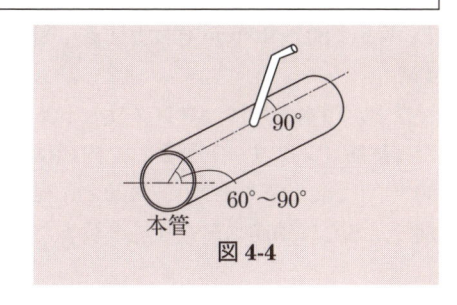

図 4-4

この問題をマスタしよう

問 8（雨水ます） 下水道管渠の雨水ますに関する記述のうち，適当でないものはどれか．
(1) 雨水ますは，歩道車道の区分のない場所では，公道と民有地の境界付近の公道に設置する．
(2) 雨水ますの設置間隔は，道路の幅員や勾配によって異なるが，通常 30 m 以内とする．
(3) 雨水ますのふたは，雨水が入りやすく，かつ，堅固で耐久性のある構造とする．
(4) 雨水ますの底部は，雨水中の土砂が下水管に円滑に流入する構造とする．

解説
(a) 下水道管渠のますは公道内に設置するもので，種類としては雨水ますと汚水ますがある．雨水ますは歩車道の区分のある場合はその境界に，歩車道の区分の無い場合は公道と民有地の境界付近の公道側に設ける．

(b) 路面排水の雨水ますの間隔は 30 m 以内とし，路面勾配の急な場合や道路の幅員が大きい場合はその間隔を小さくする．

(c) 雨水ますは，土砂が下水本管に流入するのを防ぐために，底部に 15 cm 以上の泥だめを設ける．また，ますの内のりは 30〜50 cm で，コンクリート製または鉄筋コンクリート製とし，深さは 80〜100 cm 程度とする（図4-5）．

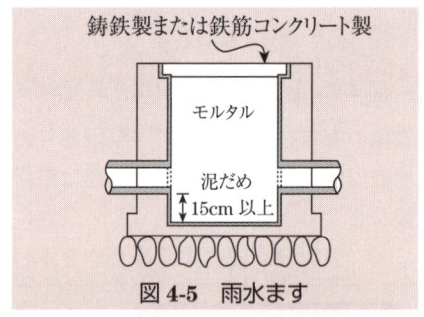

なお，汚水ますは，コンクリートまたは鉄筋コンクリート製とし，内径は 30〜70 cm，深さは 70〜100 cm 程度で，ふたは鉄筋コンクリート製または鋳鉄製とし，密閉ぶたで防臭をする．

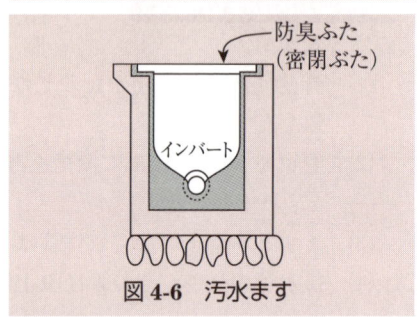

底に汚物が付着したり沈殿するのを防ぐため，管の内径に合ったインバートを設ける（図4-6）．

図 4-5 雨水ます

図 4-6 汚水ます

答 (4)

問9〈水質汚染防止〉 上水の水質汚染の防止に関する記述のうち，適当でないものはどれか．

(1) 飲料水系統と井水系統の配管を接続するときは，止水弁と逆止弁を設ける．
(2) 5 m³ を超える飲料用給水タンクのオーバーフロー管は，防虫網を設け間接排水とする．
(3) バキュームブレーカーは，大便器のあふれ縁から 150 mm 以上上方に設ける．
(4) 逆サイホン作用による逆流を防止するため，水受け容器のあふれ縁と配管の開口部との間に吐水口空間を設ける．

解説 (1) 上水系統とそれ以外の水の系統とが連結したり，上水系統の断水により管内が負圧となり，汚水がサイホン作用により逆流したりすることで混流することを，クロスコネクションという．このような水質の汚染は，防止しなければならない．たとえ，止水弁や逆止弁を設けても，上水系統に井水系統の配管を接続してはならない．SHASE 206 では「上水給水，給湯系統とその他の系統が，配管，装置で直接接続されること」をクロスコネクションとしている．

(2) 飲料用の給水タンクおよび貯水タンクには，ほこり，その他衛生上有害なものが入らない構造のオーバーフロー管を有効に設けることとし，害虫等の侵入防止のため防虫網を設ける．また，逆流防止のため排水口空間を設け間接排水とする（図 4-7）．

(3) バキュームブレーカーは逆流防止器ともいわれ，常時水圧のかかっていない箇所に取り付ける大気圧式のものと常時水圧のかかっている箇所に設ける圧力式のものとがある．バキュームブレーカーは，真空となったとき

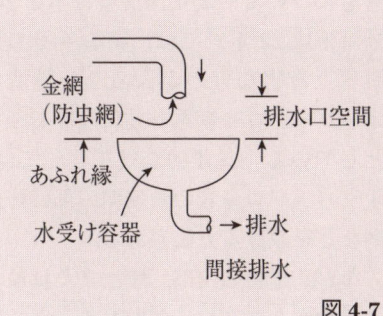

排水口空間

間接排水管の管径〔mm〕	排水口空間〔mm〕
25 以下	最小 50
30 〜 50	最小 100
65 以上	最小 150

ただし各種の飲料用貯水タンク等の間接排水管の排水口空間は上記にかかわらず最小 150 mm とする

図 4-7 排水口空間

この問題をマスタしよう

図4-8 バキュームブレーカー

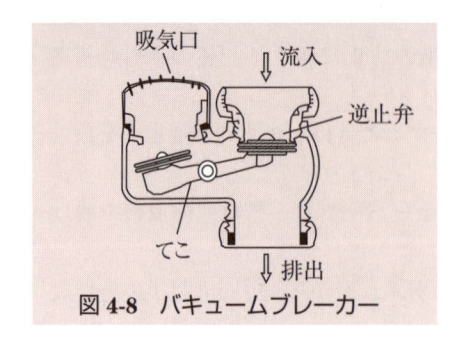

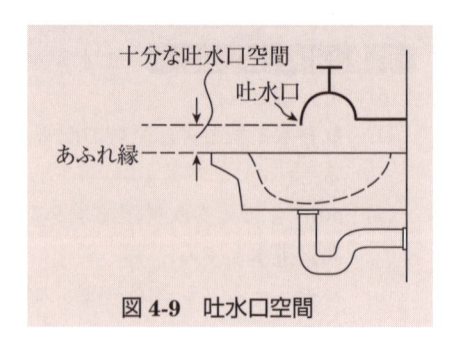

図4-9 吐水口空間

75 mmAqの水を吸い上げてもよいこととなっているので，余裕をみて器具のあふれ縁よりも150 mm以上高い位置に設けなければならない（図4-8）．

(4) 水受け容器中に吐き出された水，使用された水，またはその他の液体が断水などにより給水管内に生じた負圧により吸引され，給水管内へ逆流することを逆サイホン作用というが，これを防止するには，吐水口と水受け容器のあふれ縁との間に十分な吐水口空間（図4-9）を設けるか，それができない場合はバキュームブレーカーを設ける．

答 (1)

問10（建基法と給水タンク） 飲料用給水タンクの汚染防止に関する記述のうち，適当でないものはどれか．
(1) タンクの容量は，長期間の停滞を避けるため，必要以上に大きくしない．
(2) オーバーフロー管の管端開口部には，防虫網を設ける．
(3) タンク上部には，空気調和用など他の用途の配管を設けない．
(4) 水抜き管は，最寄りの雑排水系統の排水管に直接接続する．

解説 (a) 飲料用給水タンクの容量が必要以上に大き過ぎると，利用されないで長時間滞留し，残留塩素の効果も薄れ，次第に腐敗味をおびてくる．したがって，タンク内の水が停滞しないような工夫をするとか，塩素注入を行うなどの対策が必要となる．

(b) 給水タンクおよび貯水タンクの構造についての改正国交省告示第243号（平成22年）では，ほこりその他衛生上有害なものが入らない構造のオーバーフロー管を有効に設けることとしている．具体的な対策としては，オーバーフロー管の管端開口部に防虫網などを設ける方法がある．

なお，建物の内部，屋上または最下階で給水タンクおよび貯水タンクを設

第4章 給排水衛生設備

ける場合は，上記の他以下のような注意点がある．

① タンクの天井，底または周壁の保守点検を容易かつ安全に行うことができること．

② タンクの天井，底または周壁は建物の他の部分と兼用しないこと．

③ 内部は飲料水の配管設備以外の配管設備を設けないこと．

④ 直径60cmの円が内接する，ほこり等が入らないよう有効に立ち上げたマンホールを設ける．

⑤ 通気のための装置（ほこり等入らない構造）を設けること．ただし，$2m^3$未満のタンク等は除く．

⑥ 給水タンク等の上にポンプ，ボイラー，空調機等の機器を設ける場合，飲料水を汚染することが無いような措置を講ずる（図4-10）．

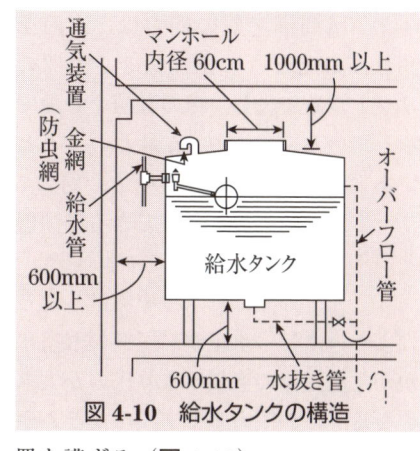

図4-10 給水タンクの構造

(c) 建基法施行令第129条の2の5第2項（改正平成22年国交省告示第243号）で，排水管は給水タンク等の水抜管，オーバーフロー管に直接連結させないことと規定されている．

答 (4)

問11（ガス機器） 給湯設備に関する記述のうち，適当でないものはどれか．
(1) 中央給湯方式で浴室に給湯する場合，給湯温度は一般に80℃程度である．
(2) 瞬間湯沸器の能力は，1分間に1Lの水を25℃上昇させるものを1号としている．
(3) ガス瞬間湯沸器には，元止め式と先止め式がある．
(4) 中央式給湯設備の循環ポンプは，一般に返湯管に設ける．

解説 (1) 中央給湯方式は，ボイラー，貯湯タンク，循環ポンプなどを機械室に設置し，屋上などに設けられた膨張タンクや配管により必要な箇所に給湯する方法である．給湯の使用温度は，一般に加熱装置で60℃程度に加熱し，使用する場所で利用者が湯と水を混合して適温として使用する．ただし，食器洗い機などは80℃程度の湯を別に送るか，再加熱して使用する．中央給湯方式は，湯温を55℃以下に下げると細菌が発生することもあるので，これ以下に温度を下げない方がよい．

この問題をマスタしよう

(2) 瞬間湯沸器の能力は，水温を25℃高めたときの出湯量を1分間のリットル数で表し，その数値を号数で示している．つまり，5号ということであれば25℃高めた湯を1分間に5リットル供給することができる湯沸器ということができる．

(3) 元止め式は，水栓を開けることにより通水し，水圧が高圧側の水室にかかり低圧側の空気室より圧力が大きくなる．この圧力差でダイヤフラムが低圧側に押されガス弁が開き，ガスが供給され，常に点火されているパイロットバーナーの炎により主バーナーが点火し，水が加熱されて出てくる．この方式は，給湯箇所は1箇所に限られる．先止め式は中・大型で数箇所に給湯が可能である．

(4) 中央式給湯方式においては，給

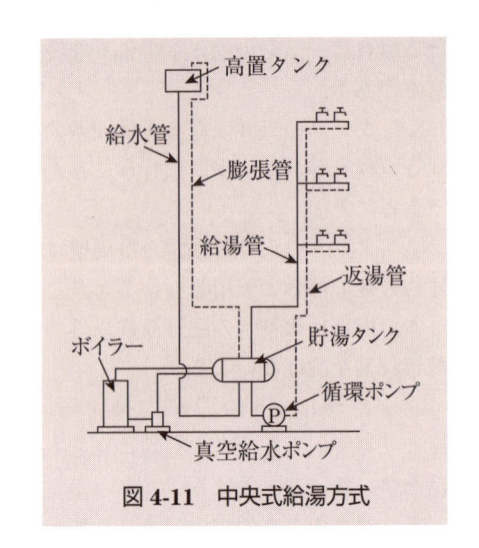

図 4-11 中央式給湯方式

湯栓を開けたとき，短時間で湯が出るように，返湯管と循環ポンプを用いて湯を強制的に常に循環させ，一様な温度の湯を供給する．また循環ポンプは，返湯側の配管に設ける（図 4-11）．

答 (1)

問 12（中央式給湯） 給湯設備に関する記述のうち，適当でないものはどれか．
(1) 逃し管は，貯湯タンクなどから単独に立ち上げ，保守用仕切弁を設ける．
(2) 循環ポンプは，湯を循環させることにより配管内の湯の温度低下を防止するために設ける．
(3) 自然循環水頭は，加熱装置入口と出口との湯の密度差によって生ずる．
(4) 密閉式膨張タンクは，空気の圧縮性を利用して膨張分を吸収するものである．

解説 水は温度が上昇すると膨張し，その体積を増す．0℃の水が100℃に加熱されると，その容積は4.3%増加する．膨張することによる圧力の上昇を防止するため，給湯ボイラーや貯湯タンクには逃し管（膨張管），安全弁（圧力逃し弁）などを設けなければならない．

ボイラーに設ける逃し管や安全弁は，ボイラー構造規格に規定されてい

る．なお，貯湯タンクは第1種圧力容器に該当し，これに設ける逃し管，安全弁等については，圧力容器構造規格に定められている．逃し管（膨張管）には弁を設けてはいけないことになっている．また，貯湯タンクや温水ボイラーから単独に立ち上げ，高置水槽または膨張水槽へ開放する．

答　(1)

問 13（中央式給湯）　給湯設備に関する記述のうち，適当でないものはどれか．
(1) 湯沸かし室の給茶用給湯器は，使用温度が90℃と高いため，一般に局所式とする．
(2) 潜熱回収形給湯器は，燃焼排ガス中の水蒸気の凝縮潜熱を回収することで，熱効率を向上させている．
(3) 屋内に給湯する屋外設置のガス湯沸かし器は，先止め式とする．
(4) 循環式給湯方式の給湯温度は，飲用の場合，レジオネラ属菌などの繁殖を抑制するために45℃程度とする．

解説　循環式給湯方式の給湯温度は，レジオネラ属菌などの繁殖を防止するため原則60℃以上とし，ピーク負荷時においても55℃以上を維持できるようにする．

なお，循環式浴槽で塩素剤による消毒を行う場合は,遊離残留塩素濃度0.2〜0.4 mg/Lを1日2時間以上保つことが必要である．

答　(4)

問 14（給水設備）　給水設備に関する記述のうち，適当でないものはどれか．
(1) 衛生器具のオーバーフロー口の最下端を衛生器具のあふれ縁という．
(2) 飲料水系統とその他の系統とを配管・機器を介して直接接続すると，クロスコネクションとなる．
(3) 吐水口空間を確保することができない場合には，バキュームブレーカーを設ける．
(4) 給水管内に生じた負圧により，衛生器具等で使用された水が給水管内に逆流する現象を逆サイホン作用という．

解説　(a) 衛生器具や水受け容器から水があふれる，器具の上縁の最下端をあふれ縁という．オーバーフロー口があっても，その口がつまった場合には目的を達しないため，器具の上縁の最下端をあふれ縁と

この問題をマスタしよう

図4-12 衛生器具のあふれ縁

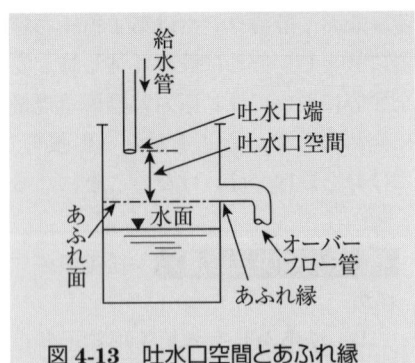

図4-13 吐水口空間とあふれ縁

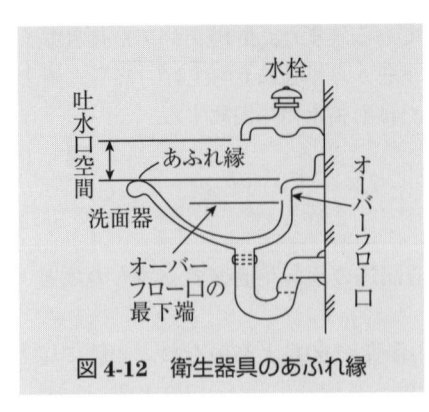

いう．これに対して，給水タンク等の場合はオーバーフロー口の最下端があふれ縁となる（**図4-12**，**図4-13**）．

(b) 飲料水の汚染を防止するために，建築基準法施行令第129条の2の5では，建築物に設ける飲料水の配管設備の設置および構造について，以下のように定めている（**図4-14**）．

① 飲料水の配管設備とその他の配管設備とは直接連結させないこと（クロスコネクションの防止）．

② 水槽，流しその他水を入れまたは受ける設備に給水する飲料口の配管設備の水栓の開口部にあっては，これらの設備のあふれ面と水栓の開口部との垂直距離を適当に保つ等，有効な水

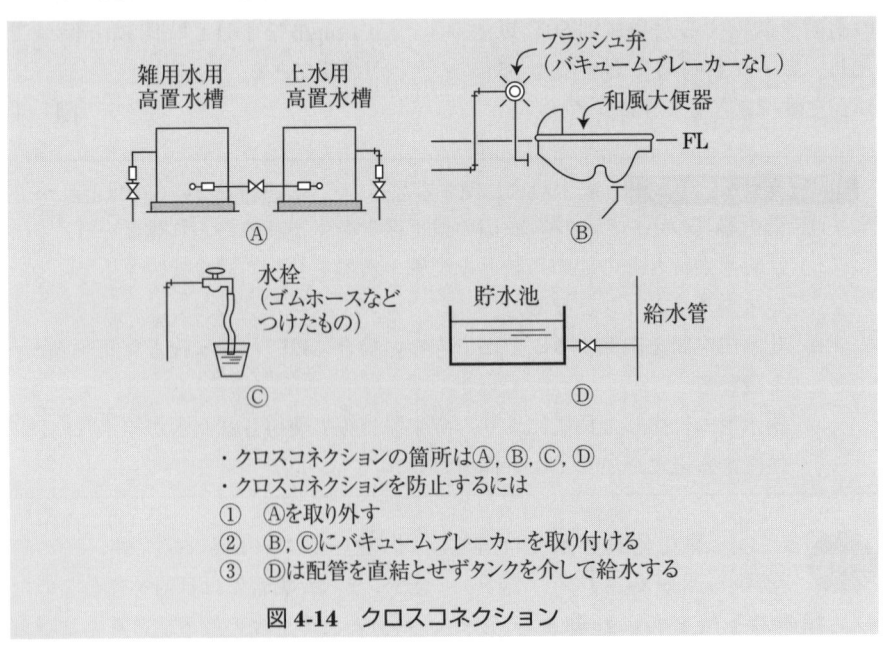

・クロスコネクションの箇所はⒶ，Ⓑ，Ⓒ，Ⓓ
・クロスコネクションを防止するには
① Ⓐを取り外す
② Ⓑ，Ⓒにバキュームブレーカーを取り付ける
③ Ⓓは配管を直結とせずタンクを介して給水する

図4-14 クロスコネクション

の逆流防止のための措置を講ずること（吐水口空間の確保）（逆サイホン作用の防止）．

③　飲料水の配管設備の材質は，不浸透質の耐水材料とし，水が汚染されるおそれのないものとする．

④　給水タンクおよび貯水タンクは，ほこりその他衛生上有害なものが入らない構造とし，金属製のものにあっては衛生上支障のないように有効なさび止めの措置を講ずること．

吐水口空間については，SHASE 206（給排水設備規準）にその寸法を規定している．なお，大便器の洗浄弁のように，機能上吐水口空間を設けることができない場合や美観上それを設けることができない場合は，給水管内に負圧が発生したときに自動的に給水管内に空気を吸引し，逆流を防止するバキュームブレーカーを設ける必要がある．

答　(1)

問15（排水トラップ）　排水トラップに関する記述のうち，適当でないものはどれか．
(1)　トラップの封水深は，深すぎると自浄作用が弱まるため，最大 100 mm とする．
(2)　わんトラップは，わんが容易に取り外せるため，使用しない方がよい．
(3)　Sトラップは，Pトラップより封水が破られやすい．
(4)　二重トラップは，封水を確実なものとするために設ける．

解説　(1)　トラップは，排水管の一部に水を溜め，室内側の空気と排水管で接続される下水側の空気を遮断することによりその目的を達する．溜めた水を封水といい，トラップのウェアとデイプの距離を封水深さという．封水深さは 50 mm 以上 100 mm 以下としている．これは，封水が破られるとトラップの機能が失われるため，50 mm 以上とすれば封水が破られにくくなるからである．また，トラップは底部に固形物が付着しないように自浄作用をもつことが求められるが，封水深さが 100 mm 以上ではその自浄作用が弱まってしまうからである．

(2)　トラップは，その内部に間仕切りまたは可動部分のないものとし，自浄作用のあるものでなければならない．ただし，作り付けトラップなどはこの限りでない．つまり，ベルトラップや隔壁トラップを使用してはならない，と SHASE 206 で規定している．

(3)　Sトラップ，Pトラップ，Uトラップは，比較的封水が破れやすい．特にSトラップは，自己サイホンにより封水が破られやすい性質がある．一方，ドラムトラップやベルトラップ

この問題をマスタしよう

（わんトラップ）は，封水は破れにくいが沈殿物がたまりやすい．

(4) 二重トラップは，同じ排水系統に2個以上のトラップを設けることで，2個のトラップの間に空気だまりを生じ，流れを阻害し，封水が破られやすいために避けなければならない．

答　(4)

> **問 16（通気管の種類）**　通気管に関する記述のうち，適当でないものはどれか．
> (1) 各個通気管を，通気立て管に接続した．
> (2) 各個通気管を，トラップの下流側の器具排水管より取り出した．
> (3) ループ通気管を，その排水系統の床下で通気立て管に接続した．
> (4) 通気立て管の上部を，単独に大気に開口した．

解説　(a) 通気立て管の上部は，管径を縮小せず，直接，単独に大気に開放するか，または最高位の衛生器具のあふれ縁から150 mm以上高い位置で伸頂通気管に接続する．

通気管の末端は，直接外気に衛生上有効に開放するが，その具体的方法は，

① 屋上を貫通する通気管は，屋上を使用する場合は2 m立上げ，使用しない場合は15 cm立上げる．

② 窓や戸などの開口部の上部より60 cm以上立上げる．それが不可能の場合は開口部より水平に3 m以上離す．

また通気立て管の下部は，管径を縮小せず，最下部の排水横枝管よりも低い位置で排水立て管に接続するか，または排水横主管に接続する．

(b) 各個通気管は，各器具から通気管を立ち上げて，それぞれを通気横枝管に連結し，それを通気立て管または伸頂通気管に接続する方法である（図

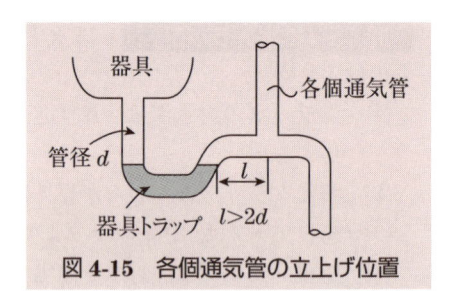

図 4-15　各個通気管の立上げ位置

4-15)．通気管は，個々の器具トラップの下流から取り出す．つまり，器具トラップウェアからの下流側の排水管の管径の2倍以上離れた点の器具排水管から取り出す．トラップ封水の保護や排水の円滑な流れなどから好ましい方式であるが，経済性などの点では不利である．

(c) 排水横枝管から通気管を取り出す場合には，排水管の中心線から45°以内の角度で取り出さなければならない．これは，通気管に汚水が流入して通気の役目を果さなくなるのを防ぐためである（**図 4-16**）．

ループ通気管をその排水系統の床下

図4-16 通気管の取り出し位置

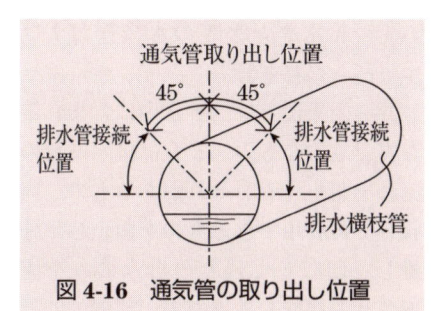

で通気立て管に接続する場合，器具のあふれ縁より150 mm以上立上げて接続する．その理由は，排水管が汚物等で詰った場合，汚水が通気管内に流入し通気管の役目を果さなくなるおそれがあるからである（**図4-17**）．

答　(3)

図4-17 通気方式

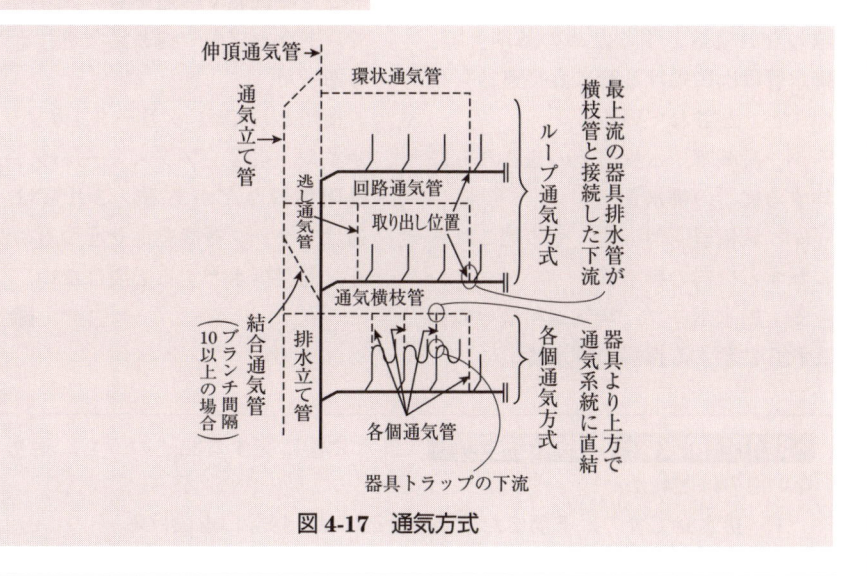

問17（間接排水）　次の機器のうち，「建築基準法」上，間接排水とする必要のないものはどれか．
(1) 水飯器
(2) 消毒器
(3) 阻集器
(4) 空気調和機

解説　(a) 飲料用機器や医療機器などの排水管は排水系統からの汚水や臭気，ガスなどが逆流してくると衛生上問題があるため，それを防止するために排水口空間を設け，一般の排水系統と間接的な接続とする（**図4-18**）．これを間接排水という．

昭和50年建設省告示第1597号（改正平成22年国交省告示第243号）の「給排水の配管設備を安全上及び衛生上支

図4-18 排水口空間

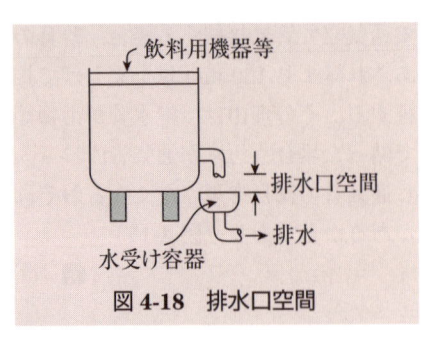

障のない構造とするための基準」で，排水管は次に掲げる管に直接連結しないこと，とされている．

① 冷蔵庫，水飲器その他これらに類する機器の排水管．
② 滅菌器，消毒器，その他これらに類する機器の排水管．
③ 給水ポンプ，空気調和機その他これらに類する機器の排水管．

④ 給水タンク等の水抜管およびオーバーフロー管．

(b) 阻集器とは，排水中に含まれる有害で危険なもの，または排水系統の流れを阻止するおそれがあるもの，回収して再利用できるものを阻止し，分離し，回収して残りの排水のみを流下させる機能や構造をもつ装置のことで，トラップの一種と見なされることもあった．

種類としては，グリース，ガソリン，オイル，毛髪，プラスター，砂，洗濯場阻集器などがある．これらは，普通はトラップ機能を併せもつものが多く，間接排水とする必要はない．

答 (3)

問18（排水管，通気管の施工） 排水設備に関する記述のうち，適当でないものはどれか．
(1) 排水立て管の最下部またはその付近には，掃除口を設ける．
(2) 排水立て管の上部は，伸頂通気として延長し大気に開放する．
(3) 通気立て管は，最低位の排水横枝管より上部で排水立て管に接続する．
(4) 排水横主管の管径は，排水立て管の管径以上とする．

解説 (1) 掃除口に関する規定はSHASE 206等に定められているが，取付場所については以下のような内容である．

① 排水横主管および排水横枝管の起点．
② 延長が長い排水横管の途中．
③ 排水管が45°を超える角度で方向を変える箇所．
④ 排水立管の最下部，またはその付近．
⑤ 排水横主管と敷地排水管の接続箇所に近いところ．
⑥ 掃除の邪魔となる壁，梁などの障害物から排水管の管径が65 mm以下の場合は300 mm以上，75 mm以上の場合は450 mm以上の空間を確保すること．

⑦ すべての掃除口は排水の流れと反対または直角の方向に開口するよう設ける．

⑧ 排水横管が管径 100 mm 以下では 15 m 以内，100 mm を超えるときは 30 m 以内ごとに設ける．

⑨ 排水口の大きさは管径が 100 mm 以下の場合は配管と同一の口径，100 mm を超える場合は 100 mm より小さくしてはならない．

(2) 排水立て管の上端を延長し，屋上で大気に開口する通気管が伸頂通気管である．また，通気立て管の上部は管径を縮小せずに延長し，その上端は単独に大気中に開放するか，または最高位器具のあふれ縁より 15 cm 以上立上げて伸頂通気管に接続する．

(3) 通気立て管の下部は，管径を縮小せずに最低位の排水横枝管より低い位置で排水立て管に接続するか，または排水横主管に接続する．これは，排水立管の下部の正圧域に接続する排水横枝管に接続するトラップの封水を保

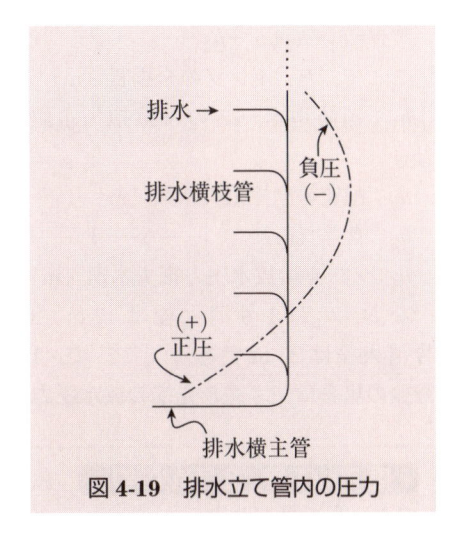

図 4-19 排水立て管内の圧力

護するためである（図 4-19）．

(4) 排水立て管内の水が高速で落下し，排水横主管内で低速に変わると，横主管内で満水か圧力が高まることではね上り現象が起き，系統の下部にある器具トラップの封水が破られることもある．これを防ぐため，横主管の管径を排水立て管の管径より大きくする．

答 (3)

問 19（屋内消火栓ポンプ） 屋内消火栓設備のポンプの性能を決定する上で，関係のないものはどれか．
(1) ノズルの放水圧力損失水頭
(2) 「1 号消火栓」，「2 号消火栓」の種別
(3) 放水時間
(4) 消火栓の設置個数

解説 (a) 屋内消火栓設備の加圧送水装置については，消防法施行規則第 12 条第 1 項第 7 号 (ハ)，第 2 項第 6 号に規定されている．まず，ポンプの全揚程については，下式で求める値以上のものとする．

$H=h_1+h_2+h_3+h_4$

ここで，H：ポンプの全揚程〔m〕

h_1：消防用ホースの摩擦損失水頭〔m〕

h_2：配管の摩擦損失水頭〔m〕

h_3：落差〔m〕

h_4：ノズルの放水圧力損失水頭〔m〕

なお，h_4 は 1 号消火栓は 17 m，2 号消火栓は 25 m である．ここで，1 号栓の場合は，ノズル先端の放水圧力が 0.17 MPa であるから 17 mAq となる．

(b) ポンプの吐出量は，屋内消火栓の設置個数が最も多い階において，設置個数（設置個数が 2 を超えるときは 2 とする）に，1 号消火栓の場合は 150 L/min，2 号消火栓の場合は 70 L/min を乗じて得た量以上のものであること．

答 (3)

問 20（1号・2号消火栓） 屋内消火栓設備に関する記述のうち，適当でないものはどれか．

(1) 「1 号消火栓」は，防火対象物の階ごとにその階の各部分からの水平距離が 25m 以下となるように設置しなければならない．

(2) 「2 号消火栓」は，防火対象物の階ごとにその階の各部分からの水平距離が 20m 以下となるように設置しなければならない．

(3) 「1 号消火栓」のノズル先端では，放水圧力が 0.17MPa 以上で，かつ，放水量が 130L/min 以上の性能がなくてはならない．

(4) 「2 号消火栓」のノズル先端では，放水圧力が 0.25MPa 以上で，かつ，放水量が 60L/min 以上の性能がなくてはならない．

解説 屋内消火栓設備の技術上の基準に関しては，消防法施行令第 11 条および消防法施行規則第 12 条に定められている．

① 防火対象物の階ごとに，その階の各部分から一のホース接続口までの水平距離が，1 号消火栓では 25 m 以下，2 号消火栓では 15 m 以下になるように設けること．

② 防火対象物のどの階においても，その階の全ての屋内消火栓（その個数が 2 を超えるときは 2 とする）を同時に使用した場合に，それぞれのノズルの先端において放水圧力が 1 号消火栓では 0.17 MPa，2 号消火栓では 0.25 MPa 以上で，かつ放水量が 1 号消火栓で 130 L/min，2 号消火栓で 60 L/min 以上の性能を有することが要求されている．

③ 屋内消火栓の開閉弁は，床面からの高さが 1.5 m 以下の位置に設けること．

④ 屋内消火栓箱の表面には「消火栓」と表示すること．

⑤ 屋内消火栓箱の上部には，取付面と15度以上の角度となる方向に沿って10 m離れたところから容易に識別できる赤色の灯火を設けること．

⑥ 水源の水位がポンプより低い位置にある加圧送水装置には呼水装置を設けること．また，呼水装置には専用の呼水槽を設けることとし，呼水槽には減水警報装置および呼水槽の水を自動的に補給するための装置が設けられていること．

⑦ 加圧送水装置の吐出し側直近部分の配管には，逆止弁および止水弁を設けること．

⑧ ポンプを用いる加圧送水装置の吸込管は以下によること．
　ⓐ 吸込管はポンプごとに専用とすること．
　ⓑ 吸込管にはろ過装置（フート弁に附属するものを含む）を設けるとともに，水源の水位がポンプより低い位置にあるものについてはフート弁を，その他のものについては止水弁を設ける．

答 (2)

問21 (LPG) ガス設備に関する記述のうち，適当でないものはどれか．
(1) 液化石油ガス（LPG）の供給方式は，ボンベ供給方式と導管供給方式がある．
(2) 一つの液化石油ガス（LPG）供給設備により二つ以上の消費設備に供給する場合は，ガスメーターの出口側の供給管に閉止弁を設ける．
(3) 液化石油ガス（LPG）の充填容器は，常に温度が40℃以下に保てる場所に設置する．
(4) 液化石油ガス（LPG）の比重は，空気より大きい．

解説 (a) 液化石油ガスの供給方式は，ボンベ供給方式と導管供給方式があり，前者は液化したガスを調整器を経て気化させ，ゴム管でガス栓に導く簡便な方式である．後者は大型のボンベを集中的に設置し，気化装置で気化させ，導管によりガスを供給する方式である．

(b) 一つの供給設備により二つ以上の消費設備に供給する場合，ガスメーターの入口側の供給管にガス栓を設けること．（ガス事業法施行規則第18条第18号）

(c) 液化石油ガス（Liquefied Petroleum Gas）の一般的特性を列挙すると，以下のとおりである．

① その成分は，プロパン，プロピレン，ブタン，ブチレンやエタン等を含むガスで，加圧することで液化する．液化すれば容積は約1/250になる．比重は空気より重く，発熱量は約50.2 MJ/kg．

② 充てん容器等は常に温度40℃以下に保つこと．また，直射日光を避

け，通風が良く，振動のない場所に設置する．

③ 燃料用ガスには都市ガス，液化石油ガス，液化天然ガスがあり，それらを比較してみる．

ⓐ 都市ガスは石炭ガス，原油や重油ガス，ナフサガス，液化天然ガス（LNG），液化石油ガス（LPG）などを単体または混合して使用し，その混合割合は地域や季節により異なる．

供給方式は低圧方式，中圧方式および高圧方式があり，圧力はそれぞれ低圧 0.1 MPa 未満，中圧 A：0.3 MPa 以上 1 MPa 未満，中圧 B：0.1 MPa 以上 0.3 MPa 未満，高圧 1 MPa 以上である．

ⓑ 液化天然ガスは，メタンを主成分とする天然ガスを冷却して液化したものである．一酸化炭素は含まれていない．

答 （2）

問 22（し尿浄化槽の処理フローシート） 嫌気ろ床接触ばっ気方式の浄化槽のフローシート中，□□□ 内に当てはまる槽の名称の組み合わせとして，正しいものはどれか．

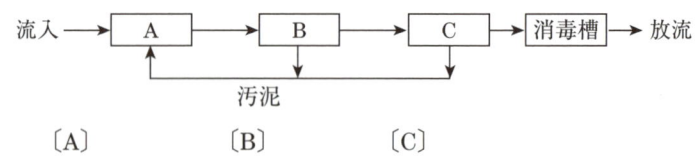

流入 → [A] → [B] → [C] → 消毒槽 → 放流
　　　　　　　　　　　汚泥

	〔A〕	〔B〕	〔C〕
(1)	嫌気ろ床槽	接触ばっ気槽	沈殿槽
(2)	沈殿槽	嫌気ろ床槽	接触ばっ気槽
(3)	接触ばっ気槽	嫌気ろ床槽	沈殿槽
(4)	沈殿槽	接触ばっ気槽	嫌気ろ床槽

解説 浄化槽の構造基準は建設省告示昭和 55 年第 1292 号（改正平成 18 年告示第 154 号）で定められているが，そのフローシートについては次のように分類できる．

① 単独処理の浄化槽

分離ばっ気方式（活性汚泥法），分離接触ばっ気方式（生物膜法），散水ろ床方式（生物膜法）．

② 合併処理（小規模）

分離接触ばっ気方式，嫌気ろ床接触ばっ気方式，および窒素分を除去する必要があれば脱窒ろ床ばっ気方式がある（**図 4-20**）．

③ 合併処理（一般）

回転板接触方式，接触ばっ気方式，散水ろ床方式，長時間ばっ気方式，標準活性汚泥方式などがある．

答 （1）

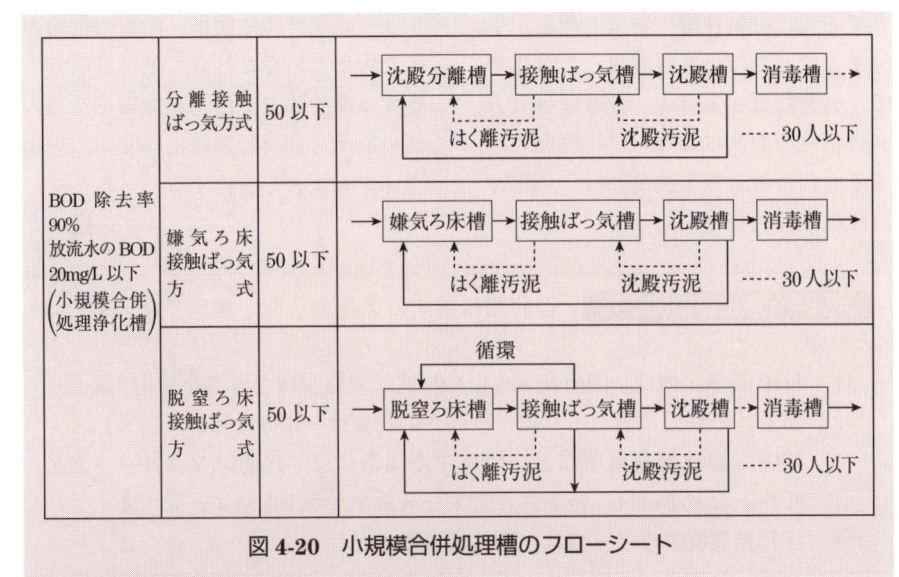

BOD除去率 90% 放流水のBOD 20mg/L以下 (小規模合併処理浄化槽)	分離接触ばっ気方式	50以下	→沈殿分離槽→接触ばっ気槽→沈殿槽→消毒槽→ 　　　　　　はく離汚泥　　沈殿汚泥　　……30人以下
	嫌気ろ床接触ばっ気方式	50以下	→嫌気ろ床槽→接触ばっ気槽→沈殿槽→消毒槽→ 　　　　　　はく離汚泥　　沈殿汚泥　　……30人以下
	脱窒ろ床接触ばっ気方式	50以下	循環 →脱窒ろ床槽→接触ばっ気槽→沈殿槽→消毒槽→ 　　　　　　はく離汚泥　　沈殿汚泥　　……30人以下

図 4-20 小規模合併処理槽のフローシート

問23（浄化槽の用語）
し尿浄化槽に関する用語の組み合わせとして，適当でないものはどれか．
(1) SS ── 浮遊物質
(2) BOD ── 有機物質
(3) ばっ気── 嫌気性微生物
(4) 生物膜── 好気性微生物

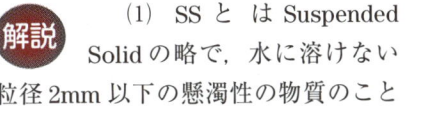

解説

(1) SSとはSuspended Solidの略で，水に溶けない粒径2mm以下の懸濁性の物質のことである．水の汚濁状況を視覚的に判断する指標として使われ，ppmで表される．

(2) BODとはBiochemical Oxygen Demandの略で，生物化学的酸素要求量のことである．汚水中の有機物が好気性微生物により分解されるときに消費される酸素量で，mg/Lで表す．20℃，5日間が基準となり，1Lの水を5日間放置してその間に消費される酸素の量が何mgであったかを測り，BOD_5で表す．BODの値が大きいということは，有機物で汚染されている度合いが大きいといえる．

(3) ばっ気とは，水中に空気を間断なく送り続けることにより，バクテリアの増殖を促進するもので，浄化槽においては，活性汚泥や生物膜等を構成する好気性微生物に酸素を供給するこ

とである．好気性微生物は，酸素が十分ある状態では汚水を酸化して浄化する．長時間ばっ気方式，分離ばっ気方式は活性汚泥法により，生物膜を利用するものに散水ろ床法，接触ばっ気法，回転板接触法などがある．

(4) 嫌気性微生物は，酸素の供給の少ないところやまったく無い場所で生存する微生物で，汚濁有機物を空気の無い場所で分解し無機物に変え，汚物をメタンガスや液化する．

答　(3)

問24（浄化槽の施工）

浄化槽に関する記述のうち，適当でないものはどれか．

(1) FRP製浄化槽は，国土交通大臣の型式認定を受けたものを使用する．
(2) 槽本体の設置に当たって据付け高さの調整は，山砂を用いて行う．
(3) FRP製浄化槽を車庫などに設置する場合には，鉄筋コンクリート製のピットなどを設け，槽本体に過大な荷重がかからないようにする．
(4) 浄化槽設置工事の監督は，浄化槽設備士が行う．

解説

(1) 浄化槽の構造基準に関しては建築基準法の適用を受け，昭和55年建設省告示第1292号（改正平成18年国交省告示第154号）に規定されているが施工と維持管理については浄化槽法の適用を受ける．浄化槽法の立場からも，その13条において「浄化槽を工場で製造しようとする者は，型式について建設大臣の認定を受けなければならない」としている．

(2) 比較的小型の浄化槽はFRP製が多いが，その施工については浄化槽を水平に設置することが肝要であり，割栗石の上に捨てコンクリートを打設して高さの調整を行う．

(3) FRP製の浄化槽は自重が軽く，強度も限度があるので，地中埋設した場合，地下水位の高い所においては，浮上防止の対策を講ずる必要がある．浮上防止には，槽の上部に浮上防止コンクリートを打設したり，基礎より浮止防止バンドを巻き付けるなどの方法がとられる．また，強度的理由から，車の荷重がかかるような場所に浄化槽を設置する場合は，鉄筋コンクリートのピット内に収めるなどの対策が必要である．

(4) 浄化槽の施工と維持管理については，浄化槽法の適用を受けるが，法第29条第3項によりその工事を行うときは免状のある浄化槽設備士が実地に監督しなければならない．また，浄化槽の保守点検は免状のある浄化槽管理士によって行わなければならないし，清掃に関しては許可を受けた浄化槽清掃業者が行わなければならない．

答　(2)

問25（施工記録） 施工品質を実証するための工事写真として，必要性の少ないものはどれか．
(1) 機器の搬入状況
(2) 天井隠ぺいダクトの保温の施工状況
(3) 埋設配管の施工状況
(4) 給水管の圧力試験の実施状況

解説 工事写真は，施工が適切に行われたことを実証するための証拠書類として，各検査の段階で必要であるとともに，保安，保守面から現状の設備を維持していく上からも大切であり，また，将来の改修時における資料として重要であるが，一般には次の場合に必要と考えられる．
① 一般に目視による確認が後日不可能な陰ぺい部の施工状態．
② 特に監督員の指示を受けた部分で，施工の技術面でその適切さを証明する必要がある場合．
③ 設計図書に定められた施工方法や各種の試験の確認を行った場合．
④ 一区切の施工を終了した段階で記録として残しておく場合．

答 (1)

問26（排水管の施工） 排水管の施工に関する記述のうち，適当でないものはどれか．
(1) 屋外排水管は，管径の200倍以内に排水ますを設けた．
(2) 排水横管の直管部に設ける掃除口の取り付け間隔は，管径が100 mmの場合12 mとした．
(3) 屋内排水管横管の勾配は，管径65 mm以下のものは1/50，管径75 mmおよび100 mmのものは1/100とした．
(4) 共同住宅の排水立て管には，3階以下ごとに1個の割合で満水試験継手を取付けた．

解説 (a) ますやマンホールは次の箇所に設ける．
① 管路の起点または管路の方向や勾配が大きく変化する箇所
② 直線配管で管内径の120倍以内の箇所
(b) 掃除口については問16の解説参照．
(c) 排水横管の勾配は4章3節1.を参照．
(d) ブランチが複数存在する場合，満水試験のための満水継手を3階以下ごとに1個取付ける．

答 (1)

この問題をマスタしよう

第5章
設備に関する知識

　冷凍機やボイラー等の各種熱源機器の特徴，各種送風機やポンプ類の特性上の相違点，冷却塔のアプローチ，レンジ，ポンプの直列運転・並列運転，ポンプや送風機のキャビテーション，サージング等．

(1) 機器
　(a) 冷凍機：圧縮式…往復動冷凍機，遠心冷凍機，ロータリー冷凍機，スクリュー冷凍機等
　　　　　　　吸収式…冷温水発生器
　(b) ボイラー：鋳鉄製ボイラー，炉筒煙管ボイラー，自然循環式水管ボイラー，立てボイラー等
　(c) 送風機：遠心式…多翼送風機（シロッコファン），ターボファン，翼形送風機，リミットロードファン
　　　　　　　軸流式…プロペラファン
　(d) ポンプ：ターボ型，容積型，特殊型

(2) 材料
　(a) 衛生器具：給水器具，水受け容器，排水器具
　(b) 保温材：グラスウール，ロックウール，ポリスチレンフォーム等

5.1 機器・材料等

(1) 冷凍機（圧縮式，吸収式）
(a) 冷凍機の仕組み

　液体が蒸発して気体になるとき周囲から熱を奪い，冷凍作用を行う仕組みを利用するのが冷凍機の原理であり，使用される液体を冷媒という．

　冷媒の状態変化により，周囲に熱を放出したり，周囲から奪ったりすることができるわけだが，冷媒を液体から気体に，気体から液体に変化させる場合，前者は周囲の圧力を下げ，加熱することで可能であるが，後者は物理的に圧縮して圧力を高める方法と化学的に吸収剤に吸収させる方法がある．

① 圧縮冷凍と吸収冷凍

　機械的に圧縮する方法を圧縮冷凍といい，吸収剤を利用する方法を吸収冷凍という．

　吸収式冷凍機を圧縮冷凍機式と比較すると，以下の特徴がある．

〈短所〉
ⓐ 経年劣化により装置内の真空度が低下し冷凍能力が落ちてくる．
ⓑ 立上りの始動時間が長い．
ⓒ 冷却塔の容量が大きい．
ⓓ 冷水温度がやや高い．

〈長所〉
ⓔ 使用電力量が少ない．
ⓕ 負荷制御が良く，低負荷時の効率がよい．10％程度まで制御できる．
ⓖ 騒音や振動は少ない．

等があげられる．

② ヒートポンプ

　液体から気体になるときは熱を奪い，冷凍効果があるが，気体を液体に戻す際は熱を放出する．この熱を暖房や給湯に利用できる．つまり，一つの装置で冷却と加熱の両機能をもたせた冷凍機がヒートポンプである．

(b) 圧縮冷凍機の冷凍サイクル

　第1章参照．

(c) 冷凍機の種類

　空調用に使用される冷凍機は，冷媒の蒸気を圧縮する方法の違いにより，第5-1表のように分類される．

(2) 冷却塔（クーリングタワー）
(a) 冷却塔の目的と内容

　冷却塔の目的は，冷却水を冷却する

は有利である（第 5-2 図）.

冷却塔での熱交換

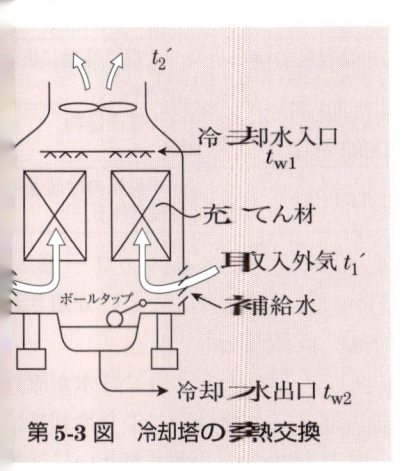

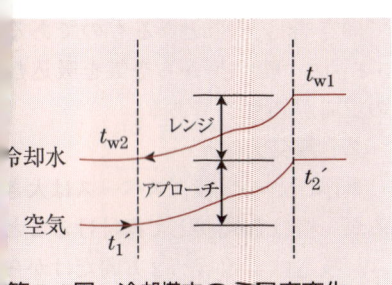

冷却塔内の熱交換による，冷却水と空気との温度変化を，第 5-3 図，第 5-4 図に示す．

第 5-3 図 冷却塔の熱交換

第 5-4 図 冷却塔内の温度変化

ⓐ レンジ

冷却塔内での水温の低下，つまり，入口水温と出口水温の差（$t_{w1} - t_{w2}$）をレンジという．通常5℃程度である．

ⓑ アプローチ

出口水温と入口空気の湿球温度との差のことで，通常 4〜6℃ 程度である．

(3) ボイラー

ⓐ ボイラーの分類

① 温水ボイラー，蒸気ボイラーによる分類．

② 鋳鉄製，鋼製による分類（第 5-5 図）．

ⓑ ボイラーの機器構成

①本体，②燃焼装置，③通風装置，④自動制御装置，⑤安全弁，⑥逃し弁等．

ⓒ 各種ボイラーの概要

① 鋳鉄製ボイラー

低圧蒸気または温水の供給用としてよく利用されている．広い範囲の容量の微調整をセクションの増減で可能．

蒸気ボイラーの場合は，最高使用圧力 0.1 MPa 以下，温水ボイラーの場合は，水頭圧 0.5 MPa 以下，温水温度 120℃ 以下で使用する．

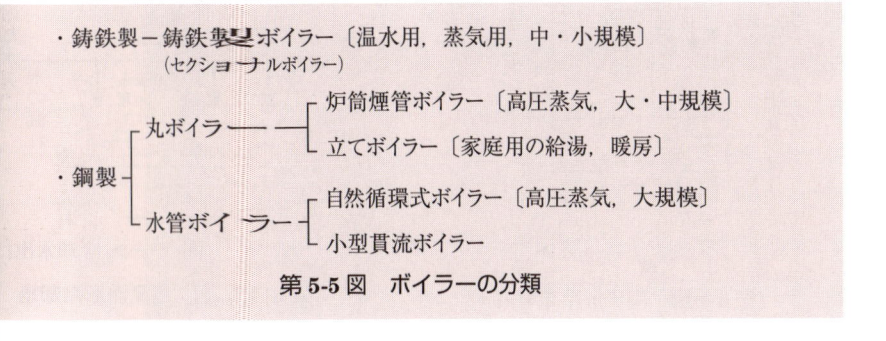

- 鋳鉄製 ― 鋳鉄製ボイラー〔温水用，蒸気用，中・小規模〕
  （セクショナルボイラー）
- 鋼製
  - 丸ボイラー
    - 炉筒煙管ボイラー〔高圧蒸気，大・中規模〕
    - 立てボイラー〔家庭用の給湯，暖房〕
  - 水管ボイラー
    - 自然循環式ボイラー〔高圧蒸気，大規模〕
    - 小型貫流ボイラー

第 5-5 図 ボイラーの分類

第 5-1 表 冷凍機の種類

冷凍方式		種類	容量	
蒸気圧縮方式	往復動式	レシプロ冷凍機	100 USRT 程度までの中・小容量	
	回転式	ロータリー冷凍機 スクリュー冷凍機	30 USRT 程度の小容量 10 ～ 1000 USRT 程度の小・中容量	
	遠心式	遠心冷凍機（ターボ）	100 ～ 7000 USRT 程度の中・大規模	
熱式	吸収式	一重効用 二重効用	50 ～ 1500 USRT 程度 100 ～ 1500 USRT 程度	
		直だき吸収冷温水	50 ～ 1000 USRT 程度	

装置である．つまり，冷凍機の凝縮器で高温，高圧の冷媒を蒸気（ガス）から熱を奪い，冷媒を液体にするために使われる冷却水の温度を冷やす働きをする．

その原理は，冷却塔で冷却水の一部を蒸発させることで，蒸発潜熱を冷却水自体から奪い水温を下げる仕組を利用している．

(b) **種類と特徴**

冷却塔は，大きく分けて向流形（カウンターフロー形，Counter Flow 形），直交流形（クロスFlow 形），密閉形

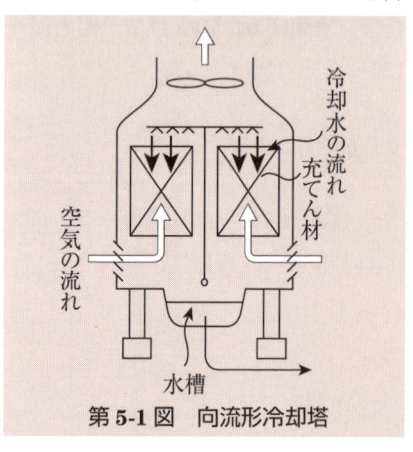

① **向流形**

充てん材を伝わる方向と，ファン込まれた空気の流で向き合う形と5-1 図）．周囲からの空間が必要であ

② **直交流形**

単体ごとの設置るが，横は隣接しき，吸込は前後ののため，屋上の限

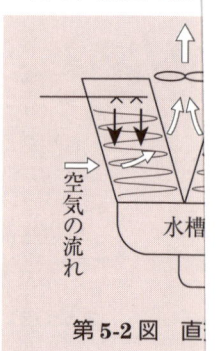

第 5-1 図 向流形冷却塔

5.1 機器・材料等

〈特徴〉 耐食性にすぐれ，寿命が長い．分割搬入が可能．容量の調整が可能．取扱いやすく，しかも安価である．水処理が容易．材質がもろい．セクション内部の掃除が困難．

② **炉筒煙管ボイラー**

温水（普通，高温水），高圧蒸気，高圧蒸気の場合使用圧力 0.2～1 MPa．構造は，円筒形の缶胴の中に波形をした炉筒の燃焼室と燃焼ガスが通る多数の煙管で構成されている．大規模建物の空調用として使われる．

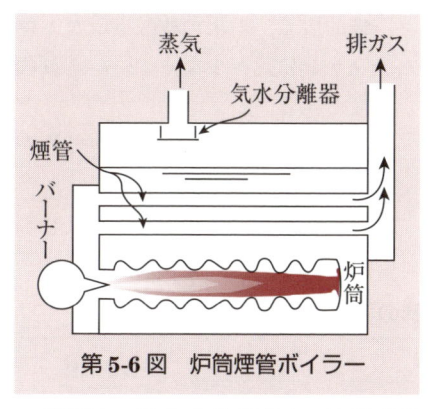

第 5-6 図　炉筒煙管ボイラー

〈特徴〉 保有水量が多く，負荷変動に対して対応できる．伝熱面積が大きく高効率である．ただし，予熱時間が長い．高価である（鋳鉄ボイラーに比べて）．

分割搬入ができず，大きな搬出入口が必要．水質に対して注意が必要．掃除や検査がむずかしい．

③ **立て形ボイラー**

多管式立て形ボイラーと横管式立て形ボイラーがある．前者は燃焼室上部に多数の煙管を設けたもので，後者は燃焼室内に少数の太い横管を設けたものである．

〈特徴〉 小規模な建物や住宅の暖房用や給湯用に利用される．据付や取扱いが簡単で容量が小さい．構造が簡単で設置面積が小さい．鋳鉄性に比べ寿命が短かく効率もあまり良くない．

④ **自然循環式水管ボイラー**

ボイラーの上部に水と蒸気を蓄える気水筒が，下部に水を入れる水胴があり，伝熱面となる多数の水管が気水胴と水胴を連結し，この中をボイラー水が循環する．燃焼室からの燃焼ガスは，水管を加熱し蒸気を発生する．管内の水は自然循環し，高圧蒸気を多量に発生することができるため，大型のホテルや病院に適している．最高使用圧力は 2 MPa 以下で蒸気用として使われる．

〈特徴〉 高圧蒸気を多量に発生するのに適している．保有水量が少ないため，予熱時間が短かくてすむ．伝熱面積が大きいため大容量に適している．また，給水処理施設に費用がかさむため高価であることなどが難点である．

(4) 送風機

(a) 送風機の分類

送風機は，遠心式と軸流式の二つに分類できる．遠心式は空気が羽根車の中心を径方向に流れ，軸流式は軸方向に流れる．

送風機の特性は，風量，圧力，軸動力や効率などで表され，その特性曲線の一例を**第 5-7 図**に示す．

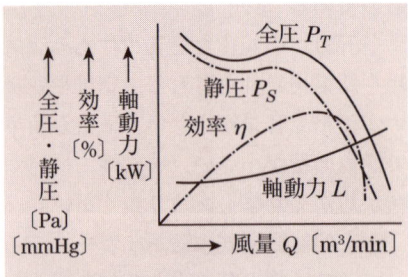

第5-7図 送風機の特性曲線の表し方

て増加する．設計風量を超えるとオーバーロードとなる．
ⓓ 風圧を高めるために回転数を増すと騒音が大きくなるため，0.8 kPa以下の風圧で使用することが望ましい．つまり低速のダクト用に使われる．
ⓔ 特性曲線上，小風量の場合山と谷があり，この部分での運転ではサージング現象を生じる．

(b) 送風機の特性（第5-2表）
① シロッコファン（多翼送風機）
ⓐ 遠心式の代表的なファンで，前向きで多数の羽根（48～64枚）を有する．
ⓑ 遠心送風機の中で同じ風量を出すのに最も小型である．したがって，空調用として広く使われている．
ⓒ 軸動力は風量が増加するにつれ

② ターボファン
ⓐ 羽根車は後曲翼で羽根幅は比較的広く，羽根の枚数はシロッコファンに比べ少なく12～16枚程度である．
ⓑ 軸動力はリミットロード特性がある．
ⓒ 高圧高速で圧送するために空調用高速ダクトなどに使われる．

第5-2表 送風機の特性

	遠心送風機			軸流送風機（プロペラファン）
	シロッコファン	ターボファン	リミットロードファン	
風量〔m³/min〕	10～2800	30～2500	20～3000	15～10000
静圧〔mmAq〕	10～125	125～250	10～150	30～55
効率〔%〕	40～70	65～80	55～65	50～85
騒音	小	大	小	大
羽根車の形状				
特性曲線				
用途	低速ダクト 各種空調用 給排気用	高速ダクト	低速ダクト	換気扇 冷却塔 低圧・大風量

③ リミットロードファン

羽根の形をサイレントファンとは逆のS字形としたもので，風量が増加して軸動力が一定値以上となっても過負荷運転にならない．

④ 軸流送風機（プロペラファン）

ⓐ 静圧が低いため大風量で低風圧に適している．また，設置スペースは小さいが騒音が大きい．換気扇，ルームクーラー，クーリングタワーなどに用いられる．

ⓑ プロペラファンとも呼ばれ，気流が軸と同方向に流れる．

(c) 送風機の相似法則

同種の送風機で形状が相似なものについては，相似法則が成り立つ．

回転数 N〔min^{-1}〕，風量 Q〔m^3〕，圧力 P〔mmAq〕，軸動力 L〔kW〕，羽根車の直径 D〔mm〕

風量　$\dfrac{Q_1}{Q_2} = \dfrac{N_1}{N_2} \cdot \left(\dfrac{D_1}{D_2}\right)^3$

（風量は回転数に比例する）

圧力　$\dfrac{P_1}{P_2} = \left(\dfrac{N_1}{N_2}\right)^2 \cdot \left(\dfrac{D_1}{D_2}\right)^2$

（圧力は回転数の2乗に比例する）

軸動力　$\dfrac{L_1}{L_2} = \left(\dfrac{N_1}{N_2}\right)^3 \cdot \left(\dfrac{D_1}{D_2}\right)^5$

（軸動力は回転数の3乗に比例する）
ただし，D は一定とした場合である．

(5) ポンプ

ⓐ ポンプの分類

ターボ形，容積形，特殊形に分けられる（第5-3表）．

ターボ形はポンプの代表的なものであり，これは回転式で小型，連続的に送水が可能である．

渦巻ポンプは，最もよく使われるポンプである．ポンプの羽根車から出る高速の水の速度エネルギー（速度水頭）を効率良く圧力エネルギー（圧力水頭）に変換するのにボリュートポンプは渦巻室でこの圧力変換を行うが，タービンポンプは羽根車に接して設けられた案内羽根によって行われる．

第5-3表　ポンプの種類

分類	形式	名称	備考
ターボ形	遠心式	渦巻ポンプ ・ボリュートポンプ ・ディフューザポンプ 　（タービンポンプ）	・建築設備では一般に遠心ポンプが使われる． ・大揚水量（上水道など）では斜流ポンプ，軸流ポンプを使用する．
	斜流式	斜流ポンプ	
	軸流式	軸流ポンプ	
容積形	往復式	ピストンポンプ，ダイヤフラムポンプ，プランジャポンプ等	・薬注ポンプは往復式ポンプを使用する． ・油の移送には歯車式ポンプが使われる．
	回転式	ギア（歯車）ポンプ，ベーンポンプ，ねじポンプ等	
特殊形		渦流ポンプ（か流ポンプ），ジェットポンプ等	・小口径で揚水量が少なく高揚程の場合は渦流ポンプが使われる．

5.1　機器・材料等

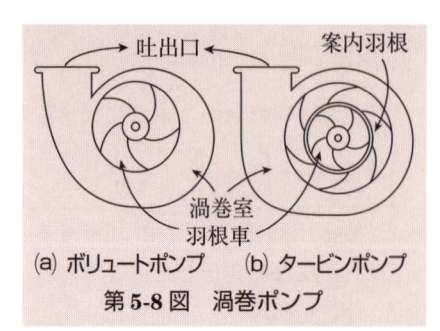

(a) ボリュートポンプ　(b) タービンポンプ
第5-8図　渦巻ポンプ

タービンポンプは効率良く速度エネルギーが圧力エネルギーに変換されるので，高揚程のポンプとして使用される（第5-8図）．

(b) **ポンプの特性**

横軸に水量を，縦軸に揚程，効率，軸動力をとり，それらと水量の関係を表す性能曲線を第5-9図に示す（渦巻ポンプの例）．なお，軸流ポンプの場合は，水量ゼロのとき軸動力は最大となる．

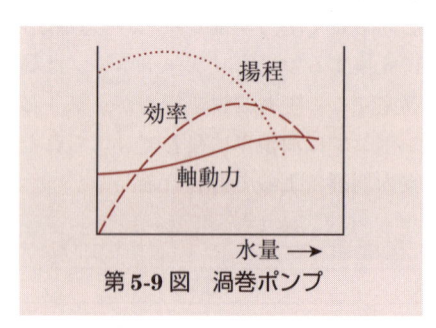

(c) **ポンプの比例法則**

相似なポンプAとBについては，ファンの場合と同様に次の比例法則が成り立つ．

$$\frac{Q_1}{Q_2} = \frac{N_1}{N_2} \cdot \left(\frac{D_1}{D_2}\right)^3$$

$$\frac{H_1}{H_2} = \left(\frac{N_1}{N_2}\right)^2 \cdot \left(\frac{D_1}{D_2}\right)^2$$

$$\frac{L_1}{L_2} = \left(\frac{N_1}{N_2}\right)^3 \cdot \left(\frac{D_1}{D_2}\right)^5$$

ここで，Q_1，Q_2：吐出し量，H_1，H_2：全揚程，L_1，L_2：軸動力，N_1，N_2：回転数，D_1，D_2：羽根車の直径

つまり，水量Q，揚程H，軸動力Lは回転数（N）の比の1乗，2乗，3乗に比例して変化する．

(d) **ポンプの直列運転，並列運転**

水量と揚程を示すポンプの特性曲線に，配管系の抵抗曲線を書き入れ，両曲線の交点がポンプの運転点となる（第5-10図）．

(e) **キャビテーション**

キャビテーションは，ポンプの効率が低下し所要水量が得られないだけで

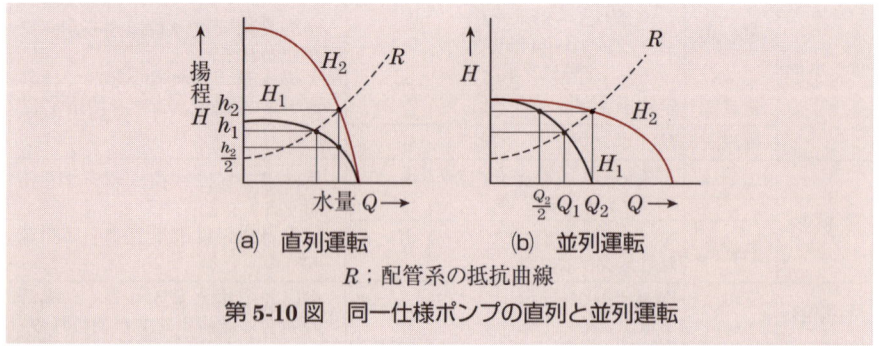

第5-9図　渦巻ポンプ

(a) 直列運転　(b) 並列運転
R：配管系の抵抗曲線
第5-10図　同一仕様ポンプの直列と並列運転

第5章　設備に関する知識

なく，振動，騒音や羽根車などの材料を侵食しポンプの寿命を短くする．

(f) サージング

ポンプや送風機が，小流量時に，それらの特性曲線の右肩上りの領域で運転すると圧力や流量が周期的に変動する．これをサージングといい，安定した性能が得られないばかりでなく，騒音が発生する（第5-11図）．

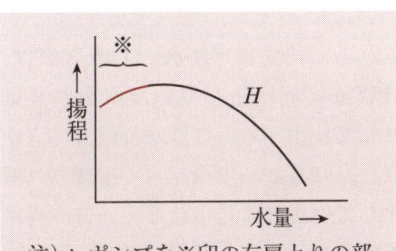

注）：ポンプを※印の右肩上りの部分で運転しているとサージングが起こりやすい．

第5-11図　サージングの原因となる運転

(6) 衛生器具

(a) 衛生器具の分類と内容

① 衛生器具とは，建物に関わる給水，排水，給湯を必要とする箇所に設置する給水器具，水受け容器，排水器具やこれらの付属品を総称したものである．

② 衛生器具設備とは，建築物の衛生的な環境を構築し，維持するに必要な設備を衛生器具設備という．

③ 衛生器具の分類を，第5-12図に示す．

(b) 衛生器具の材質

① 衛生器具の材質の条件

ⓐ 吸水性が少ないこと．

ⓑ 表面が滑らかで清潔を保つことができる．

ⓒ 耐食性，耐摩耗性のあること．

ⓓ 製作が容易で取付が簡単である．

② 材質

ⓐ 陶器（特に衛生陶器と称する）

ⓑ ほうろう鋼板

ⓒ ステンレス鋼板

ⓓ FRP

など．

```
衛生器具   ┬ 水使用機器 ┬ 衛生器具 ─────┬ 給水器具
等の機器  │            │                ├ 水受け容器
          │            │                ├ 排水器具
          │            │                └ 付属品
          │            └ その他の機器 ┬ 厨房用機器
          │                            ├ 洗濯用機器
          │                            ├ 空調用機器
          │                            ├ 医療用機器
          │                            └ 実験用機器
          └ 機器 ┬ 水槽類
                 ├ ポンプ類
                 ├ 阻集器
                 ├ ルーフドレイン
                 └ etc

衛生器具 ┬ 給水器具   ：給水栓，止水栓，洗條弁，ボールタップ等
         ├ 水受け容器：洗面器，手洗器，浴槽，流し類，便器等
         └ 排水器具   ：排水金具類，床排水口，トラップなど，
                        水受け容器と排水管とを接続する排水部を受け持つ金具類
```

第5-12図　衛生器具の分類

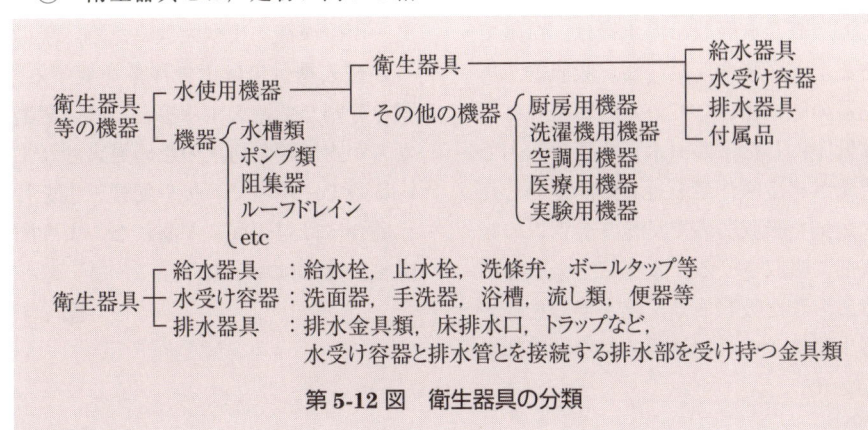

5.1　機器・材料等

この問題をマスタしよう

問1（冷凍機） 直だき吸収冷温水機に関する記述のうち，適当なものはどれか．
(1) 振動は，往復動冷凍機に比べて大きい．
(2) 水を吸収剤，臭化リチウム水溶液を冷媒として使用している．
(3) 電力使用量は，往復動冷凍機に比べて大きい．
(4) 冷却塔容量は，往復動冷凍機に比べて大きい．

解説

(a) 直だき吸収冷温水機は，蒸発器，吸収器，凝縮器および再生器（二重効用式は再生器として高圧再生器と低圧再生器が用いられる）で構成され，冷水と温水を同時，あるいは切り換えて取り出せる．高圧再生器で燃料を燃やし，吸収液を加熱し，冷媒水蒸気を分離し低圧再生器に送り，吸収液の加熱に使用する．このような原理であるため，駆動部分が往復動冷凍機に比べ少なく，振動や騒音が少ないうえ使用電力量も格段に少ない．

(b) 直だき吸収冷温水機は，冷媒である水が膨張弁，蒸発器，吸収器，再生器の順に循環している．膨張弁により低圧にした冷媒（水）を蒸発器内で蒸発させ冷凍作用を行わせ，蒸発した水蒸気を吸収器内で臭化リチウムの吸収剤に吸収させる．水蒸気を吸収して薄められた吸収液は，熱交換器を経て再生器に送られ加熱用蒸気などで加熱される．再生器で沸騰した吸収液は，吸収液に溶け込んでいた水を水蒸気として放出する．これが凝縮器に導かれ，冷却塔からの冷却水で冷却され液化して膨張弁に送られる．一方，再生器で水を放出した吸収液は吸収器に戻され，再び水蒸気を吸収するという循環を繰り返す．

(c) 冷却塔の容量は往復動冷凍機に比べ大きい．冷却塔の給水口は，高置水槽の低水位より2m以上落差をとることが望ましい．

(d) 吸収冷温水機は形状や重量がターボ冷凍機に比べ大きいため，現場への搬入据付には十分注意を要する．胴を分割して搬入する場合には，窒素ガスが内部腐食防止のため封入されているので，現場で溶接や配管工事を行う場合には封入ガスが漏れないよう配慮しなければならない．

答 (4)

第5章 設備に関する知識

問2（冷却塔） 冷凍機・冷却塔に関する記述のうち，適当でないものはどれか．
(1) 冷却塔は，冷凍機の蒸発器を冷却するためのものである．
(2) 直だき吸収冷温水機の高温再生器内は，大気圧以下である．
(3) 圧縮式冷凍機の蒸発器内は，凝縮器内より低圧である．
(4) 冷却塔のアプローチとは，冷却水の冷却塔出口水温と外気湿球温度との差をいう．

解説

(1) 冷却塔は，冷凍機の凝縮器を冷却する冷却水を循環使用するため，凝縮器の熱を奪うことで温度上昇した冷却水の熱を放出する．冷却塔は散水器，送風機，充填材，下部水槽，補給水装置，ケーシングなどから構成され，散水器で冷却塔の上部から散水された水は充てん材の間を滴下させ空気流と直接接触させると水の一部が蒸発し，その蒸発潜熱により冷却水の温度を下げることができる．

(2) 直だき吸収冷温水機の冷媒は水であり，この水が低い温度で蒸発するように器内は常に真空に近い状態で運転される．

(3) 圧縮式冷凍機は圧縮機，凝縮器，膨張弁，蒸発器より構成され，この間を冷媒が循環し冷凍サイクルを形づくる図 5-1 の冷凍サイクルより明らかなように，蒸発器内は凝縮器内より圧力は低い．

(4) 冷却水の冷却塔出口水温は，理論的には外気湿球温度まで下がるはずであるが，現実にはそこまで下らない．その差，つまり冷却塔出口水温と外気湿球温度との差をアプローチという．なお，冷却塔内での冷却水の温度差，冷却水の塔内入口水温と出口水温の差をレンジという．

答 (1)

図 5-1 圧縮冷凍機の冷凍サイクル

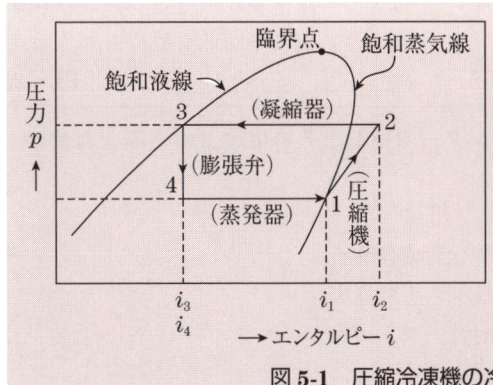

1→2：圧縮（圧縮機内での断熱圧縮）
2→3：凝縮（凝縮器で冷却，熱を放出）
3→4：膨張（膨張弁の絞り作用で断熱膨張）
4→1：蒸発（蒸発器に入り熱を奪ってエンタルピーを増す）

この問題をマスタしよう

問3（送風機） 図は多翼送風機の性能曲線図である．線図とその名称との組み合わせとして，適当なものはどれか．

	(A)	(B)	(C)
(1)	軸動力	圧力	効率
(2)	圧力	効率	軸動力
(3)	圧力	軸動力	効率
(4)	効率	軸動力	圧力

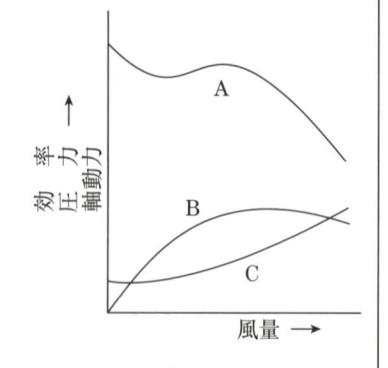

解説 多翼送風機は送風の圧力は1kPa程度までで低速ダクト用として使われる．他の遠心送風機に比べ同一の風量を得るのに最も小型である（図5-2）．

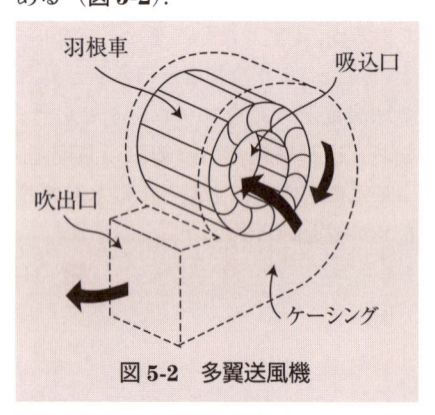

図5-2 多翼送風機

① 圧力曲線（全圧）は谷と山をもつ曲線で，風量が少ない場合は右肩上りの部分で運転することになり，サージングを起こし不安定な運転になる危険性がある．

② 効率は風量が増えるに従い良くなり，最高点に達したあと除々に低下してくる．

③ 軸動力曲線は風量の増大とともに右肩上りに大となり，設計風量を超えると過負荷になることがある．

④ 前曲形で幅の広い多数の短い羽根をもち，本体の大きさの割には風量が大きいが効率が低く騒音も大きい．

答　(2)

問4（フィルター） エアフィルターの種類とその用途との組み合わせのうち，適当でないものはどれか．

	〔種類〕	〔用途〕
(1)	活性炭フィルター	一酸化炭素の除去
(2)	電気集じん器	微粒ダストの除去
(3)	HEPAフィルター	放射性ダストの除去
(4)	衝突粘着フィルター	厨房のオイルミストの除去

解説 (1) 活性炭フィルターは，臭気や亜硫酸ガス（SO_2），塩素ガス（Cl_2）などの有毒ガスを吸着する性質を有する活性炭を多孔板に充てんしたもので，SO_2 に対する除去率は 80～90% である．このフィルターはじんあいの除去を目的としたものではない．ただし，一酸化炭素 CO や NO などの分子量の小さいガスはほとんど吸着されない．

(2) 電気集じん器は二段荷電式となっており，電離部と集じん部より構成される．電離部で空気中のじんあいを正電荷に荷電させ，それを集じん部で負に帯電した極板に補集させる．対象となるじんあいの粒子の大きさは 0.01～1 μm で，集じん効率は比色法で 80～90% 以上である．電圧が高いほど集じん効率は高くなる（図 5-3）．

(3) HEPA フィルターは，特殊加工したガラス繊維を折りたたんでろ材として使用し，ろ材面積を広くしている．適応粒子は 1 μm 以下で，集じん効率は，計数法（DOP 法）で 99.9% と非常にすぐれた集じん効率を有するものである．通過速度を遅くして圧力損失を少なくしている．放射性ダストの除去，無菌室，クリーンルームなどのフィルターとして使用される．

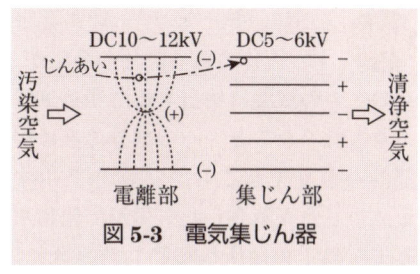

(4) 衝突粘着フィルターは，ガラス繊維や金網に粘着油などを浸したもので，適応粒子は 3 μm 以上で粉じん濃度が高い場所で利用される．重量法の集じん効率は 80% 程度である．

答 (1)

問 5（遠心ポンプ） 遠心ポンプに関する記述のうち，適当でないものはどれか．

(1) キャビテーションを防止するには，ポンプ吸込口の圧力をできるだけ高くなるようにする．
(2) 1 つの配管系に同一特性のポンプ 2 台を並列に設置した場合，2 台同時運転時の水量は，単独運転時の 2 倍となる．
(3) サージングは，一般に揚程-水量特性曲線が右上がりの部分をもっているポンプに生じやすい．
(4) 2 台のポンプで羽根車の形状が相似形でない場合は，比速度（比較回転度）は異なる．

解説 (1) キャビテーションとは，流体のある部分の静圧が，そのときの液温に相当する飽和蒸気圧よりも低くなると，その部分で液は局部的な蒸発を起こして気泡を発生する．いったん蒸発した気体が，飽和水蒸気圧以上の箇所へ移動したときに，再び液体になることをキャビテーションという．キャビテーションは，ポンプの吸込口，管路中の絞られた部分，曲管部，流速が速く静圧が下がる箇所に発生し，騒音，振動だけでなく，材料を侵食する．また，これを防止するには，ポンプの位置をできるだけ低い位置に設けるなど，ポンプ吸込口における圧力水頭を極力高くすることが必要である．

(2) 特性が同一のポンプ2台を並列に設置した場合，並列運転での水量は，それぞれのポンプを単独に運転して得られる水量の和より小さくなる．

(3) サージングとは，ポンプや送風機等の負荷が小（水量や風量が少ない）のとき，揚程特性曲線（圧力特性曲線）が左肩下がりとなる部分で運転すると安定した運転ができず，流量や圧力が周期的に変動し，騒音を発生する．

(4) 比速度（比較回転数）とはポンプの羽根車の形状を決める尺度として定めるもので，ポンプの回転数を N〔min^{-1}〕，水量を Q〔m^3/分〕，揚程を H〔m〕とすると，比速度 N_s は，

$$N_s = \frac{NQ^{\frac{1}{2}}}{H^{\frac{3}{4}}}$$

で表される．

相似形のポンプは，大きさにかかわらず一定値となり，低揚程，大水量のポンプは比速度が大となる．

答 (2)

問6（自動制御機器） 自動制御において制御対象と機材の組み合わせのうち，関係のないものはどれか．

　　　〔制御対象〕　　　　　　　　〔機材〕
(1) 空気調和機のコイルの冷温水量―――電動三方弁
(2) 高置タンクの水位―――――――――電極棒
(3) 受水タンクの水位―――――――――ボールタップ
(4) 居室の湿度――――――――――――サーモスタット

解説 (1) 電動三方弁は配管が3方向に接続されるもので，混合形と合流形があるが，一般空調では混合形が用いられることが多い．別々の流路からの流体を合流する比率を変えたり，また，別々の流路に分流していく比率を変えたりするために使用される．つまり，流体の温度を変えたり，冷温水コイルに流れる水量を調整したりする目的で使われる．

(2) 電極棒は，ポンプなどの発停やタンクの水位の満減水を検知する棒状の水位センサで，その電極の数によりLF$_3$，LF$_4$，LF$_5$などと表現される．ただし，汚水タンクに使用すると異物が電極間に接触し誤報が出ることもあるので，使用は好ましくない．

(3) ボールタップは，浮き玉の降下上昇により弁が開いてあるいは閉じて受水タンク等の給水や止水を行う自動弁で，タンクの水位の確保に使用される．

(4) サーモスタットは室内形と挿入形がある．室内形の検出部はバイメタル，ベローズなどが用いられ，調節部はマイクロスイッチやポテンショメータを作動させ電気信号を出す．挿入形の場合の検出部にはリモートバルブ（液体膨張形など）を使用し，ダクトや配管，水槽などに挿入し調節部は室内形と同様な機構としている．

なお，ヒューミディスタットも同じく室内形と挿入形があり，検出部はナイロンリボンや毛髪などが用いられている．調節部および作動はサーモスタットと同様な仕組みである（図5-4）．

答 (4)

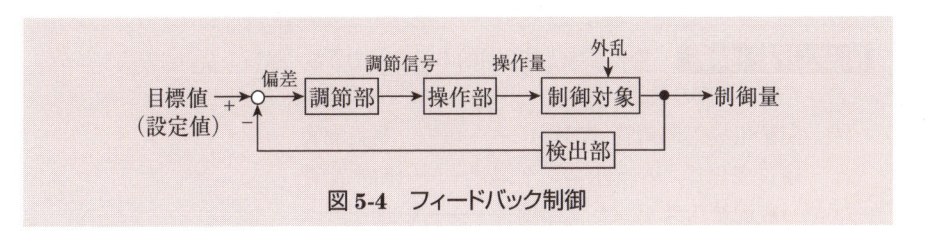

図 5-4　フィードバック制御

問 7（配管施工） 配管の支持および固定に関する記述のうち，適当でないものはどれか．
(1) Uボルトは，強く締め付けて固定支持に使用する．
(2) 2本以上の横走り配管が並行して配管される場合は，共通支持の支持形鋼を用いて支持する．
(3) 横走り配管を支持する吊りボルトは，必要以上に長くしない．
(4) 配管からさらに配管を支持する共吊りは行わない．

解説 (1) 一般に伸縮する配管の支持は，横引管の場合，支持点で管が滑ることができるようにする．立て管の場合は支持点を軽く締めつけて，管が上下方向に自由に伸縮ができるようにする．保温する管は，断熱材の上より平鋼などで軽く締める程度とする．

Uボルトは，形鋼や躯体から配管を支持する場合や立て管の振れ止め支持

によく使われているが，固く締めすぎないようにすることが肝要である．固く締めすぎると，配管の伸縮によりUボルト自体が引張られることが繰り返され劣化する．銅管などの比較的軟らかい配管をUボルトなどで支持する場合には，養生をして支持固定する．

(2) 2本以上の多数の横走り配管が平行して配管される場合は，配管保温仕上げ面の間隔は最低60 mmとする．これ以下だと，将来の配管や保温材などの補修に支障が生じる．なお，複数の管を支持する場合は，それぞれの配管ごとに吊り下げずに同一の支持形鋼で支持する．勾配について考慮する必要のない配管類は，管底，管仕上底，管心のどれかを決めて施工する．

(3) 配管を支持する吊りボルトは，長ければ長いほど地震時に大きな振れを生じる．地震入力に対して配管が共振を起こすことがあるので，なるべく短くすることが望ましい．したがって，できるだけ短かくし安定を図ること．

(4) 共吊りは配管からさらに配管を吊す方法をいうが，もとの配管に荷重がかかり損傷を与えたりすることもあるので避けなければならない．

答　(1)

問8（配管材料） 管の種類と使用目的の組合せのうち，適当でないものはどれか．

　　　　（管の種類）　　　　　　　　　（使用目的）
(1)　配管用炭素鋼鋼管（黒管）―――――蒸気配管
(2)　硬質塩化ビニルライニング鋼管―――給水配管
(3)　一般配管用ステンレス鋼鋼管――――油配管
(4)　銅管――――――――――――――――給湯配管

解説　設備用配管材料は，各種の材質を用いた鋼管，硬質塩ビ管，ステンレス鋼管，鋳鉄管，銅管，鉛管などがあり，それぞれに流れる液体の圧力，温度，耐食性，施工性や経済性などに特徴がある．

(1) 配管用炭素鋼鋼管（黒管）は，1 MPa以下の比較的低い使用圧力の蒸気，水，油，ガスなどに用いられる．水，蒸気，油，空気，ガスなどに使用する配管用炭素鋼鋼管（SGP）の継手にはねじ込み式可鍛鋳鉄製管継手，ねじ込み型鋼管製管継手，一般配管用鋼製突合せ溶接式管継手を使用し，排水の用途として使う場合にはねじ込み型排水管継手を用いる．

(2) 硬質塩化ビニルライニング鋼管は，配管用炭素鋼鋼管を原管とし，接着剤を塗布した加熱膨張特性をもつ塩化ビニルパイプまたは耐熱性塩化ビニルパイプを挿入し加熱密着させたものである．水道用硬質塩化ビニルライニング鋼管（JWWA K116）は給水や冷却水用などに，水道用耐熱性硬質塩化ビ

第5章　設備に関する知識

ニルライニング鋼管（JWWA K140）は給湯や冷温水用などに，排水用硬質塩化ビニルライニング鋼管（WSP 042）は，排水用に利用される．ただし，排水用の原管は肉厚の薄い鋼管を使う．この管は製造の過程から，鋼管の特徴と，塩ビ管の特徴を合わせもち，外部からの衝撃や内圧に対しては鋼管としての強度を有し，耐食性に対しては塩ビ管の性質を有する．高温に対しては弱く，60℃が安全使用温度とされている．

(3) 一般配管用ステンレス鋼管は，JIS G 3448で最高使用圧力1MPa以下の給水，給湯，排水，冷温水などについて定めている．耐食性および耐熱性にすぐれ，耐久性の必要な配管や高温用，低温用として使用される．

(4) 銅管は給湯配管や冷媒配管によく使用されている．給水・給湯用のりん脱酸銅の硬質管と水道用銅管および給湯用の被覆銅管がある．

銅管は酸，アルカリ，塩類などの水溶液や有機化合物に対しても相当の耐食性を有し，施工性にも有利であるため広く利用されている．

答　(3)

問9（ダクトの施工）　ダクトに関する記述のうち，適当でないものはどれか．
(1) 曲がり・変形部の直後では，原則として分岐を行わない．
(2) 防火区画を貫通する保温を要するダクトは，そのすきまをロックウール保温材で埋める．
(3) 浴室などの多湿箇所のダクトは，その継目および継手を外面よりシール材でシールする．
(4) 防火区画と防火ダンパーの間のダクトは，1.2mm以上の鋼板製とする．

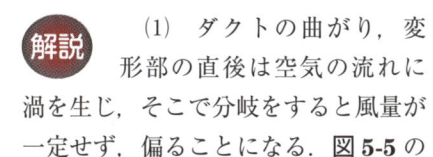

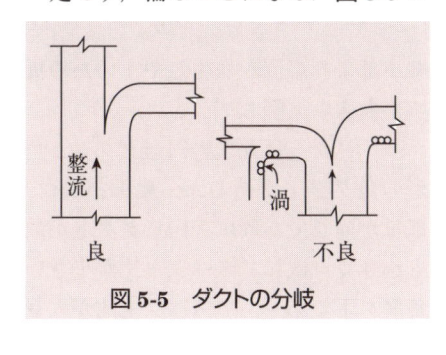

解説　(1) ダクトの曲がり，変形部の直後は空気の流れに渦を生じ，そこで分岐をすると風量が一定せず，偏ることになる．図5-5のような曲り部直後は，気流は曲りの外側に片寄る性質がある．したがって，分岐する場合は空気の流れが整流となる部分で行う．

(2) 図5-6のように，保温を要する空調用のダクトは，冷房時には低い温度の空気を通すためダクトの外側に結露を生じるおそれがあるので，防火区画を貫通する部分であっても不燃材のロックウールで保温する必要がある．なお，給水管，配電管，冷温水管等が防火区画の壁を貫通する場合は「当該

図5-5　ダクトの分岐

この問題をマスタしよう

管と耐火構造等の防火区画とのすき間をモルタルその他の不燃材料で埋めなければならない.」(建基令第112条第15項) と規定されている.

(3) 湿度の高い空気を運ぶ横引き排気ダクト等は,その継目や継手は外面よりシールを施す.

(4) 防火ダンパーは,1.5 mm 以上の鋼板製でなければならない (建基令第112条第16項). したがって,防火区画の接続ダクトの板厚も 1.5 mm 以上必要である (図5-6).

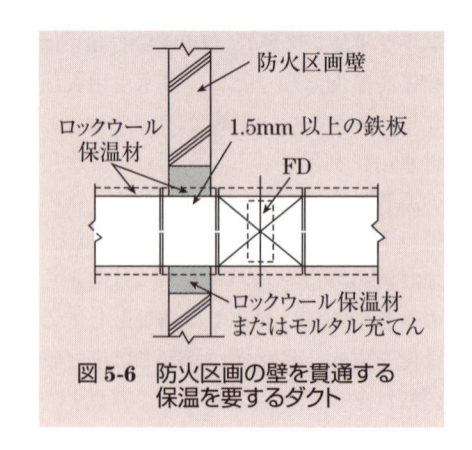

図 5-6 防火区画の壁を貫通する保温を要するダクト

答 (4)

問 10 (ダクトの圧力損失)
ダクトに関する記述のうち,適当でないものはどれか.
(1) 同一断面のダクトの圧力損失は,風速が速いほど大きくなる.
(2) 長方形ダクトのアスペクト比は,大きいほうが望ましい.
(3) ダクトの曲り部に取り付けるガイドベーンは,圧力損失を減らす目的で設ける.
(4) エルボの圧力損失は,曲率半径が小さいほど大きくなる.

解説 (1) ダクトにかかる圧力損失には,ダクト直管部の摩擦損失,局部抵抗による損失,空気調和機などの機器による損失がある. 直管部の摩擦損失は,ダルシー・ワイスバッハの式より風速の2乗に比例して摩擦損失が大となるので,風速は過大とならないよう心掛けなければならない. ダクト内の風速は最大 10 m/s 程度とする. ダクトの曲がり,拡大部,縮小部,分岐箇所の部分では渦流を生じ,圧力損失となる. これを局部の圧力損失といい,ダクトの拡大部の方が

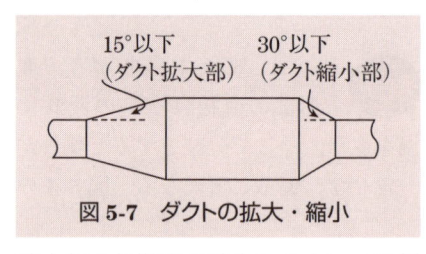

図 5-7 ダクトの拡大・縮小

縮小部より渦流が発生しやすいため抵抗が大きい (図 5-7).

(2) ダクトは丸形の円形ダクトと角形の角ダクトがあるが,摩擦損失は,風量が同じであれば,円形ダクトが最も小さく,次にアスペクト比が小さい角ダクトであり,アスペクト比が大き

第5章 設備に関する知識

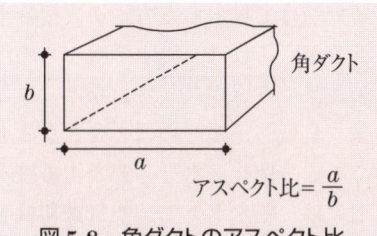

図 5-8 角ダクトのアスペクト比

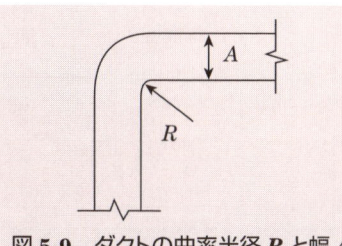

図 5-9 ダクトの曲率半径 R と幅 A

くなる程摩擦損失は大となる．アスペクト比はダクト断面の長辺／短辺の長さの比で，一般には 4/1 以下とする（図5-8）．

（3） ダクトの曲り部は空気の渦流が発生し圧力損失の原因となるため，この渦流を少なくするためにガイドベーンを設け，気流を薄い層に分けて流している．

（4） エルボの圧力損失を少なくするためには，曲り部分の曲率半径 R を極力大きくとる．つまり R/A が 1.5〜2.0 程度が良い．$R/A<1.5$ となるときはガイドベーンを設けて抵抗損失を少なくする．また，曲り部の直後に吹出口，分岐ダクトを設ける場合は，ガイドベーンを設けるかダクトの径の 6 倍以上曲り部より離れた位置に設ける．

答　（2）

問 11（ポンプの据付）
ポンプの据付けに関する記述のうち，適当でないものはどれか．
(1) ポンプの水量調節は，吐出し側の弁で行う．
(2) ポンプの軸封装置から滴下する排水は，最寄りの排水系統に間接排水とする．
(3) 揚水ポンプには，配管の振動を防止するために，配管接続部に防振継手を取り付ける．
(4) 負圧となるおそれがある吸込み管には，真空計を取り付ける．

解説　（1） ポンプの吐出量を弁により調整することは一般に行われるが，弁を開き抵抗を小さくすることで水量を多くし，弁を閉じることで吐出量を少なくする（図5-10）．

なお，ポンプの吐出側の仕切弁および逆止弁は，ポンプの近くに設ける方が保守管理上好ましい．また吐出側の立上り部分が大きい場合には，ポンプの修理または取り替えで取り外すときに立上り部の水が流出するのを防ぐためにも，仕切弁はポンプに近い方が良い．逆止弁はポンプ停止の衝撃圧がポ

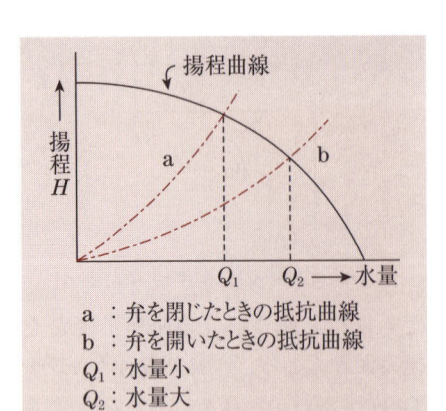

図5-10 弁の開度と水量
a：弁を閉じたときの抵抗曲線
b：弁を開いたときの抵抗曲線
Q_1：水量小
Q_2：水量大

ンプにかからないためと修理時のためポンプ直上で仕切弁の下になるよう設ける（図5-11）．

(2) 排水口空間をとり，一般の排水系統に直結しないで，いったん水受け容器で受けて排水する方式が間接排水であるが，これは，排水系統からの汚水の逆流や下水ガス，悪臭などによる汚染，臭気防止のために必要となるものである．間接排水を必要とする機器などには，給水ポンプ，空気調和機等の機器の排水管や給水タンクなどの水抜管およびオーバーフロー管も含まれる．

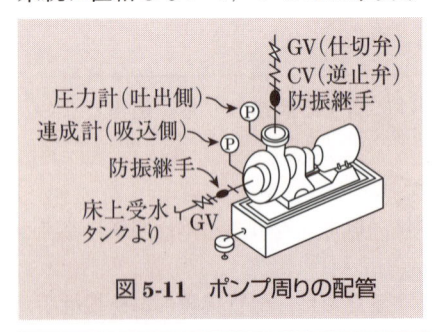

(3) 揚水ポンプの振動が配管に伝わらないように，防振継手が一般に使用される．ポンプ周りの配管については，図5-11に示すように，GV（Gate Valve；仕切弁），CV（Check Valve；逆止弁），防振継手の位置関係にある．

(4) ポンプの吸込側は負圧になるので，大気圧以上と以下が計測できる連成計を取付ける必要がある．吐出側は負圧になることが無く大気圧以上となるため，圧力計の取付けで良い（図5-11）．これらの計器を設ける理由は，運転中のポンプの揚程を確認するためである．

図5-11 ポンプ周りの配管

答　(4)

問12（機器の基礎）　機器の据付けに関する記述のうち，適当でないものはどれか．

(1) 機器は転倒，横滑りまたは離脱を起こさないように，コンクリート基礎にアンカーボルトなどで堅固に固定する．
(2) 送風機の防振基礎の防振材は，荷重が均等に加わるように配置を決める．
(3) 飲料用のFRP製受水槽は，コンクリート製ベタ基礎を水平に仕上げ，地震の衝撃に耐えるように直接堅固に据え付ける．
(4) ポンプの軸心調整には，共通ベースとコンクリート基礎との間にライナーなどを挿入する．

解説　(1) 設備機器は，地震や振動により変位，転倒などを起こさないよう，その架台をアンカーボルトを介して，コンクリート基礎に固定させる．アンカーボルトの下端部はコンクリート中に埋込んでおく．コンクリート基礎は，コンクリート打設後10日以内に機器を据付けてはならない．

(2) 送風機の振動や音響の影響が心配される場合には，防振ゴムや防振スプリングを使用する．防振材の取付けに先だって，コンクリート基礎の上面はモルタルで水平に仕上げるか，またはコンクリート基礎に形鋼で作ったベースを埋込み，機器の重心位置に合わせて個数を決め，個々の防振材に均等に荷重がかかるようにする．

(3) 一般的な槽類の据付の施工方法は，鋼板製の槽の場合は基礎をコンクリート製または鋼製架台とし，満水時の重量で底板に変形を生じない十分な支持面をもち底面が平均に密着し，かつ水平になるように設置する．FRP製の基礎は底部全部を支持できる全面基礎が良いが，それができない場合は並列基礎あるいは基礎上にI形鋼を平行桟間隔で40 cm以内ごとに設ける．飲料用FRP水槽は，底部の点検が必要となることから，後者の施工法で設置する．また，FRPの高架水槽は，風圧，積雪，地震にも十分配慮する．

(4) ポンプはモータと共通ベースの上で組立てられ，工場において心出しを終わり出荷されるが，輸送の途中で軸心の狂いが生じることがある．軸心の調整は，まずポンプおよびモータの水平をチェックし，次に軸継手のフランジ面について外縁および間隙のチェックを行う（図5-12）．この狂いが大きい場合は，共通ベースの下にライナーなどを打ち込んで調整する．

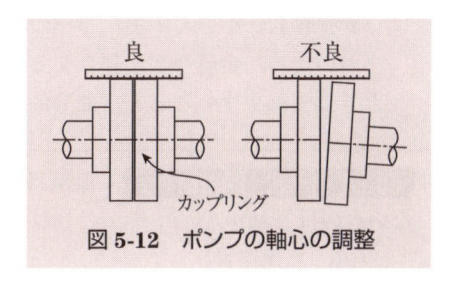

図5-12　ポンプの軸心の調整

答　(3)

問13（衛生器具）　衛生陶器とそのJIS記号の組み合わせのうち，適当でないものはどれか．

　　　　（衛生陶器）　　　　（記号）
(1) 大便器 ──────── C
(2) 小便器 ──────── W
(3) 洗面器・手洗器 ──── L
(4) 掃除用流し ─────── S

解説 　(a)　衛生陶器は，岩石や粘土などを原料として，形造られた素地の表面にうわ薬を塗り，高温で焼き固めて作る陶製の衛生器具をいい，その特徴は以下のとおりである．

〈長所〉
① 耐久性，耐食性，耐摩耗性，耐薬品性がある．
② 滑らかな表面仕上げが可能で，汚れにくくまた清掃しやすく衛生的である．
③ 複雑な形のものが製作可能である．

〈短所〉
① 衝撃に弱く，割れやすい．焼物のために重い．
② 膨張係数が小さく，熱伝導率が小さいため，金属などと結合するときは割れやすいことと，部分的な加熱で割れやすい．

　(b)　陶器は，素地により溶化素地質，硬質陶器質があり，溶化素地質は陶器の素地をよく焼きしめたもので，硬質陶器質より素地がち密で吸水性が小さい．したがって，素地に水がしみ込んだり，しみ込んだ水が凍結し陶器を破損するおそれがない．これに対して硬質陶器質は，陶器の素地をよく焼きしめたものであるが，溶化素地質より多孔質で吸水性が大きい．

　(c)　衛生陶器には，大便器，小便器，洗面器，手洗器，洗浄用タンク，流し，掃除流しなどがあり，JIS により素地質と衛生陶器の種類で記号が定められており，溶化素地質は V，硬質陶器質は E および，大便器は C, 小便器は U, 洗面器, 手洗器は L, 洗浄用タンクは T, 流しは K, 掃除流しは S などである．

答　(2)

問 14（保温，保冷材料） 　保温材と配管用途の組み合わせのうち，適当でないものはどれか．

　　　　（保温材）　　　　　　　　　（配管用途）
(1)　ロックウール保温筒――――――居室内の給水配管
(2)　グラスウール保温筒――――――シャフト内の排水配管
(3)　グラスウール保温筒――――――倉庫内の冷温水配管
(4)　ポリスチレンフォーム保温筒――ピット内の蒸気配管

解説 　(a)　保温材の選択の基準として，JIS では以下の項目をあげている．

① 使用温度範囲
② 熱伝導率
③ 物理的化学的強さ
④ 耐用年数
⑤ 単位体積当たりの価格
⑥ 工事現場状況に対する適応性
⑦ 難燃性

⑧ 透湿性
(b) 保温材の分類（JIS で規定するもの）
① 人造鉱物繊維保温材…ロックウール保温材，グラスウール保温材
② 無機多孔質保温材…けい酸カルシウム保温材，発水性パーライト保温材など粉を固めた形のもの．
③ 発泡プラスチック保温材…ポリスチレンフォーム保温材のような有機質発泡体．
(c) 保温材の性質
① グラスウール保温材
溶融ガラスを高圧蒸気噴射し繊維化したものをフェルト状に成型したもので，繊維の間に空気を多量に含むことで軽くてすぐれた断熱性を有する．保温板，保温筒，ブランケットとして使用される．最高使用温度は300℃である．
② ロックウール保温材
石灰，けい酸を主成分とする岩石を溶融し，これを圧縮空気や遠心力で吹きとばして繊維化したもので，保温板，保温筒，フエルト，ブランケットとして使用され，安全使用温度は 600℃以下である．
③ ポリスチレンフォーム保温筒
ポリスチレンに発泡剤を添加し発泡して得られる保温材で，製造方法にビーズ発泡と押出し発泡の二つがある．熱伝導はすぐれているが，熱に弱いので安全使用温度の限界 70℃とされている．

答 (4)

問 15（塗装） 塗料に関する記述のうち，適当でないものはどれか．
(1) 合成樹脂調合ペイントは，一般的なダクトや配管の仕上げに使用される．
(2) タールエポキシ樹脂塗料は，防食塗料で，塩害対策などに使用される．
(3) アルミニウムペイントは，蒸気管の保温を施さない部分や屋外のダクト・配管に使用される．
(4) エッチングプライマーは，亜鉛めっきが施されていない鋼管や鋼材に使用される．

解説 (1) 合成樹脂調合ペイントは，槽類，保温外装，架台類，冷却塔などの上塗りや中塗り工程に用いられる．下塗りの場合はさび止めペイントとして使われ，自然乾燥性の塗料である．
(2) タールエポキシ樹脂塗料は，エポキシ樹脂とコールタール，顔料，溶剤を主成分とした耐食性の強い厚塗りの塗料で，槽，配管などに塗布する．
(3) アルミニウムペイントは，アルミ粉末を顔料として含む塗料で，熱線の反射，水分の透過防止などの特性を生かし屋根面の塗装に用いられたり，耐熱性があることから，蒸気管や放熱器の塗装用に用いられる．

この問題をマスタしよう

(4) エッチングプライマーは，亜鉛めっき面等の素地ごしらえの化学的処理塗料である．

答 (4)

問 16（試験，検査） 給排水設備の試験・検査の組み合わせのうち，適当でないものはどれか．
(1) 管末の水栓 ― 残留塩素の測定
(2) 排水配管 ― 満水試験
(3) 受水槽 ― 水圧試験
(4) ポンプ ― 電流値の測定

解説 (1) 末端の水栓における残留塩素の測定についての設問である．給水栓における水が，遊離残留塩素を 0.1 mg/L（結合残留塩素の場合は 0.4 mg/L）以上保持するように塩素消毒をすること．ただし，病原生物に汚染されるおそれがある場合，または汚染を疑わせるものを多量に含むおそれがある場合は，それぞれ 0.2 mg/L，1.5 mg/L 以上とする．と水道法施行規則第 17 条に規定されている．
(2) 排水管は，工事が終了した時点で満水試験を行い，衛生器具を取り付け後煙試験を行うことが望ましい．その後，通水試験を行い排水管と器具からの漏水をチェックする．
(3) 給水系統および給湯系統では，水圧試験を水道直結部分では 60 分，高置タンク以下では使用圧力の 2 倍の圧力で 60 分間，揚水管ではポンプ揚程の 2 倍の圧力で 60 分間保持しなければならない．なお，受水槽には満水試験と水質試験がある．
(4) ポンプの水量を把握するのに，電流計による電流値により確認できる．

答 (3)

問 17（腐食，防食） 腐食・防食に関する記述のうち，適当でないものはどれか．
(1) 鋼管とステンレス鋼管を接続すると鋼管側が腐食しやすいので，絶縁継手を設ける．
(2) 蒸気配管系において，蒸気管の方が還水管に比べ腐食しやすい．
(3) 水道用硬質塩化ビニルライニング鋼管の接合は，管端防食継手を用い，ねじ部に防食用ペーストシール剤を塗布する．
(4) 鋼管は，流速を速くした場合，潰食を起こしやすい．

解説　(1) 絶縁継手は，異種金属の接続の際に管の電位差による電食を防止するための継手である．ユニオン型やフランジ型があり，いずれもテフロンなどの絶縁性のガスケットを使用し，フランジ型の場合ボルトも絶縁性があるものとする．鋼管とステンレス鋼管の接合部は鋼管側が低電位となり，腐食が進行する．

(2) 蒸気配管の管内は飽和蒸気であるが，凝縮した水と酸素を含む空気が混在する還水管の方がより腐食しやすい．

(3) 設問のとおり．

(4) 潰食は，流体の流速が速すぎたり衝突したりする所に特に発生する腐食のことで，腐食作用と機械的摩耗作用の相乗結果として起こる．エロージョンともいう．一般に管内の流速が増すと酸素を多く金属面へ供給することで，腐食も増加する．

答　(2)

問18（給水タンク）　飲料用給水タンクの構造等に関する記述のうち，適当でないものはどれか．
(1) 通気管に防虫網を設け，衛生上有害なものが入らないようにする．
(2) 飲料用FRP製水槽と配管の接続にフレキシブルジョイントを設けた．
(3) 高置水槽のオーバーフロー管及び水抜き管は間接排水とした．
(4) タンクの底部と床面との間には50 cm以上の点検スペースを設ける．

解説　(1) 衛生上有害なものがタンク内に入らない構造のオーバーフロー管や通気管とする．管端開口部を金網などで覆う方法がとられる．

(2) FRPとはガラス繊維強化プラスチックのことで，耐久性があり軽量で強度も比較的大きいが，衝撃に弱く，強度も鉄やステンレスほど大きくないので，柔軟性のある継手などで接続しないと，地震などの衝撃力が加わると破壊することがある．

(3) オーバーフロー管は間接排水とし，十分な排水口空間を設ける．

(4) 給水タンクは，外部から天井・床または周壁の保守点検が容易にできること，床面や周壁は60 cm以上，天井は100 cm以上のスペースを設けることと定められている．

答　(4)

第6章
設計図書に関する知識

公共工事標準請負契約約款の内容についての問題や JIS や SHASE で規定する機材およびそれらの設計図書での図示記号が出題のポイントになる．

(1) 公共工事標準請負契約約款
 (a) 請負契約の履行，設計図書
 (b) 禁止事項…一括下請負，一括委任の禁止
 (c) 現場代理人，主任技術者等の選任
 (d) 臨機の措置
 (e) 第三者に及ぼした損害
 (f) かし担保

(2) 管工事で使用される機材で JIS や SHASE 等の規格で表される名称，図示記号

6.1 設計図書・契約

(1) 請負契約約款

建設業法第18条の請負契約の原則つまり"建設工事の請負契約の当事者は各々対等の立場における合意に基づいて公正な契約を結び……"という条文の精神を生かし，契約当事者間の具体的な権利，義務関係の内容を公正妥当な規範としたものに請負契約約款があり，以下の種類がある．

(a) 標準請負契約約款

中央建設業審議会が定めたもので，3種類ある．

　(イ)　公共工事標準請負契約約款
　(ロ)　建設工事標準下請契約約款
　(ハ)　民間建設工事標準請負契約約款
　　　甲：比較的大きな工事用
　　　乙：個人住宅建築用

なお，民間の工事についてはこの甲に準拠した実施約款として(ホ)がある．

(b) 民間（旧四会）連合協定工事請負契約約款

　注）　四会とは，㈳日本建築学会，㈳日本建築協会，㈳日本建築家協会，㈳全国建設業協会．

(2) 公共工事標準請負契約約款

(a) 請負契約の履行，設計図書

第1条　発注者及び受注者は，この約款（契約書を含む．）に基づき，設計図書（別冊の図面，仕様書，現場説明書及び現場説明に対する質問回答書をいう．）に従い，この契約（この約款及び設計図書を内容とする工事の請負契約をいう．）を履行しなければならない．

同3項　仮設，施工方法その他工事目的物を完成するために必要な一切の手段（「施工方法等」という．）については，この約款及び設計図書に特別の定めがある場合を除き，受注者がその責任において定める．

(b) 工程表等

第3条　受注者は，この契約締結後〇日以内に設計図書に基づいて請負代金内訳書及び工程表を作成し，発注者に提出しなければならない．

(c) 一括下請負，一括委任の禁止

第6条　受注者は，工事の全部若しくはその主たる部分又は他の部分から独立してその機能を発揮する工作物

の工事を一括して第三者に委任し，又は請け負わせてはならない．

(d) 監督員

第9条　発注者は，監督員を置いたときは，その氏名を受注者に通知しなければならない．監督員を変更したときも同様とする．

同2項　監督員は，この約款の他の条項に定めるもの及びこの約款に基づく発注者の権限とされる事項のうち発注者が必要と認めて監督員に委任したもののほか，設計図書に定めるところにより，次に掲げる権限を有する．

一　契約の履行についての受注者又は受注者の現場代理人に対する指示，承諾又は協議

二　設計図書に基づく工事の施工のための詳細図等の作成及び交付又は請負者が作成した詳細図等の承諾

三　設計図書に基づく工程の管理，立会い，工事の施工状況の検査又は工事材料の試験若しくは検査（確認を含む．）

(e) 現場代理人および主任技術者等

第10条　請負者は，次に掲げる者を定めて工事現場に設置し，設計図書に定めるところにより，その氏名その他必要な事項を発注者に通知しなければならない．これらの者を変更したときも同様とする．

一　現場代理人
二　(A) [　] 主任技術者
　　(B) [　] 監理技術者
三　専門技術者

同2項　現場代理人は，この契約の履行に関し，工事現場に常駐し，その運営，取締まりを行うほか，請負代金額の変更，請負代金の請求及び受領，この契約の解除に係る権限を除き，この契約に基づく受注者の一切の権限を行使することができる．

同5項　現場代理人，主任技術者(監理技術者)及び専門技術者は，これを兼ねることができる．

(f) 工事材料の品質および検査等

第13条　工事材料の品質については，設計図書に定めるところによる．設計図書にその品質が明示されていない場合にあっては，中等の品質を有するものとする．

同2項　受注者は，設計図書において監督員の検査を受けて使用すべきものと指定された工事材料については，当該検査に合格したものを使用しなければならない．この場合において，検査に直接要する費用は，受注者の負担とする．

同4項　受注者は，工事現場内に搬入した工事材料を監督員の承諾を受けないで工事現場外に搬出してはならない．

(g) 物価の変動等による請負代金額の変更

第25条　発注者又は受注者は，工期内で請負契約締結の日から12月を経過した後に日本国内における賃金水準又は物価水準の変動により請負代金額が不適当となったと認めたときは，

6.1　設計図書・契約

相手方に対して請負代金額の変更を請求することができる．

(h) 臨機の措置

第26条 受注者は，災害防止等のため必要があると認めるときは，臨機の措置をとらなければならない．この場合において，必要があると認めるときは，受注者は，あらかじめ監督員の意見を聴かなければならない．ただし，緊急やむを得ない事情があるときは，この限りでない．

(i) 一般的損害

第27条 工事目的物の引渡し前に，工事目的物又は工事材料について生じた損害その他工事の施工に関して生じた損害については，受注者がその費用を負担する．ただし，その損害（保険等によりてん補された部分を除く．）のうち発注者の責に帰すべき事由により生じたものについては，発注者が負担する．

(j) 第三者に及ぼした損害

第28条 工事の施工について第三者に損害を及ぼしたときは，受注者がその損害を賠償しなければならない．ただし，その損害（保険等によりてん補された部分を除く．）のうち発注者の責に帰すべき事由により生じたものについては，発注者が負担する．

同2項 前項の規定にかかわらず，工事の施工に伴い通常避けることができない騒音，振動，地盤沈下，地下水の断絶等の理由により第三者に損害を及ぼしたときは，発注者がその損害を負担しなければならない．ただし，その損害のうち工事の施工につき受注者が善良な管理者の注意義務を怠ったことにより生じたものについては，受注者が負担する．

同3項 前二項の場合その他工事の施工について第三者との間に紛争を生じた場合においては，発注者と受注者協力してその処理解決に当たるものとする．

(k) 不可抗力による損害

第29条 工事目的物の引渡し前に，天災等（設計図書で基準を定めたものにあっては，当該基準を超えるものに限る．）で，発注者，受注者双方の責に帰すことができないもの（「不可抗力」）により，工事目的物，仮設物又は工事現場搬入済みの工事材料若しくは建設機械器具に損害が生じたときは，受注者は，その事実の発生後直ちにその状況を発注者に通知しなければならない．

同3項 受注者は前項の規定により損害の状況が確認されたときは，損害による費用の負担を発注者に請求することができる．

(l) 検査および引渡し

第31条 受注者は，工事を完成したときは，その旨を発注者に通知しなければならない．

同2項 発注者は，前項の規定による通知を受けたときは，通知を受けた日から14日以内に受注者の立会いの上，設計図書に定めるところにより，

工事の完成を確認するための検査を完了し，当該検査の結果を受注者に通知しなければならない．この場合において，発注者は，必要があると認められるときは，その理由を受注者に通知して，工事目的物を最小限度破壊して検査することができる．

　同3項　前項の場合において，検査又は復旧に直接要する費用は，受注者の負担とする．

　同4項　発注者は第2項の検査によって工事の完成を確認した後，受注者が工事目的物の引渡しを申し出たときは，直ちに当該工事目的物の引渡しを受けなければならない．

(m) 請負代金の支払い

　第32条　受注者は，前条第2項の検査に合格したときは，請負代金の支払を請求することができる．

　同2項　発注者は，前項の規定による請求があったときは，請求を受けた日から40日以内に請負代金を支払わなければならない．

(n) かし担保

　第44条　発注者は，工事目的物にかしがあるときは，受注者に対して相当の期間を定めてそのかしの修補を請求し，又は修補に代え若しくは修補とともに損害の賠償を請求することができる．ただし，かしが重要ではなく，かつ，その修補に過分の費用を要するときは，発注者は，修補を請求することができない．

　同2項　前項の規定によるかしの修補又は損害賠償の請求は，引渡しを受けた日から○年以内に行わなければならない．ただし，そのかしが受注者の故意又は重大な過失により生じた場合には，請求を行うことのできる期間は○年とする．

　注）　○の部分には，原則として，木造の建物等の建設工事の場合には1を，コンクリート造等の建物等又は土木工作物等の建設工事の場合には2を，設備工事等の場合には1を記入する．

但し「住宅の品質確保の促進等に関する法律」による住宅を新築する建設工事の請負契約である場合には構造耐力又は雨水の浸入に影響あるものについて修補または損害賠償の請求を行うことのできる期間は10年とする．

(o) 火災保険等

　第51条　受注者は工事目的物及び工事材料等を設計図書に定めるところにより火災保険，建設工事保険その他の保険に付さなければならない．

(p) 情報通信の技術を利用する方法

　第54条　この約款において書面により行わなければならないこととされている請求，通知，報告，申出，承諾，解除及び指示は，建設業法その他の政令に違反しない限りにおいて，電子情報処理組織を使用する方法その他の情報通信の技術を利用する方法を用いて行うことができる．ただし，当該方法は書面の交付に準ずるものでなければならない．

6.2 規格

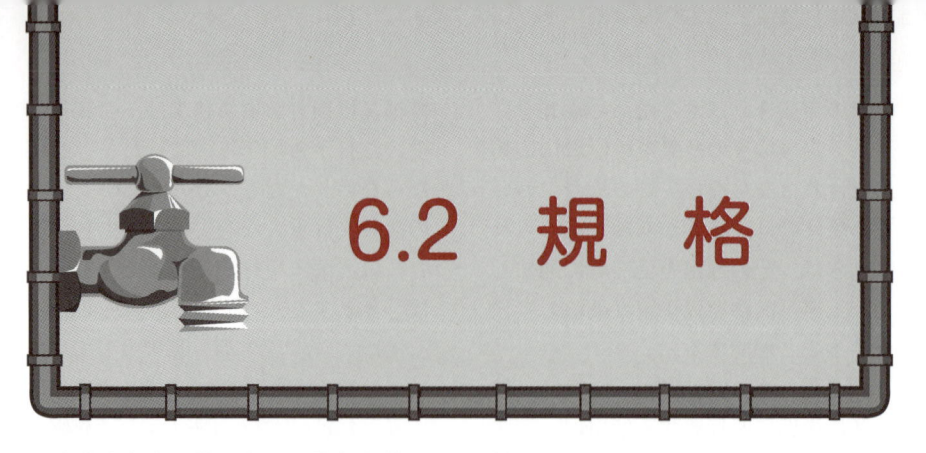

　給排水衛生設備，空調・換気設備や消火設備などの設備工事で使用される，配管，ダクト，継手類および付属品で，JIS や SHASE などにおいて規格化されている図示記号を以下に示す．

第 6-1 表　ダクト・付属品の図示記号

種別	図示記号	種別	図示記号
還気ダクト	──RA──	消音部	
給気ダクト	──SA──	フレキシブルダクト	
外気ダクト	──OA──	点検口	AD
排気ダクト	──EA──	吸気がらり	
排煙ダクト	──SM──	排気がらり	
角ダクト	H×W	壁付吹出し口	
丸ダクト	φ直径	壁付吸込み口	
角ダクト拡大		天井付吹出し口	
角ダクト縮小		天井付吸込み口	
ダンパ		壁付排煙口	
電動ダンパ	M	天井付排煙口	
分流ダンパ・合流ダンパ		給気口	
キャンバス継手			

第 6 章　設計図書に関する知識

第 6-2 表　衛生設備の図示記号（SHASE 001）

種別	図示記号	種別	図示記号
上水給水管	——　—　——	圧力計	⊕
上水揚水管	——　-　——	温度計	⊕
給湯管（往）	——　∣　——	伸縮管継手	—[ ]—
給湯管（還）	——　∥　——	防振継手	—◯—
膨張管	——　E　——	フレキシブル継手	—〰—
汚水排水管	——)		
雑排水排水管	————	和風大便器	▭
通気管	— — — —	洋風大便器	▭
		小便器	▽
フランジ	—‖—	洗面器	▭
ユニオン	—⊩—		
ベンド	↳	量水器	—[M]—
90°エルボ	↳	ボールタップ	○—φ
チーズ	┴	給水栓	⋈
90°Y	⊥	混合水栓	⬤
閉止フランジ	—‖	給湯栓	✸
キャップ，プラグ	—⊐	床下掃除口	⊩
弁	—⋈—	汚水ます	◯
逆止め弁	—⩘—	雑排水ます	⊠
安全弁	⩙	雨水ます	▭
減圧弁	Ⓡ		
電磁弁	⩙		
自動空気抜き弁	Ⓐ		
埋設弁	⊗		

6.2　規　格

第 6-3 表　消火設備の図示記号（**SHASE 001**）

名称	図示記号	名称	図示記号
消火器具		配管	
屋内 1 号消火栓	◱	消火栓管	── X ──
屋内 2 号消火栓	◢	連結送水管	──XS──
スプリンクラーヘッド（閉鎖型）	○ ⊤	スプリンクラー管	──SP──
泡ヘッド（フォームヘッド）	○		
火災感知ヘッド	●		
流水検知装置（アラーム弁）	△		

この問題をマスタしよう

問1（公共工事標準請負契約約款） 次の書類のうち，「公共工事標準請負契約約款」上，設計図書に含まれているものはどれか．
(1) 工程表
(2) 現場説明書
(3) 履行保証保険契約に基づく保険証書
(4) 請負代金内訳書

解説 (a) 建築基準法第2条12では，設計図書について，"建築物，その敷地又は工作物に関する工事用の図面（現寸図その他これに類するものを除く）及び仕様書をいう" としている．

また，公共工事標準請負契約約款第1条では "別冊の図面及び仕様書（現場説明書及び現場説明に対する質問応答書を含む．）" と規定している．

(b) 仕様書は，一般に共通仕様書と特記仕様書に分れており，共通仕様書は一般に共通する施工の基準を説明し，特記仕様書は，その建設工事において特に指定する工法，材料等を記載している．なお，設計図書のなかでの優先順位は，「共通仕様書←設計図←特記仕様書←質疑応答書や現場説明事項」である．

(c) 設計図書の構成は図6-1参照．

答 (2)

図6-1 設計図書の構成

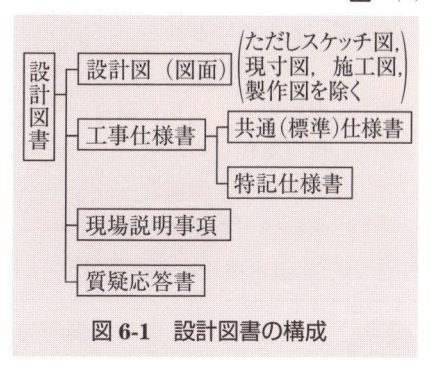

設計図書
├─ 設計図（図面）── ただしスケッチ図，現寸図，施工図，製作図を除く
├─ 工事仕様書 ─┬─ 共通（標準）仕様書
│   └─ 特記仕様書
├─ 現場説明事項
└─ 質疑応答書

問2（JIS材料と記号） JISに規定する材料とその記号の組み合わせのうち，誤っているものはどれか．

（材料）	（記号）
(1) 一般構造用圧延鋼材	SS
(2) 炭素鋼鋳鋼品	SC
(3) ねずみ鋳鉄品	BC
(4) 配管用炭素鋼鋼管	SGP

解説 (a) 建築で使用される鋼材は大きく分けて2種類あり，一般構造用圧延鋼材（JIS G 3101），と溶接構造用圧延鋼材（JIS G 3106）がある．

前者は SS400，SS490 等，後者は SM400A，SM490M 等があり，この記号の意味は，SS400 の場合，

①：鋼材，②：一般構造用圧延材，③：最小の引張り強さ N/mm^2 を示す．

また，SM490A は，

①：鋼材，②：溶接構造用，③：最小引張り強さ N/mm^2，④：種類を示す．

(b) 炭素鋼鋳鋼品は SC410，SC450 など（JIS G 5101）で規定されている．C は炭素を表す．

(c) ねずみ鋳鉄品は FC100，FC150，FC200 など（JIS G 5501）で規定されている．

(d) 配管用炭素鋼鋼管は JIS G 3452 で規定されており記号は SGP である．防食仕様として配管の内面と外面に亜鉛めっきを施したものが白管，ないものが黒管である．

答 (3)

問3（配管と記号） JIS に規定する配管とその記号との組み合わせのうち，誤っているものはどれか．

　　　　　（配管）　　　　　　　（記号）
(1)　配管用ステンレス鋼管――― SUS
(2)　硬質塩化ビニル管――――― VP
(3)　配管用炭素鋼鋼管――――― SGP
(4)　水配管用亜鉛めっき鋼管―― STPG
　　（水道用亜鉛めっき鋼管）

解説 水道用亜鉛めっき鋼管は普通圧鋼管の一種であり，配管用炭素鋼鋼管の黒管に溶融亜鉛めっきを施したもので，亜鉛の付着量も配管用炭素鋼鋼管の白管に比べ多い．

直結式の給水方式では，水道用亜鉛めっき鋼管か水道用硬質塩化ビニル鋼管を使用しなければならない．JIS G 3442 で規格が定められており記号は SGPW である．

なお，記号 STPG は耐圧鋼管の一種の圧力配管用炭素鋼鋼管で，使用圧力が 1～10 MPa，使用温度が 350℃ 以下の水圧管，油圧管，ボイラーの蒸気管，給水管などに使用される．

配管の種類，用途，特徴，記号を表 6-1 に示す．

答 (4)

表 6-1　配管の種類

名称	用途	特徴	記号
配管用炭素鋼鋼管	建築物の配管材料として多く使用されている.	アルカリ性による腐食に強い. 管と継手の接続はねじ接合が主である. ・圧力配管用亜鉛メッキ鋼管 ・水配管（水道用）亜鉛メッキ鋼管	SGP ｛黒管 　白管（亜鉛メッキ） STPG SGPW
硬質塩ビライニング鋼管 耐熱硬質塩ビライニング鋼管 ポリエチレン粉体ライニング鋼管	給水	鋼管の内部に塩化ビニル管を挿入した塩化ビニルライニング鋼管とポリエチレン粉体を鋼管の内面に融着させたポリエチレン粉体ライニング鋼管がある. 継手は樹脂をコーティングしたものを用い, 管内の流体が管の金属面に触れないようにし, 耐食性があるのが特徴.	SGP-VA（SGPにライニング） SGP-VB（SGPWにライニング） SGP-HVA SGP-P
ステンレス鋼管	給水・給湯	耐食性, 耐熱性にすぐれている. ただし, 水道水中の塩素の量により, 応力腐食の原因ともなるので注意が必要. 継手はプレス式, 圧縮式, 突合せ溶接等がある.	SUS
給水鋳鉄管	おもに給水用の土中埋設配管	耐久性もあり, 強度も鋼管に近いものもある. 分水栓を取付けることが可能な肉厚もある. ジョイントはゴムリングによるメカニカルジョイントが多い.	FC
排水用鋳鉄管	汚水用配管	腐食に対して割合強い. 耐久性にもすぐれている. 直管には1種と2種がある. 接続は鉛コーキングやゴムリングによる可とう性ジョイント方式がとられる.	FC
銅管および黄銅管	給湯管, 小規模の給水管	鋼管に比べ耐食性と可とう性にすぐれている. 価格は高価.	CP
合成樹脂管	給・排水管	硬質塩化ビニル管は耐酸・耐アルカリ性で管内摩擦抵抗が少なく軽量で加工性にすぐれているが, 耐熱性, 耐衝撃性に弱く, 線膨張係数が大きい欠点がある. ただし, 最近では耐熱や耐衝撃性を改良したものがある. ・耐衝撃性硬質塩ビ管 ・耐熱性硬質塩ビ管 　ポリエチレン管は, 軽量で耐熱性, 耐寒性, 耐衝撃性にすぐれている.	VP (1.0 MPa) VU (0.6 MPa) HIVP HVP PP

この問題をマスタしよう

問 4（器具と記号） SHASE に規定する器具の名称と図示記号の組み合わせのうち，誤っているものはどれか．

〔器具の名称〕　　　〔図示記号〕
(1) 減圧弁
(2) 防振継手
(3) 制水弁
(4) 電動弁

解説　空気調和・衛生工学会 SHASE 001 等による図示記号で主要なものは間違いないよう確認しておく（第 6-1 ～ 6-3 表）．制水弁，仕切弁等の記号は同一である．

答 (3)

問 5（保温材の最高使用温度） 各種の保温材の最高使用温度から順に並べたもので，適当なものはどれか．
(1) グラスウール保温材 ＞ ロックウール保温材 ＞ 硬質ウレタンフォーム保温材 ＞ ポリスチレンフォーム保温材
(2) ロックウール保温材 ＞ グラスウール保温材 ＞ ポリスチレンフォーム保温材 ＞ 硬質ウレタンフォーム保温材
(3) ロックウール保温材 ＞ グラスウール保温材 ＞ 硬質ウレタンフォーム保温材 ＞ ポリスチレンフォーム保温材
(4) グラスウール保温材 ＞ ロックウール保温材 ＞ ポリスチレンフォーム保温材 ＞ 硬質ウレタンフォーム保温材

解説　各種の保温材の最高使用温度は，JIS A 9501 保温保冷工事施工標準で規定されている．これによると，ロックウール保温材：650 ～ 400℃，グラスウール保温材：300 ～ 400℃，硬質ウレタンフォーム保温材：100℃，ポリスチレンフォーム保温材：70 ～ 80℃である．

答 (3)

第7章
施工管理

　この章では施工計画，工程管理，品質管理，安全管理の他，工事施工に関する出題がポイントである．

(1) 施工計画
　(a) 着工時の業務：請負契約書，設計図書等の検討，工事組織，実行予算書，総合工程表，官庁への諸申請
　(b) 施工中の業務：細部工程表，施工図，発注，搬入・保管，工事調整等
　(c) 完成時の業務：完成検査，引渡し

(2) 工程管理
　(a) 各種工程表：ガントチャート，バーチャート，ネットワーク工程表
　(b) ネットワーク工程表の用語：アクティビティー，イベント，ダミー，最早開始時刻〔E.S〕，最遅完了時刻〔L.F〕，クリティカルパス，トータルフロート，フリーフロート等

(3) 品質管理
　(a) 品質管理の用語：管理図，許容差，公差，管理線，管理限界
　(b) 品質管理の7つ道具：パレート図，ヒストグラム，散布図，管理図，特性要因図等がある

(4) 安全管理
　(a) 災害発生率の指標：度数率，強度率，損失日数
　(b) 安全活動用語：T.B.M，K.Y.K，4S運動，ZD運動，ヒヤリ・ハット運動，オアシス運動等

(5) 工事計画
　(a) 各種設備機器の据付け，基礎工事，配管工事，ダクト工事
　(b) 保温，保冷，試運転調整

7.1　施工計画

(1) 目的と内容

すぐれた品質の建設工事を適切な工期で予定期日までに，安全にしかも経済的な費用で完成させるために，まず，①施工計画を立て，そして，②設計図書で要求している品質の工事が施工されているかチェックを行い，③品質や工期が当初の計画と食い違いがあれば，④原因を追求し改善を図る．これらの一連の過程が施工管理であり，施工計画，工程管理，品質管理および安全管理が必要な要素となる．

(2) 着工時の業務

着工時に関する業務およびそれらのフローを第7-1図に示す．

ⓐ 請負契約書，設計図書の検討，内容の把握および現地調査

① 請負契約の特徴

請負契約における，発注者側の権利は完成物引取の権利であり，義務は代金の支払いである．これに対して請負者の権利は代金受取りの権利であり，義務は建設物の完成，完成までの危険負担およびかし担保負担などである．

② 請負契約の基本則

建設工事の請負契約の当事者は，各々対等の立場における合意に基づいて公正な契約を締結し，信義に従って誠実にこれを履行しなければならない（建設業法第18条），とされている．請負契約の基本則は以下のとおりである．

- ⓐ 不当に低い請負代金の禁止
- ⓑ 不当な資材等の購入強制の禁止
- ⓒ 一括請負の禁止（ただし，発注者の書面による承諾を得た場合を除く．）

③ 設計図書

設計図書とは，「建築物」その敷地または工作物に関する工事用の図面

- (a) 請負契約書，設計図書の検討，内容の把握および現地調査
- (b) 工事組織の編成
- (c) 実行予算書の作成
- (d) 総合工程表の作成
- (e) 仮設計画
- (f) 資材・労務計画
- (g) 着工に伴う諸届・申請

第7-1図　着工時の業務のフロー

第 7-2 図　工事費の構成

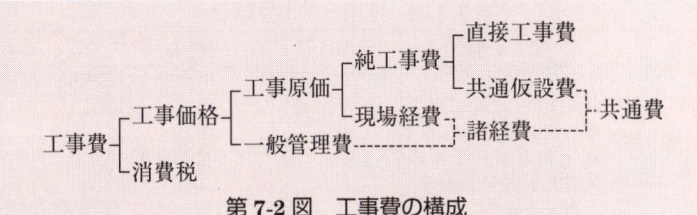

```
                              ┌─直接工事費
                    ┌─純工事費─┤
            ┌─工事原価─┤       └─共通仮設費─┐
工事価格─┤       └─現場経費──諸経費────┼─共通費
工事費─┤  └─一般管理費                      ┘
     └─消費税
```

（現寸図その他これらに類するものを除く）および仕様書である（建築基準法第 2 条 12）．つまり，設計図（工事用図面），標準仕様書（共通仕様書）および特記仕様書からなる工事仕様書，現場説明事項や質疑応答書等である．

(b) **工事組織の編成**
① 工事管理者（現場代理人）を中心に組織作りが行われる．
② 主任技術者・監理技術者の選任が建設業で求められる．

(c) **実行予算書の作成**
工事費の構成を**第 7-2 図**に示す．

(d) **総合工程表の作成**
工事全体の進捗状況を統括するために作成するもので，各関連部門の工期や手順が総合的に把握できるものでなくてはならない．

(e) **仮設計画**
基本的には施工者が自らの責任と判断で計画するものであり，特に注意するのは火災予防，盗難防止，安全管理である．

(f) **資材・労務計画**
総合工程表と実行予算書をもとに，必要な機器や材料を必要な時期に必要な数量を必要とする場所に合理的な価格で供給すること．またどのような職種の作業員が何人，どのくらいの期間必要であるかを把握し，作業に，手戻り，変更や無理，無駄が無いよう経済的な配員に注意する．

(g) **着工に伴う諸申請**
① 施主への諸届け．
② 労働基準監督署への届け（現場事務所開設に伴うもの）．
③ 労災保険等および損害保険．
④ 設備工事関連の申請・届出（**第 7-1 表**）

(3) **施工中の業務**
施工中の業務の内容およびフローを**第 7-3 図**に示す．

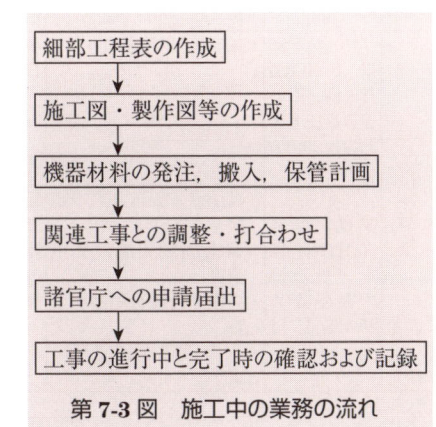

```
┌─────────────────────────┐
│ 細部工程表の作成            │
└─────────────────────────┘
┌─────────────────────────┐
│ 施工図・製作図等の作成      │
└─────────────────────────┘
┌─────────────────────────┐
│ 機器材料の発注，搬入，保管計画 │
└─────────────────────────┘
┌─────────────────────────┐
│ 関連工事との調整・打合わせ   │
└─────────────────────────┘
┌─────────────────────────┐
│ 諸官庁への申請届出          │
└─────────────────────────┘
┌─────────────────────────┐
│ 工事の進行中と完了時の確認および記録 │
└─────────────────────────┘
```

第 7-3 図　施工中の業務の流れ

7.1　施工計画

第7-1表　申請・届出手続き

設備種別		申請・届出書類の名称	提出時期	提出先	備考
給水設備（共通）	上水道(給水装置)	・水道工事申込書 ・指定給水装置工事事業者設計審査申込 ・指定給水装置工事事業者工事検査申込 ・工事完了届 ・給水申込書	着工前 〃 完了時 〃 使用前	水道事業管理者	案内図，配置図，配管図添付 竣工後工事検査を受ける 工事完成図添付 申込後量水器取付
	8m以上の高架水槽	・確認申請書 ・工事完了届	着工前 完了時	建築主事または指定確認検査機関	配置図，平面図，構造図等
	専用水道	・専用水道確認申請 ・給水開始前の届出	着工前 使用前	都道府県知事 同上	給水量，水源の種別，地点，水質試験，施設等水質検査，施設検査
排水設備	下水道接続敷地排水	・排水設備計画届 ・工事完了届 ・使用開始届	着工前 完了後5日以内 使用前	下水道事業管理者	工事調書，案内図，配管図添付，排水設備技術者選任，検査を受け検査証受領 新設開始
	公共用水域に排出	・特定施設設置届 （カドミウム等排出） ・特定施設使用届出	着工60日前 使用開始前	都道府県知事（市長） 公共下水道管理者	施設の種類，構造，使用方法，処理方法，その他 同上
	河川に排出	・汚水排出届出（50m³/日以上の汚水排出）	使用前	河川管理者	汚水の水質，量，排出方法，処理の方法
し尿浄化槽		・確認申請書（建築物の申請と同時） ・浄化槽設置届 ・同上(型式認定品の場合) ・工事完了届	着工前 着工21日前 着工10日前 完了4日以内	建築主事 都道府県知事 建築主事	見取図，形状，構造，大きさ 同上（確認申請以外） 検査を受け検査済証受領
消火設備		・消防用設備等着工届出書 ・防火対象物使用届出書	着工前10日前まで 使用開始7日前まで	消防長または消防署長 消防長	設計書，系統図，仕様書添付，消防設備士が届出 設計書，計算書，系統図等
冷凍設備	フロンガス20以上50RT/日未満，その他の高圧ガス3以上20RT/日未満	・高圧ガス製造届出書	製造開始の20日前まで	都道府県知事	ガスの種類，製造施設明細を添付 （高圧ガス保安法）
	フロンガス50RT/日以上，その他の高圧ガス20RT/日以上	・高圧ガス製造許可申請書 ・製造施設完成検査申請書 ・高圧ガス製造開始届出書 ・危害予防規程認可申請書	製造開始前まで 完成時 製造開始時	都道府県知事 〃 〃	ガスの種類，製造計画書添付 検査を受けて検査証受領 （高圧ガス保安法）

第7章　施工管理

ガス設備	都市ガス	・ガス工事申込	着工前	ガス会社	設計図，建物平面図
	液化石油ガス	・液化石油ガス貯蔵または取り扱いの開始届出（300kg以上貯蔵）	着工前	消防長または消防署長	取扱数量，位置，構造，消防設備の概要
圧力容器設備・第一種ボイラー	新設のもの	・構造検査申請 ・設置届 ・設置検査申請	製造後 設置30日前まで 完成時	労働局長 労働基準監督署長 同上	刻印・検査済印を受ける 配置図，配管図，明細書添付，据付主任者選任，検査を受け検査証受領
	再使用	・使用再開検査申請	竣工時	労働基準監督署長	構造図，明細書，配置図
	小型ボイラー	・設置報告	竣工時	労働基準監督署長	構造図，明細書，配置図
火を使用する設備	熱風炉・かまど等	・火を使用する設備などの設置届出（小型以下）	使用前	消防長，市町村長，消防署長	設備概要，配置図
危険物の製造所・貯蔵所・取扱所	指定数量以上	・危険物設置許可申請 ・水張，水圧検査申請 ・完成検査申請	着工前 施工中 完成時	都道府県知事または市町村長	製造設置，構造明細添付 容器に配管，付属品を取付ける前に申請検査を受け検査証受領
	危険物少量	・少量危険物（指定数量の1/5以上）の貯蔵，取扱届出書	着工前	消防署長	
ばい煙		・ばい煙発生施設設置届出	着工60日前まで	都道府県知事または政令市の市長	ばい煙発生施設の種類，構造，使用方法，処理方法
騒音	指定地域内	・特定施設設置届出 ・特定建設作業実施届出	着工30日前まで 作業開始7日前	市町村長	特定施設の種類，騒音防止法，配置図 同上
道路使用	管類埋設等	・道路占用許可申請 ・道路使用許可申請	着工前 着工前	道路管理者 警察署長	目的，期日，場所，構造，方法，復旧方法等 目的，場所，期間，方法

(4) 完成時の業務

完成時の業務の内容とフローを第7-4図に示す．

第7-4図　完成時の業務の流れ

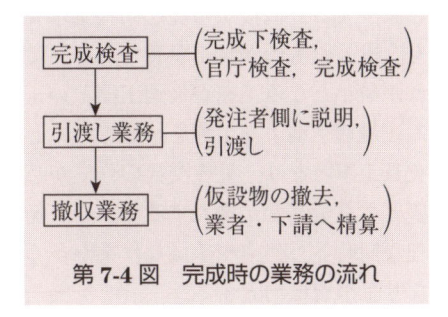

7.1　施工計画

7.2 工程管理

(1) 目的と内容

建設工事のスタートから完成に至るまで，限られた工期内で，関連のある各種の工事の手順や作業の進度を総合的に計画し実行することであり，単に日程的な管理だけでなく品質管理，安全管理，原価管理と相まって施工管理が意義あるものとなる．

(a) 工程，品質，原価の関係（第7-5図）

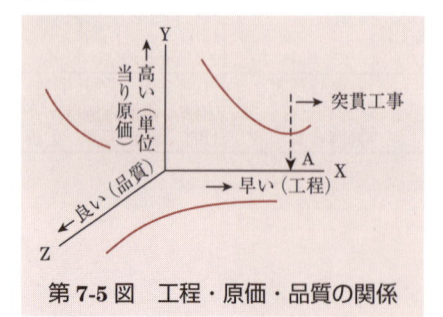

第7-5図 工程・原価・品質の関係

① 工程と原価との関係

工期が長くかかる（工程が遅い）と単位当たりの原価は高くなり，工期を短かくする（工程を早める）と原価は安くなる．しかし，さらに工期を短かくすると突貫工事になり原価は逆に高くなる．

② 品質と工程との関係

工期を短かくする（工程が早い）と品質は悪くなり，品質を良くしようとすると工期が長くなる（工程が遅くなる）．

③ 品質と原価との関係

品質を良くしようとすると原価が高くなる．

(b) 適正工期と経済速度

工事費は直接工事費と間接工事費から成り立つ．直接工事費は労務費，機材の購入費など工事に直接かかる費用であり，これは工期が短かい，つまり工程の進度が早いと工事に重複や無駄が生じて増大する．間接工事費はいわゆる管理費や借入金の金利，減価償却費等で，直接費とは逆に工期が短かいと減少する．直接工事費と間接工事費を合計したものが総工事費であり，これが最小となる工期が最適工期といえる．最適工期より工程を早めていくと突貫工事となり，昼夜交代の作業が必要となり労務費が増大することや，無理な同時並行作業や手戻り作業が多くなり工事費は増大する．

(2) 各種工程表
(a) 横線式工程表
① ガントチャート
各作業名を縦軸にとり，それぞれの作業の達成度を横軸に表したもので，作業間の因果関係が明確でなく，それぞれの所要の日数が不明である（第7-6図）．

② バーチャート
縦軸に各作業名と工事出来高〔％〕をとり，横軸は工期の時間的経過と暦日をとる．また，作業ごとの予定を横棒線で表す．ガントチャートで不明の部分は改善されるが，作業の遅れなどが全体工期に及ぼす影響など把握できない（第7-7図）．

(b) 曲線式工程表
① 工程曲線
横軸に時間の経過，縦軸に工事出来高あるいは工事量の累計をとり工事の出来高の予定と実績とを比較する方法で，工事の初期の段階では準備作業や工事の段取などで出来高は少なく，工程が進むとともに作業も軌道にのり出

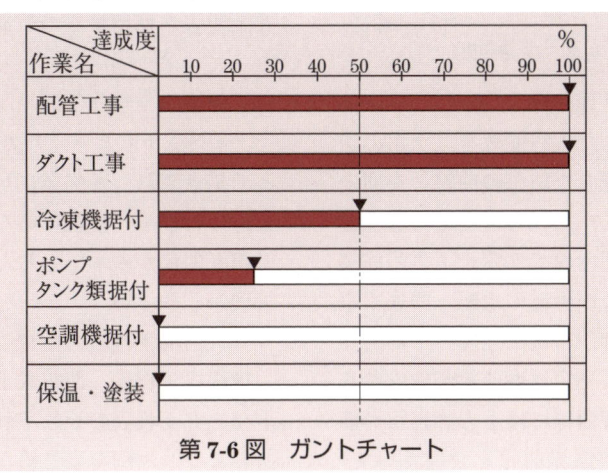

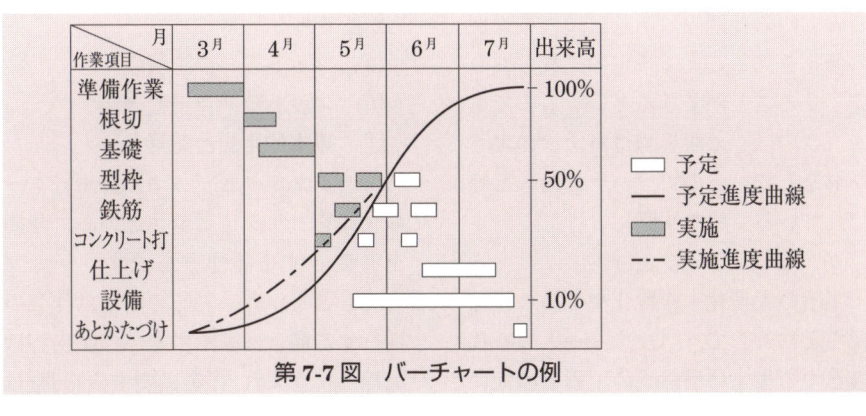

第7-6図　ガントチャート

第7-7図　バーチャートの例

7.2　工程管理

来高も多くなってくる．しかし，工期の終盤では検査や完成の事務的処理の準備などで再び進度は低下する．このように，毎日の工事の出来高の累計はS字形の曲線を描くのが一般的である（第7-8図）．

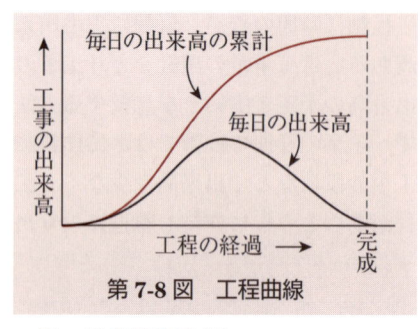

第7-8図　工程曲線

② 進度管理曲線

①で説明した工程曲線を，工事の予定曲線と実施した結果の曲線とを同一グラフに表し，工程の進度を管理するのが進度管理曲線である．工事の作業量や機材および労働の手配，関連工事との調整などから施工速度の平均的な数量を出し，予定進度曲線が作成される．予定進度曲線には上方許容限界曲線，下方許容限界曲線を設けていて，この二つの範囲内にあれば，作業進度の修正を図ることで予定の工程どおり完了することができるというものである．この二つの限界線はバナナのような形をしているので，バナナ曲線と呼ばれている（第7-9図）．

(c) ネットワーク工程表

工事の大型化，複雑化や工期の短縮化などに対して，バーチャート等を代表とする従来の横線式の工程表の他に

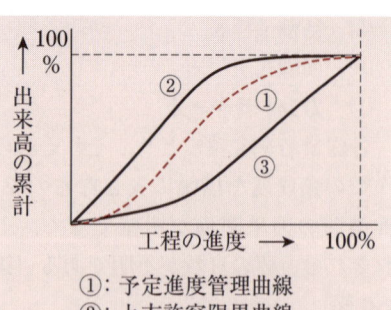

①：予定進度管理曲線
②：上方許容限界曲線
③：下方許容限界曲線

第7-9図　進度管理曲線
（バナナ曲線）

ネットワーク手法を用いたネットワーク工程表を採用するのが最も合理的となってきた．ネットワーク工程表とは，作業の種類と手順や所要日数等を○（イベント）と→（アクティビティ）とで描き表し，各作業に対する先行作業，平行作業，後続作業などの作業間の相互関係が表示できるため工程上の管理がしやすい．

(d) 各種工程表の比較

横線式工程表，曲線式工程表，ネットワーク工程表のそれぞれの長所，短所および適用例をまとめたものが，第7-2表である．

(3) ネットワーク工程表
(a) ネットワーク工程表(1)
① 基本的用語と記号

ⓐ アクティビティ（Activity）：→の矢印をアクティビティといい，時間を必要とする諸作業を表す．ジョブ（Job）ともいう．矢印の向きは作業の進行する向きに表示する．作業内容は矢線上に書入れ，作業に要する時間（日

第 7-2 表　各種工程表の比較

	長所	短所	適用例
横線式工程表（ガントチャート バーチャート）	① 作成が容易 ② わかりやすく誰でも理解できる ③ 変更・修正が容易	① 各作業の全体工期に及ぼす影響や位置付が不明 ② 作業間の因果関係が不明 ③ 大規模な工事では細部が表現できない	① 小規模で単純な工事 ② マスタープラン，概略の工程表
曲線式工程表	① 工程の進度の全体的傾向を理解できる ② 作業の予定量と実施との相違がわかりやすい ③ バナナ曲線により工程管理の目標が立てられる．	① 日程上の管理ができない ② 暦日での計画は立てられない	① 工程の全体的な傾向を知るには便利 ② 他の工程表と合わせて利用するとよい
ネットワーク工程表	① 工事の相互関係がわかる ② 工程の遅れなどに対して重点管理が可能 ③ ネットワーク手法は相手に対し説得しやすい ④ 工程の全体と部分の関係が理解できる ⑤ 工程の変化に対して対応しやすい ⑥ 大規模で複雑な工事や重要な工事の進行状況の管理や原価管理に適する	① 作成が比較的むずかしくやっかい ② 作成や応用に熟練を必要とする ③ 修正，変更がやや面倒	① 大型工事 ② 複雑で特殊な工事 ③ 重要な工事

数）を矢印の下に記入する．この必要となる時間（日時）を Duration という．例として，**第 7-10 図**のように表現する．

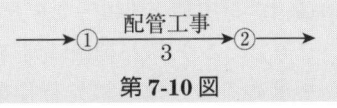

①——配管工事／3——②
第 7-10 図

ⓑ　イベント（Event）：ノード（Nodes）ともいう．作業の結合点をいい，作業の開始および終了時点を示す．記号は〇印で表し，これに番号（自然数）を付けるがこれをイベント番号といい，同じ番号が二つ以上あってはならず，作業の進行方向に次第に大きくなる．結合点自体は時間的な要素を持たない（**第 7-11 図**）．

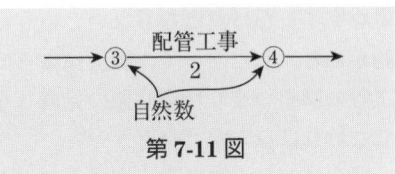

③——配管工事／2——④
自然数
第 7-11 図

ⓒ　ダミー（Dummy）：作業の前後関係のみを示し，作業の内容や時間的要素は含んでいない．記号は点線の矢印-->で，架空の作業を意味し，ネットワーク上で補助的に使われる．例えば**第 7-12 図**の例では，③，④間にダ

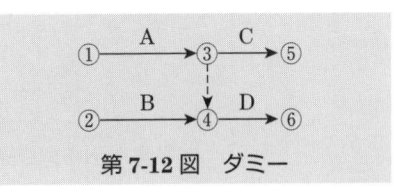

①—A→③—C→⑤
②—B→④—D→⑥
第 7-12 図　ダミー

7.2　工程管理

ミーが入ることにより，次のように解釈できる．

・作業Aが終了すると作業Cがスタートできる．
・作業Aと作業Bが終了してはじめて作業Dが開始できる．

ⓓ　パス（Path）：ネットワークの中で二つ以上の作業（アクティビティ）の連続したものをいう．

ⓔ　クリティカルパス（Critical Path）：ネットワーク上で開始（Start）から終了（Finish）までのパスの中で最も日数を要するパス．

② **時間管理**

今まではネットワーク上で作業の手順，順序について述べてきたが，建設工事は完成時期が定められており，その限られた工期のなかでそれぞれの作業を完了しなければならないという制約がある．したがって，状況によって工程の調整つまり作業時間の見直しをしなければならなくなる．

ⓐ　イベントタイム；ネットワークのスタートの時点を0として，それぞれのイベントでは作業日数を加えていき，その結果，該当イベントでの日数が計算できる．

㋐　最早開始時刻；それぞれのイベントで最も早く次の作業が開始できる時刻をいう．

E.S（Earliest Start Time）という．

この時間計算の方法は，ネットワーク上において，矢印の尾に接するイベントの最早開始時刻にその作業の所要日数を加え，矢印の頭に接するイベントの最早開始時刻とする．イベントに矢印が二つ以上入る場合は数値の大きい値をとる（**第7-13図**）．

㋑　最遅完了時刻；工事が予定した工期以内で完了するために，それぞれのイベント（結合点）が遅くとも完了していなければならない日時のことでL.F（Latest Finish Time）という．L.Fを求めるには，最終イベントの最早開始時刻（E.S）を工期として，E.SとL.Fを等しくとり，最早開始時刻（E.S）を求めるのとは逆に先行作業の

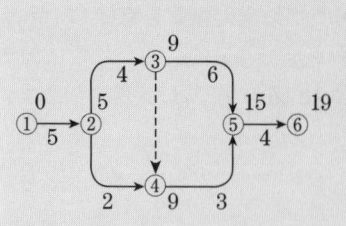

i番目のイベントⓘにおいて，それが出るアクティビティⓘ→ⓙが最も早く開始できる時刻を最早開始時刻（E.S）という．これを計算で求めてみると，

イベント	①	②	③	④	⑤	⑥
算出	0	0+5	5+4	5+4 ∨ 5+2	9+6 ∨ 9+3	15+4
E.S	0	5	9	9	15	19

第7-13　最早開始時刻（E.S）の算出例

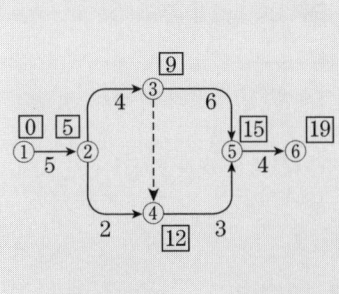

図のネットワークにおいて，最終イベントの最早開始時刻（E.S）を予定した工期として，この工期内に完了するために各イベントが遅くとも終了していなければならない時刻，すなわち最遅完了時刻（L.F）を以下のように求めてみる。

イベント	⑥	⑤	④	③	②	①
算出		19−4	15−3	15−6 ∧ 12−0	9−4 ∧ 12−2	5−5
L.F	19	15	12	9	5	0

第 7-14　最遅完了時刻（L.F）の算出例

所要日数を順次引き算をして求める．イベントに矢印の尾が二つ以上接している場合は小さい方の値をとる（第 7-14 図）．

⑦　最早完了時刻；そのイベントが最も早く完了できる日時のことで，最早開始時刻に後続するアクティビティ（矢印）の所要日数を加えたものである．

ⓑ　フロート

ネットワーク上で最早完了時刻と最遅完了時刻の差だけ遅れても全体工期に影響を及ぼさないというわけであるが，その余裕時間をフロートという．各アクティビティのフロートを算出することにより，全体の工期を調整，短縮するには，どの作業の日数を短縮すれば良いかなどの判断材料となる．

例として第 7-15 図を見てみよう．この工程の工期の完成に必要な日数は11日であるが，作業の経路は⓪→①→③と⓪→①→②→③の二つがある．前者所要日数は9日で後者は11日である．したがって，前者と後者の差は2日となりこれがフロート（余裕時間）となる．フロートの種類はトータルフロート（Total Float：T.F，最大余裕時間），フリーフロート（Free Float：F.F，自由余裕時間），インターフェアリングフロート（Interfering Float）：I.F，干渉余裕時間）等がある．

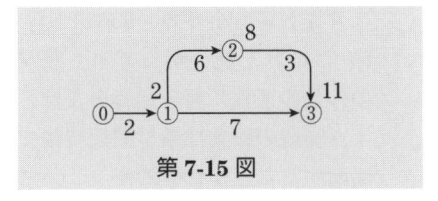

㋐　トータルフロート（T.F）；あるアクティビティ（作業）内で取り得る最大余裕時間をトータルフロートという．一般のネットワーク上での T.F の表示方法は，第 7-16 図の $[T.F_{ij}]$ となる．またトータルフロートの算出例は，第 7-17 図参照のこと．

〈トータルフロートの特徴〉

・T.F=0 ならば他のフロートも 0 である．
・T.F=0 のアクティビティ（作業）をクリティカルアクティビティ（臨界作業）といい，余裕時間は

第 7-15 図

7.2　工程管理

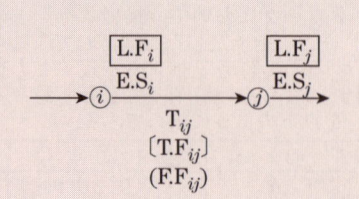

$\boxed{\text{L.F}_i}$ ；iにおける最遅完了時刻
$\boxed{\text{L.F}_j}$ ；j　　〃
E.S_i ；iにおける最早開始時刻
E.S_j ；j　　〃
$[\text{T.F}_{ij}]$ ；$i \to j$のトータルフロート
$[\text{F.F}_{ij}]$ ；$i \to j$のフリーフロート
T_{ij} ；作業$i \to j$の所要日数

第7-16図

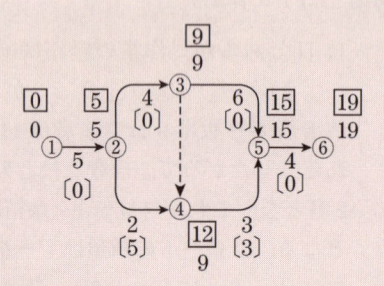

トータルフロートの算出

$$[\text{T.F}_{ij}] = (\boxed{\text{L.F}_j} - \text{E.S}_i) - T_{ij}$$
$$= \boxed{\text{L.F}_j} - (\text{E.S}_i + T_{ij})$$

$[\text{T.F}_{ij}]$ ；作業$i \to j$のトータルフロート
$\boxed{\text{L.F}_j}$ ；jにおける最遅完了時刻
E.S_i ；iにおける最早開始時刻
T_{ij} ；作業$i \to j$の所要日数

$[\text{T.F}_{45}] = \boxed{15} - (9+3) = [3]$

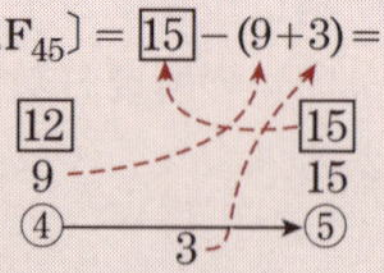

アクティビティ	①－②	②－③	②－④	③－⑤	④－⑤	⑤－⑥
計算	5−(0+5)	9−(5+4)	12−(5+2)	15−(9+6)	15−(9+3)	19−(15+4)
T·F	0	0	5	0	3	0

第7-17図

無く工程管理上の重点管理の対象となる．
・先行する作業がT.Fの一部または全部を使い切ると，後続する作業は一般に最早開始時刻（E.S）で始めることが不可能となる．
㋑　フリーフロート（F.F）；そのアクティビティの中で自由に使っても後続するアクティビティに影響を及ぼさない余裕時間のことをい

う．一般のネットワーク上でのF.Fの表示方法は図7-16の$[\text{F.F}_{ij}]$となる．

＜フリーフロート（F.F）の特徴＞
・F.FはT.Fより大きくはない．つまり等しいか小さい．F.F≦T.F
・F.Fはこれを使い切っても，後続の作業の工程に何ら影響を及ぼさず，後続の作業は最早開始時刻で開始することができる．

(b) ネットワーク工程表(2)

① クリティカルパス

第7-18図において，最初のイベント①から⑧の最終イベントに至る各経路で必要となる日数を計算すると，最大日数が33日で，その経路は①→②→④--→⑤→⑦→⑧であることがわかる．このように，すべての経路のうち最も長い日数を必要とする経路をクリティカルパスという．ネットワーク上で，このようなクリティカルパスになる経路が1本以上できる．この経路の所要日数が工期を決するため工程管理上重要である．

〈クリティカルパスの特徴〉

- クリティカルパス上のアクティビティ（作業）の各フロート（T.F, F.F, I.F）は0である．
- クリティカルパスは，開始点から終了点までの全ての経路の中で最も日数がかかる経路であるため，工程管理上これに着目し，工程短縮等の対策を立てることができる．
- クリティカルパスは必ずしも1本とは限らない．
- クリティカルパス以外の経路も，フロートを使いきると，その経路はクリティカルパスとなる．
- T.Fの小さい経路をセミクリティカルパスといい，これはクリティカルパスになりやすいので工程管理上十分注意する．
- ネットワーク上ではクリティカルパスは，一般的に太線で表す．

② 日程短縮

工事の手順やその相互関係を検討してネットワーク工程表を作成し，各作業に標準状態の時間見積りを入れ最早開始時刻を計算すると所要工期が求められる．これをプランニングという．しかし，この工期が予定されている日数よりも多ければ，作業日数を調整し工期を短縮しなければならない．この工期短縮の操作をスケジューリングと一般に呼んでいる．具体的なスケジューリングの方法は，ネットワーク上の負のトータルフロート（T.F）をもつ経路を選び，その中のいくつかから作業ごとに短縮する日数を求め，工期に間に合うよう日程短縮を行う．

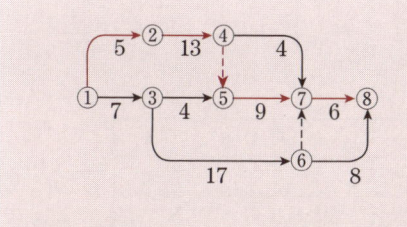

経路	所要日数
①-②-④-⑦-⑧	28
①-③-⑤-⑦-⑧	26
①-②-④-⑤-⑦-⑧	33
①-③-⑥-⑦-⑧	30
①-③-⑥-⑧	32

第7-18図

例として第7-18図で日程短縮を検討してみよう．

ここで，このネットワークの工期は最早開始時刻で計算すると33日であるが，イベント⑧で最遅完了時刻を33日とし，逆算してさらに各アクティビティーのT.F（トータルフロート）を計算すると，第7-19図のとおり①→②→④--→⑤→⑦→⑧がゼロとなり，これがクリティカルパスとなることが分かる．

次に，工期33日が必要であるが，これの日程を5日短縮して28日を工期とする場合の検討を行ってみよう．

イベント⑧の最遅完了時刻を28日とし，ネットワーク図とT.Fを計算する

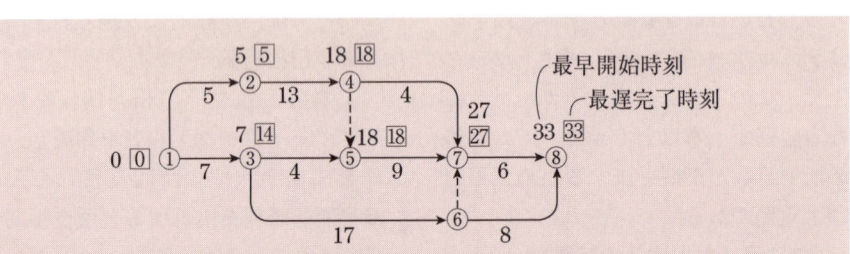

アクティビティ	①→②	①→③	②→④	③→⑤	④→⑤	④→⑦
計算	5-(0+5)	14-(0+7)	18-(5+13)	18-(7+4)	18-(18+0)	27-(18+4)
T・F	6	7	0	7	0	5

アクティビティ	⑤→⑦	③→⑥	⑥→⑦	⑦→⑧	⑥→⑧	
計算	27-(18+9)	27-(7+17)	27-(24+0)	33-(27+6)	33-(24+8)	
T・F	0	3	3	0	1	

第7-19図

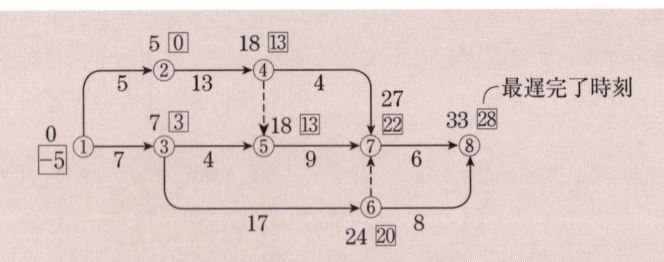

アクティビティ	①→②	①→③	②→④	③→⑤	④→⑤	③→⑥
T・F	−5	−4	−5	2	−5	−4

アクティビティ	④→⑦	⑤→⑦	⑥→⑦	⑦→⑧	⑥→⑧	
T・F	0	−5	−2	−5	−4	

第7-20図

第7-21図

第7-22図

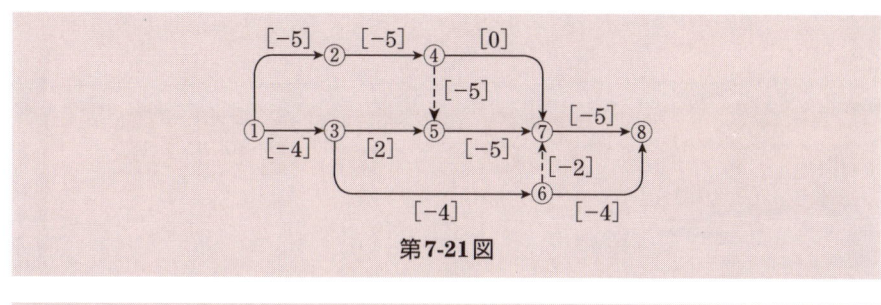

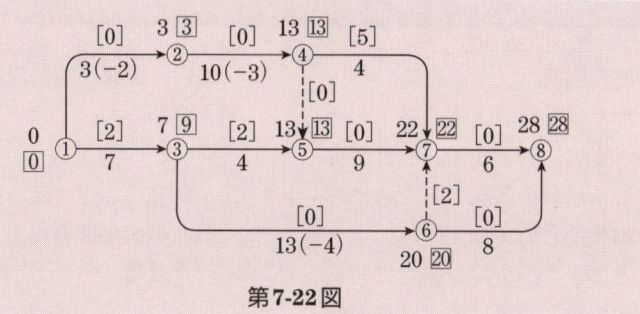

と第7-20図のようになる.これをネットワーク図で表すと**第7-21図**であり,T.Fが-5の経路がクリティカルパスであり,例えば,この経路の①→②を2日,②→④で3日,クリティカルパスのT.Fより小さいリミットパス③→⑥日で4日短縮した場合の工期は28日となる.また,**第7-22図**から,各アクティビティーのT.Fは負でないことが確かめられる

7.3 品質管理

(1) 目的と内容

品質管理とは，建設工事の着工の準備段階から完成に到るまで，設計図書で要求される品質を達成するために行われる管理体系といえる．

このことにより，欠陥を未然に防止することができ，工事に関する信頼性を得ることができるとともに，新たな問題点や改善の方策を見い出すことである．

(2) 品質管理の手法

(a) デミングサークル

デミングサークルは，品質管理のステップを4段階に分け，**第7-23図**のように，

① 計画（Plan）；建設工事においては，計画・設計段階で品質標準を定める．

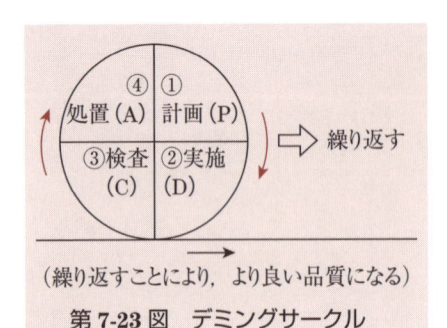

↓

② 実施（Do）；定めた品質標準どおりの成果物を得るための施工を行う段階．

↓

③ 使用・検査（Check）；施工された建設工事が設計や施工の品質標準や施工標準に合致するか否かをチェックする段階．

↓

④ 処置（Action）；③の段階で問題があればその対応をする．

を繰り返す．

(3) 品質管理の方策

品質管理を進めていくにはその道具としての手段が必要となるが，具体的にはQC7つ道具といわれる次の手法が用いられる．

① パレート図

不良項目を分類し，発生頻度の多い順に並べ，その大きさを棒グラフとし，さらにこれらの大きさを順次累積した折れ線グラフで表したもの．この図か

第7-23図 デミングサークル
（繰り返すことにより，より良い品質になる）

ら，大きな不良項目がわかるとともに不良項目が全体に占める割合が明らかになり，効果的な不良箇所削減対策が立てられる（第7-24図）．

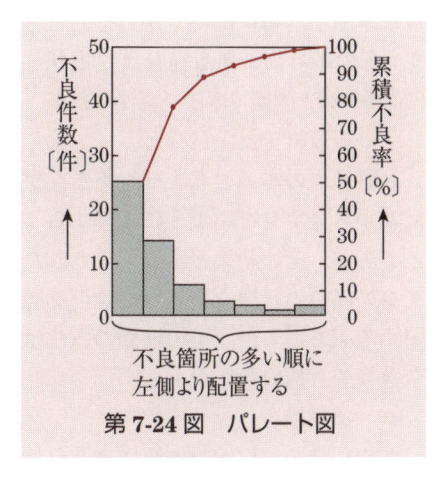

第7-24図　パレート図

② 特性要因図

第7-25図のように，図が魚の骨に似ていることから「魚の骨図（Fish Bone）」ともいう．改善したい特性（結果）と，これに直接，間接に影響を及ぼす要因（原因）との関係を関連づけて体系化したものである．原因としての大項目とそれに関する中，小項目をグループごとに分け，大骨，中骨および小骨に書きこんでいく．不良となっている原因を整理し，関係者で原因追求と改善の手段を決め，改善のための全員の意思統一を図ることに利用できる．

③ ヒストグラム

一般に安定した工程から得られる計量データは，平均値を中心として左右にすそ野をもつ正規分布となることが多い．ヒストグラムは，計量データがどのように分布しているのかを縦軸に度数，横軸にその計量値をある一定の幅ごとに区分し，その幅を底辺とした柱状図で表したもので，一般に上限，下限の規格値を入れている（第7-26図）．

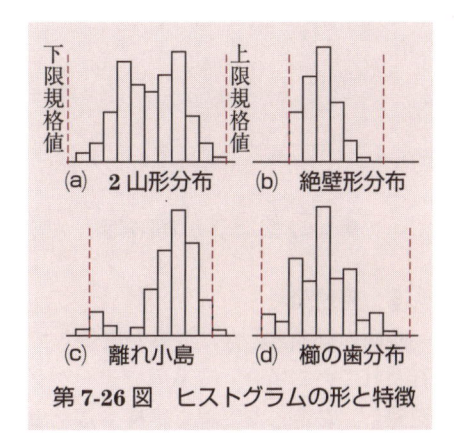

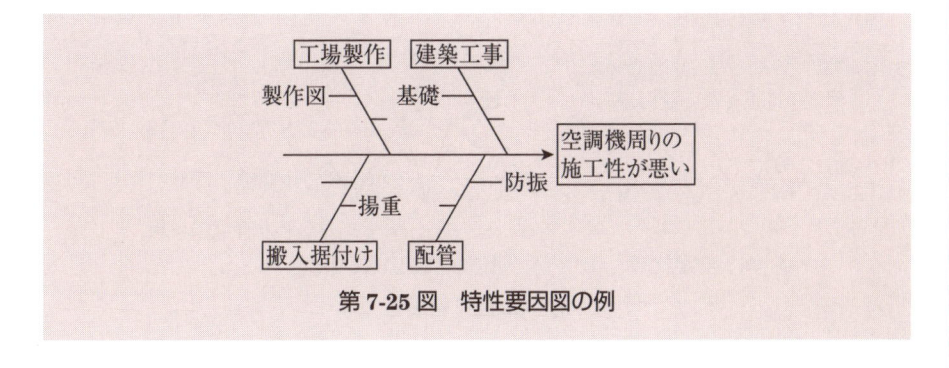

第7-26図　ヒストグラムの形と特徴
(a) 2山形分布　(b) 絶壁形分布
(c) 離れ小島　(d) 櫛の歯分布

第7-25図　特性要因図の例

7.3　品質管理

④ 散布図

第 7-27 図のように，x, y 二つのデータを座標にプロットして，右上りの集団としての傾向を示せば x と y は正の相関関係があることがわかる．また，右下りであれば負の関係があると考えられる．散布図を作ることにより，対応する二つのデータの関連性の有無がわかる．関係があれば品質管理対策に用いることができる．

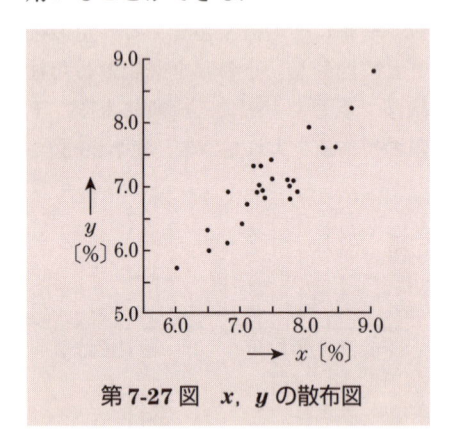

第 7-27 図　x, y の散布図

⑤ 管理図

時間の経過とともに工事が継続して行われている場合，時系列でデータを記録し，安定した工程を維持するために使われる手法である．工程が安定していれば，完成品の品質のバラツキは一定の範囲内に収まり，異常なデータはほとんど発生しない．つまりこのことは，ある目安となる限界線を定めて，それからはみ出した場合は異常が起きたと考え，その限界内にある場合は安定状態にあるものと判断できる（第 7-28 図）．

(4) 抜取検査と全数検査

品質管理の本来の意義は，不良品が最初から発生しないように管理することである．その結果として施工された工事の品質の状態を検査して良否を判定する訳であるが，その検査の方法は全数検査と抜取検査がある．

(a) 抜取検査

ある一定の抜取検査方法により，検査ロットからサンプルを抜き取って試験し，その結果を判定基準と比較して合否の判定をする検査である．

① 抜取検査に適するもの
  ⓐ 数量が多い材料（配管，保温材，塗料，支持金物等）．
  ⓑ 施工されたマンションやホテルの客室系統等の同形，同パターンのダクトや配管，ダクト保温工事等ですべての物を検査することは

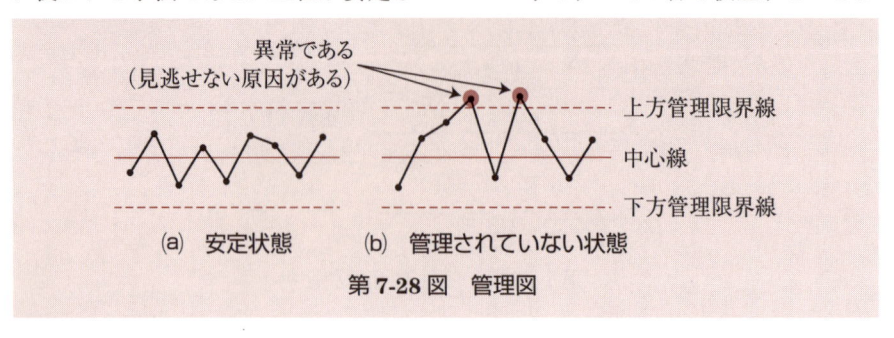

第 7-28 図　管理図
(a) 安定状態　(b) 管理されていない状態

第 7 章　施工管理

可能であるが,不経済となる場合.
② **抜取検査が必要な場合**
ⓐ 破壊しなければ検査することができないもの.
ⓑ 試験を行ったら商品価値の無くなってしまうもの.
③ **抜取検査が有利の場合**
ⓐ ある程度の不良品の混入が許される場合；全数検査を行うと多くの費用と手間がかかるため多少不良品が混入してもさしつかえない場合は抜取検査は有利である.
ⓑ 生産者に品質向上の意識をもたすため；抜取検査はロット単位で処理されるため,不合格となった場合の生産者のダメージは大きい.そこで生産者は品質向上に努めざるを得ない.

(b) **全数検査**
全ての検査対象物に対して多くの手間と費用をかけて検査するもので,検査の信頼性は高い.
・**全数検査が必要な場合**
ⓐ 1箇所でも不都合があれば,人身事故のおそれがあったり,利用者に多大な損害を与えてしまうおそれがあるようなもの.
ⓑ 費用が安く,しかも安定した精度で能率良く検査でき,また効果が大きい場合.
ⓒ 工程の進度状況などから判断して,不良率が大きく,品質水準に到達していないと思われるもの.
など.

第7-3表 品質管理用語（JIS Z 8101より）

用語	内容
品質	品物またはサービスが,使用目的を満たしているかどうかを決定するための評価の対象となる性質・性能の全体.
管理図	測定点が管理限界線の中にあれば工程は安定な状態にあり,管理限界線の外に出れば,見逃せない原因があったことを示す.
許容差	規定された基準値と規定された限界との差.
管理線	中心線と管理限界線の総称.
管理限界	見逃せない原因と偶然原因を見分けるために,管理図に設けた限界.
中心線	管理図において,平均値を示すために引いた直線.
ヒストグラム,柱状図	測定値の存在する範囲をいくつかの区間に分け,その区間に属する測定値の出現度数に比例する面積を持つ柱（長方形）を並べた図.
中央値	測定値を大きさの順に並べたとき,ちょうどその中央にあたる一つの値（奇数個の場合）,または中央の二つの算術平均（偶数個の場合）.
範囲	測定値のうち,最大の値と最小の値との差.
偏差	測定値とその期待値との差.
品質保証	消費者の要求する品質が十分に満たされていることを保証するために,生産者が行う体系的活動.

7.4　安全衛生管理

(1)　目的と内容

近年は建設物の大型化，工法の多様化，設備システムの高度化等により労働災害が増加している．これら労働災害を防止するには，それぞれの現場に応じた広義の安全管理体制を確立し実施していくことが必要である．

(2)　労働災害の種類

① 脚立などの足場などからの転落事故
② 鋼管，大型機材など吊り上げおよび運搬中の事故
③ 溶接作業に伴う事故
④ 仮設電源などによる感電事故

などとなっており，①の転落事故が最も多く全体の約45%を占め，②の吊り上げや車輌などによる運搬中の事故を合計すると実に75%を占める．

また，不慣れな現場に初めて入場した作業者が事故に遭う確率は統計的に高く，その現場に入場して7日以内に発生した事故の割合が25%，1か月以内の事故が50%で，新規にその現場で作業を開始してから10日以内にほとんどの事故が発生している．

(3)　ハインリッヒの法則

1：29：300の法則ともいわれ，一つの死亡事故には29のヒヤリ，ハッとする出来事が起きており，その潜在的な原因は300存在するということである（第7-29図）．

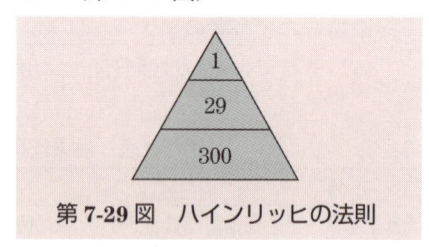

第7-29図　ハインリッヒの法則

(4)　労働災害の発生率

労働災害の発生の状況を数値的に把握するには，何らかの指数で表すと便利である．労働省では指数として以下の3種類を規定して用いている．

(a)　度数率

延労働100万時間当たりの死傷者数のことで，災害発生の頻度を表す指数であり以下の式で表される．

$$度数率 = \frac{死傷者数}{労働延時間数} \times 1000000$$

(b)　強度率

延労働1000時間当たりの労働損失

第 7-4 表

身体障害等級（級）	4	5	6	7	8	9	10	11	12	13	14
労働損失日数（日）	5500	4000	3000	2200	1500	1000	600	400	200	100	50

日数のことで，災害の規模・程度を表す．

$$強度率 = \frac{労働損失日数}{労働延時間数} \times 1000$$

労働損失日数は以下のように定められている．

① 死亡および永久全労働不能（身体障害 1～3 級）の場合は休業日数に関係なく 1 件について 7500 日とする．
② 永久一部労働不能の場合は休業日数に関係なく**第 7-4 表**による．
③ 一次労働不能による損失は次式による．

$$労働損失日数 = \binom{暦日による}{休業日数} \times \frac{300}{365}$$

(c) 年千人率

労働者 1000 人当たりの年間災害死傷者数を表すもので，発生頻度を示す．

$$年千人率 = \frac{年間死傷者数}{年平均1日当たり労働者数} \times 1000$$

(5) 安全活動

(a) 各種安全活動用語

① **T.B.M（ツールボックスミーティング）**

作業開始前の短い時間を利用して，道具箱（ツールボックス）を囲んで仕事仲間が安全作業について打合わせ（ミーティング）をすること．現場で行う安全活動の一つの方法である．

② **K.Y.K（または K.Y.T）**

危険予知活動（または危険予知トレーニング）の略号で，職場や作業の中にひそむ危険要因を知るため，職場の小集団で話し合い，作業の安全重点実施項目を理解すること．

③ **ヒヤリ・ハット運動**

「ヒヤリ」としたり「ハット」したが，事故にならずに済んだ事例を取り上げ，その原因を取り除く運動である．

④ **4S 運動**

安全の基本となる「整理」「整頓」「清掃」「清潔」の頭文字をとり 4S 運動と名付け安全活動としたもの．

⑤ **ZD 運動**

ZD とは「ゼロ・ディフェクト」（無欠陥）の略で，下からの盛り上がりに重点をおきミスや欠点の排除を目的とした運動．

⑥ **オアシス運動**

「オハヨウ」「アリガトウ」「シツレイシマシタ」「スミマセン」の頭文字をとって，オアシス運動と名付けられた．お互いの良好なコミュニケーションを築き作業の安全に寄与しようとするものである．

⑦ **O.J.T**

On The Job Training の略で特別の研修会などでの訓練ではなく，日常の通常業務のなかでの教育・訓練のことである．

7.4 安全衛生管理

7.5 工事施工

1. 施工計画と実施

　建築の施工工程に沿って設備工事を進めていくことになるが，建築基礎工事段階では，床下，床中配管，スリーブ入れ，床下の各種の槽，雑排水槽，湧水槽，汚水槽，蓄熱槽，配管トレンチ等の配置計画，躯体工事時期については，施工図の作成，鉄骨，鉄筋梁の貫通スリーブ入れ，箱入れ，インサート，アンカーボルト，吊り金物，シャフト内の収まりなどの検討および施工が必要となる。

　各種設備機器の基礎工事は，主要機器の搬入，据え付けに先立ち，その機器の設置の要求に見合うものでなければならない。コンクリートの打ち込み，アンカーボルトの取り付け，コンクリート基礎の仕上げ等についての配慮が必要となる。

　設備主要機器の据付工事は他の関連工事に影響することがあるので，搬入時期，経路，将来の機器更新時のことも考慮に入れておくことが大切である。また，取付基礎，架台，振動，耐震対策等，建築担当者とも十分な打ち合わせ，検討が望まれる。

2. 基礎工事

　(a) 基礎コンクリートは，レディーミクストコンクリートまたは現場練りとし，多量のコンクリートを使用する場合は前者とする。その調合比は，セメント1，砂2，砂利4の割合が一般的である。

　(b) コンクリートの基礎は，コンクリート打設後，適切な養生を行い，10日を経過した日以降でなければ機器を据え付けてはならない。

　(c) 耐震基礎は，床スラブや梁の鉄筋と緊結されたアンカーボルトにより十分な強度が確保できるよう，強固なもので機器を固定し，機器が地震により転倒，横滑りをしないよう対策をとる。

　(d) 防振基礎の場合，ストッパーなどを設け，地震による機器の転倒防止や過大な変位を起こさないようにする必要がある。

3. 機器の据付

(1) 送風機

(a) 送風機のコンクリート基礎の高さは一般に 150 〜 300 mm 程度とし，幅は送風機架台より 100 〜 200 mm 大きくする．

(b) 送風機の固有振動数，回転速度，荷重等に配慮し，取付位置は個々の防振材に均等に荷重がかかるようにする．

(c) 振動や音の影響がある場合，送風機の共通架台と基礎の間に防振ゴムや防振スプリングを設ける．

(2) ポンプ

(a) 渦巻ポンプの基礎の高さは，一般に 300 mm とし，基礎上の排水溝に排水目皿を設け，排水系統に間接排水する．

(b) ポンプとモータの軸が水平であること，カップリング面，ポンプの吐出および吸込フランジ面の外縁および間隙をチェックする（161 ページ図 5-12 参照）．

(c) 渦巻ポンプの水量調節は吐出側の弁で行う．

(d) 配管および弁の荷重が直接ポンプにかからないようにする．

(e) 負圧となるおそれがある吸込管には，連成計を取り付ける．

(3) 空調機（エアハンドリングユニット）

(a) コンクリート基礎や床面に防振ゴムパッドなどを敷いて水平に据え付け，地震による変位防止のストッパーを設ける．

(b) ドレン配管のこう配がとれるよう，架台の高さは 100 mm 程度とする．

(c) 冷水および温水配管の出入口には，圧力計や温度計を取り付けると保守，点検が容易となる．

(4) ファンコイルユニット

(a) 床置型は，部屋の外壁の窓側面に据え付け，壁面より 50 〜 60 mm 離して堅固に取り付ける．

(b) 天井吊り下げ型は，内壁の壁面に面した場所に取り付けると室内気流分布がよい．

(c) 天井吊り下げ型や埋込型はドレンパンの取付やドレン配管のこう配に注意する．

(5) エアコン（セパレート型）

(a) セパレート型エアコンの場合，冷媒配管が長くなると配管抵抗が増すので，膨張弁の冷媒通過量が減少し，機器能力が低下する．冷媒配管長による能力補正が必要となる．

(b) 屋外機を風通しの良い場所に設置すると，凝縮器での冷媒の熱交換率が良くなるので，機器能力は向上する．

(c) 冷媒配管は機器の規定圧力を保つ必要があるので，配管の長さにより冷媒封入量を調整する．

(6) ガス器具

(a) 密閉式：ガス器具を屋内に設置し，給気，排気を屋外に通じる給排気筒により行うもの．

(b) 半密閉式：ガス器具を屋内に設

置し，排気（燃焼排ガス）だけを屋外に排出するもの．

(c) ガス器具の逆風止めの取り付けは，屋外と屋内に圧力差が生じて燃焼ガスが押し込められたとき，逆風止めから排出して，燃焼が不完全にならないような働きをするもので，屋内側に設置する．

(d) 排気筒，給排気部には防火ダンパー等を取り付けてはならない．ガス器具に直結した排気筒，給排気部に防火ダンパー等（火災時に火炎，煙等を遮断する目的の設備や風量調整装置等）を設置すると，防火ダンパーの誤作動等により大きな事故の原因となり得るので取り付けてはならない．

(7) **給水 FRP 製タンク**

(a) タンク内部の保守点検を容易かつ安全に行うことができる位置に，直径 0.6 m 以上の円が内接できるマンホールを設ける．

(b) 保守点検を容易かつ安全に行うため，タンク上部は 1 m 以上，底部および周壁は 0.6 m 以上のスペースを必要とする．

(c) タンクに接続する排水管および通気管以外の取出管には可とう継手を使用する．タンクなど振動の発生しない機器回りには，地震による配管のブレを吸収するため可とう継手を使用する．

(d) 基礎上に，満水時の重量で底板に変形を生じない十分な支持面を持つ鋼製架台を介して水平になるよう設置する．高置タンクは地震力の他，風圧，積雪などに配慮する．

(e) 底板を点検できるように，山型の鉄筋コンクリート基礎上に 400 mm 以内の平行さんの鋼製架台を設置し，その上にタンクを堅固に取り付ける．

4. 配 管

(1) **給水管**

(a) 管の地中埋設深さ（土かぶり）は，重車両通路では 1200 mm 以上，車両通路では 750 mm 以上，一般の敷地では 300 mm 以上，寒冷地では凍結深度以上とする．

(b) 給水立て主管からの各階への分岐管など主要な分岐管には，分岐点に近接して止水弁を設ける．

(c) 主配管には保守，改修の際を考慮し，配管の取り外しが可能なように適当な箇所にフランジ継手を設ける．

(d) 高層建築物等の水栓器具など，吐出圧が 500 kPa を超えないようゾーニングするが，静水頭が 40 m 以上となると予想される配管には，ウォーターハンマ防止のためのエアーチャンバなどを設ける．

(e) 給水管と排水管が平行して埋設される場合は，両配管の水平面間隔は 500 mm 以上とし，交差する場合，給水管は排水管の上方に埋設する．

(2) **排水配管**

(a) 屋内排水管のこう配：呼径 65 以下は最小 1/50，75 以上 100 以下は最小 1/100，125 は最小 1/150，150 以

上は最小 1/200.

(b) 排水立て管の管径は，これに接続する排水横枝管の管径より小さくしてはならない．

(c) 洗面器の排水管の管径は，30 mm 以上とする．

(d) 排水配管にはユニオン継手を使用してはならない．

(3) 空気調和の配管

(a) 横走り下りこう配の蒸気配管で管径を縮小する場合は，偏心径違い継手を用いる．

(b) 冷温水，冷却水配管の最低部には，排水弁（水抜弁）を設ける．

(c) 蒸気往き管の管末には蒸気トラップを設け，凝縮水および空気を排出する．

(d) 温水配管のこう配は先上がりとし，配管内の空気抜きを行う．

(4) 配管の接合

(a) 鋼管のねじ接合をする場合は，ねじ切りは自動電動ねじ切り機を使用する．ねじ部には，管内の流体に適したシール材を塗布して余ねじ部とパイプレンチ跡に錆び止めを塗布する．

(b) 溶接接合には突き合わせ溶接，差し込み溶接，およびフランジ溶接などがある．

(c) 突き合わせ接合では，管端部に適切な開先加工を施し，ルート間隔をとって溶接する．

(d) 硬質塩化ビニルライニング鋼管をねじ接合する場合は，管端の防食を確実にするため，管端防食継手を用いる．

(5) 配管と保温材

(a) 保温材の目地は同一線上にならないようにずらす．

(b) 保温材の厚さは保温材本体の厚さとし，外装材および補助材の厚さは含まない．

(c) 配管の保温・保冷の施工は，水圧試験の後で行う．

(d) 横走り配管に取り付けた筒状保温材の抱き合わせ目地は，管の上下面を避け，管の横側に位置するようにする．

(e) 蒸気管などが壁，床などを貫通する場合には，伸縮があるので貫通部分およびその面から前後約 25 mm 程度は保温被覆は行わない．

(f) 保温材の鉄線巻は原則として 50 mm ピッチ以下とし，らせん状巻とする．

(6) 配管材料

① 配管の記号

名称	記号	備考
硬質塩化ビニル配管	VP（肉厚）VU（薄肉）	
水道用亜鉛メッキ鋼管	SGPW	配管用炭素鋼鋼管の白管より亜鉛の付着量が多い．
配管用炭素鋼鋼管	SGP	黒管と白管がある．
圧力配管用炭素鋼管	STPG	
耐衝撃性硬質塩化ビニル管	HIVD	
一般用ステンレス鋼管	SUS-TPD	

7.4 安全衛生管理

② 異種管の接続と継手

管の種類	継手の種類
鋼管と銅管	絶縁継手
鋳鉄管と鉛管	LY 継手
鋳鉄管と塩化ビニル管	VS 継手
鋼管と排水用鋳鉄管	GS 継手

③ 配管と色別

配管	水	空気	蒸気	ガス	油
色	青	白	暗い赤	うすい黄	茶色

(JIS Z 8102 物体色の色名)

5. ダクト

(1) 一 般

(a) 厨房や浴室など多湿性のある用途に使用する横引き排気ダクトなどは，その継ぎ目および継手は外面よりシールを施すかハンダ付けとする．

(b) 防火区画，防火壁，防煙壁などを貫通するダクトは，そのすき間をモルタル，ロックウール保温材その他の不燃材で埋める．その貫通部に保温を施す場合は，ロックウール保温材などの不燃材を使用する．

(2) ダクトの施工・接続

ダクトの施工方法を第7-31図に示す．

(a) 長方形ダクト

① アングルフランジ工法による接続は，ガスケットを挟みボルトで緊密に締め付ける．(第7-32図)

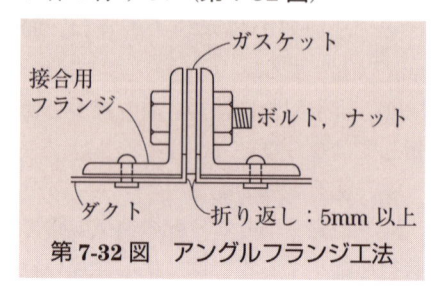

第7-32図 アングルフランジ工法

② 共板工法は，ダクト本体を成形加工してフランジとする．

③ 共板工法のダクトの接続には，コーナー金具とコーナーボルト，共板による折り加工の共板フランジ，フランジ押さえ金具（クリップ）およびボルト付き金具等がある．

(b) 円形スパイラルダクト

① スパイラルダクトの接続は，差し込み継手または接合用フランジを用いる．差し込み継手は外面によく接着剤を塗って，両端をダクトに差し込み，鋼製タッピングねじで接合し，アルミ粘着テープ巻き仕上げするか，接合用フランジを用いて行う．

② スパイラルダクトは，ハゼ部が多いため特に補強の必要はない．

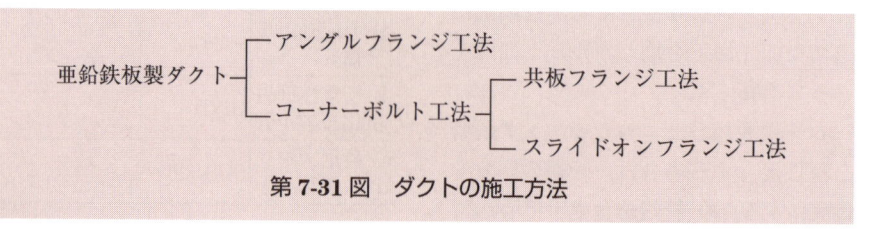

亜鉛鉄板製ダクト ┬ アングルフランジ工法
　　　　　　　　└ コーナーボルト工法 ┬ 共板フランジ工法
　　　　　　　　　　　　　　　　　　└ スライドオンフランジ工法

第7-31図 ダクトの施工方法

6. 試験・運転・調整

(1) 単体試運転調整

工事が完了すれば各機器や各系統ごとに試運転調整を行い，総合的な運転調整を行う．つまり，機器類やシステムとしての一連の設備機器類が規定どおり施工されていることを確認後，機器単体として回転方向，運転状態が正常であるか，異常な騒音，振動，発熱はないか等について確認しながら試運転を行う．

(a) ポンプ

軸受けの注油を確認する．

ポンプを手で回して回転むらがないか，グランドパッキンの締め付け状態が適正か点検する．

吐出弁を閉めて瞬時起動させ，回転方向を検討する．

吐出弁を閉めた状態で起動させ，過電流に注意しながら吐出弁を徐々に開いて規定水量とする．

グランドパッキンは，適度に漏水させることでパッキン部分を冷却・潤滑する構造になっているため，水滴の滴下が適切か確認する．

(b) 送風機

軸受けの注油や据付状態を点検する．

送風機を手で回して，羽根と内部に異常のないことを確認する．

吐出ダンパーを全閉にする．

電源の手元スイッチを入れ，瞬時運転させ，回転方向を確認する．

吐出口，還気口のシャッター，チャンバーなどの風量調整ダンパーを全開にし，徐々に絞って調整する．

吐出ダンパーを徐々に開いて，規定風量に調整する．

(2) 総合試運転調整

(a) 空調設備

主要機器の単体試運転を行い，問題がなければそれぞれの機器能力の計算数値にセットする．

各機器の運転順序に注意する．冷房運転の場合，空気調和機→冷水ポンプ→冷却水ポンプ→冷却塔→冷凍機，の順に運転する．停止する場合は逆の順序となる．

暖房時の運転順序は，空気調和機→温水ポンプ→ボイラー，の順になる．運転停止の場合は逆の順序となる．

(b) 給排水設備

単体機器の試運転後，総合運転に入るが，高置タンク方式の給水配管方式では，水源（本管接続，メータ，受水タンク）→送水（揚水ポンプ，高置タンク，主管，枝管）→給水機器（各種衛生器具，貯湯タンク，湯沸かし器等）→排水処理，等の順に運転する．

(c) 配管設備の試験

給水配管，蒸気配管，冷媒配管，空調用水配管，油配管等の圧力がかかる配管は，満水試験，通水試験，耐圧試験，煙試験などを行うが，排水管は，満水試験，衛生器具等取り付け後に通水試験を行い，煙試験を行うこともある．

排水管工事の施工手順は，排水管施工→満水試験→器具の取付→通水試験，である．

この問題をマスタしよう

問1（施工時期と業務内容） 建設工事の施工時期と業務内容の組み合わせとして，適当でないものはどれか．

　　　（施工時期）　　　（業務内容）
(1) 着工時―――資材・労務計画の作成
(2) 引渡時―――機器の取扱い説明
(3) 完成時―――官庁検査の実施
(4) 施工中―――総合工程表の作成

解説　総合工程表は，着工から完成引渡しまでの施工の状況を大局的に統括するために作成するもので，機材の発注時期，納入時期および搬入計画，労務計画等において，この総合工程表と実行予算書は必要不可欠のものとなる．したがって，総合工程表は着工時の業務となる．

施工中の業務としては，細部工程表の作成，施工図，製作図等の作成，機器材料の発注・搬入・保管計画，関連工事との調整・打合わせなどがある．

　　　　　　　　　　　　　答　(4)

問2（着工に伴う諸届，申請） 申請・届出書類とその提出先との組み合わせとして，誤っているものはどれか．

　　〔申請・届出書類の名称〕　　〔提出先〕
(1) 消防用設備等設置届―――消防長または消防署長
(2) 道路占用許可―――道路管理者
(3) 浄化槽設置届―――保健所長
(4) ボイラー設置届―――労働基準監督署長

解説　浄化槽についての届は，建基法に基づく確認申請書（建築物の申請と同時に提出）および工事完了届と廃棄物処理清掃法による浄化槽設置届がある．

① 確認申請書は着工前に建築主事に提出．

② 工事完了届は工事が完了した時点で建築主事に提出し検査を受けて検査済証を受領．

③ 浄化槽設置届は着工前に都道府県知事に提出する．

　　　　　　　　　　　　　答　(3)

問 3（施工計画） 施工計画に関する説明のうち，適当でないのはどれか．
(1) 実行予算書作成の目的は，設計図書類や工期等を理解し，工事原価の検討を行い，施工中の工事費を管理する基本資料とすることである．
(2) 施工計画書には，総合施工計画書，工種別施工計画書があり，仮設計画や施工要領書なども含まれるのが一般的である．
(3) 工事原価は，純工事費と現場経費を合わせたもので，人件費は一般管理費に含まれる．
(4) 仮設計画は施工者がその責任において計画するもので，施工中に必要な現場事務所，作業場，足場，仮設水道，電力設備などを設置することである．

解説 一般管理費は，本支店従業員の給与，地代，家賃，広告宣伝費，租税公課などで，工事に直接関わる人件費は，現場経費である．

答 (3)

問 4（施工図，製作図） 施工図・製作図に関する記述のうち，適当でないものはどれか．
(1) 施工図の作成には，図面の統一を図るためシンボル，寸法および材料の記入形式などを定める．
(2) 施工図は，作業員が能率よく正確な施工ができるように作成する．
(3) プレハブ化，ユニット化される部分は，施工図の精度を要しない．
(4) 提出された製作図は，設計図書，仕様書などに適合したものであるかどうかを確認する．

解説 設備工事のプレハブ化やユニット化については，建築工事による部材と一体化することもあることや，納まり等の検討については計画段階から十分検討しておかなければならない．プレハブ化やユニット化して工場で生産する場合，数量が多くなるため，失敗すると大変な損失となり，また工期に間に合わなくなることも考えられる．

答 (3)

問5（工程表の種類と特徴） 工程表に関する記述のうち，適当でないものはどれか．
(1) バーチャート工程表は，ネットワーク工程表に比べて，各作業の進行や遅れの関係がつかみやすい．
(2) バーチャート工程表は，縦軸に作業名を，横軸に暦日と合わせた工期を横棒線で表現する．
(3) ネットワーク工程表は，工期の変更，設計変更等に対応しやすい．
(4) ネットワーク工程表は，丸印と矢線で先行，並行および後続作業に整理して作成する．

解説 バーチャート工程表は横線式工程表の一種であり，縦軸に各作業項目と工事出来高をとり，横軸は工期の時間的経過と暦日をとる．また，作業項目ごとの予定を横棒線で表す．建設工事で一般に広く使われているが，作業手順や作業相互の関連性が表現されないこと，各作業の遅れなどの全体工期に及ぼす影響や位置づけが把握できない（図 **7-1**）．

答　(1)

図 7-1　バーチャートの例

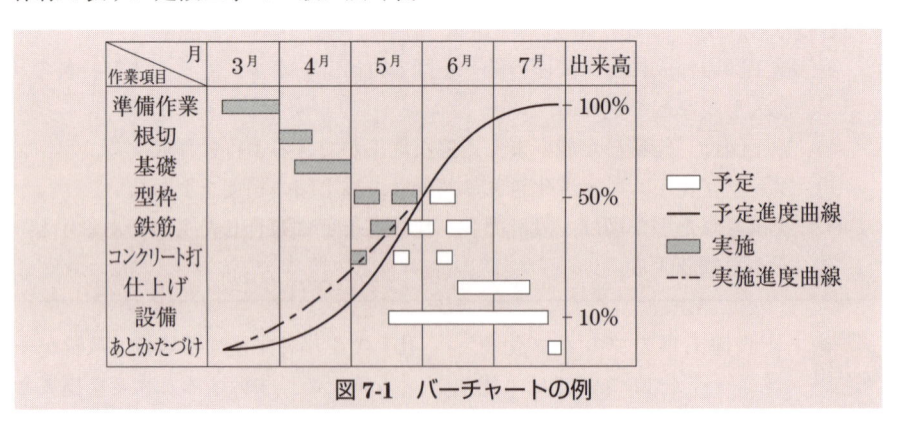

問6（工程表の種類と特徴） 2階建ての建物のある工事の作業について，次の問に答えなさい．

ただし，1，2階は同一平面で，各作業は階ごとに行うこととし，各作業（作業日数，工事比率）の各相互関係は以下のとおりとする．

　　A（2日，6％）
　　B（1日，3％）

C（3日，9％）
D（4日，16％）
E（3日，12％）
F（2日，4％）

1) 先行する作業と後続する作業は，並行作業できない
2) 同一作業の1階と2階の作業は，並行作業できない
3) 同一作業は1階の作業が完了後，すぐに2階の作業に着手できる．ただし，2FのD，E，F作業は，1FのD作業終了後開始できる．
4) 各階の工事は，最短の日程で完了させる．
5) 作業手順はアルファベット順とする．

問1 横線式工程表（バーチャート）の作業名欄に，作業名を作業順に記入しなさい．

問2 横線式工程表（バーチャート）を完成させなさい．

問3 工事全体の累積出来高曲線を記入し，各作業の開始および完了日ごとに累積出来高の数字を記入しなさい．ただし，各作業の出来高は，作業日数内において均等とする．

問4 タクト工程表を完成させなさい．

解答

	作業名	工事比率%	日 1 2 3 4 5 6 7 8 9 10 11 12 13 14 15 16 17 18 19 20 21 22 23 24 25	累積比率%
1階	A	6		100
	B	3		90
	C	9		80
	D	16		70
	E	12		60
	F	4		50
2階	A	6		40
	B	3		30
	C	9		20
	D	16		10
	E	12		0
	F	4		
タクト工程表	2階		A→B→C→D→E→F	
	1階		A→B→C→D→E→F	

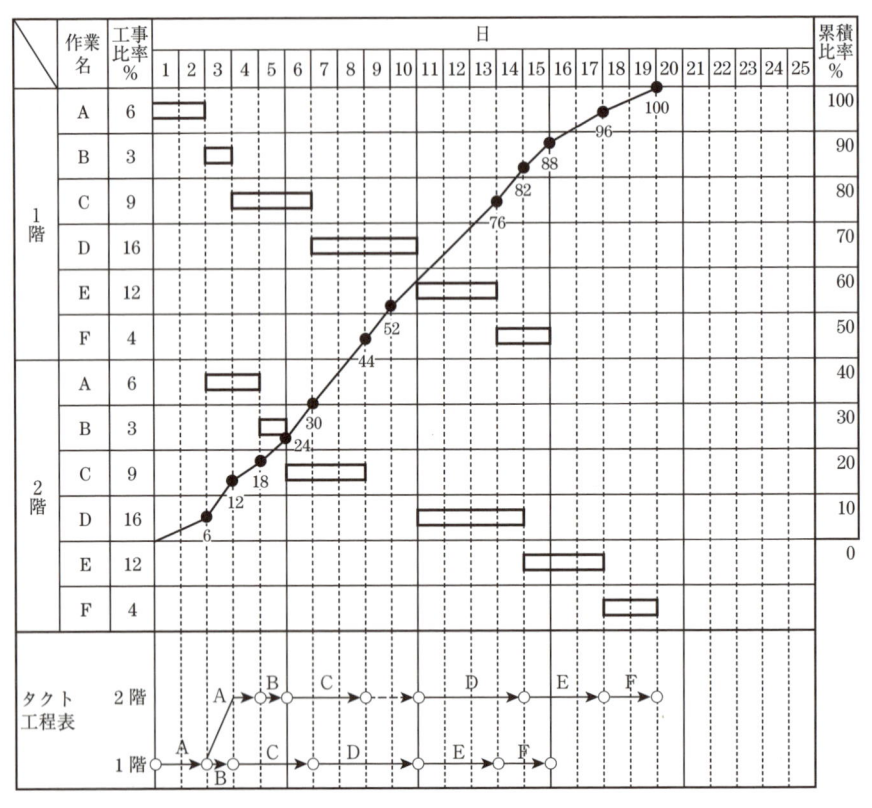

問7（ネットワーク工程表の表示） ネットワーク手法の表示例のうち，誤っているものはどれか．

(1) ①—A→③—C→⑤
    ②—B→④⋯→D↗

(2) ①—A→②—B→④⋯↓
            ②—C→⑤
            ③⋯—D→⑤

(3) ①—A↘
       ③—C→④
    ②—B↗

(4) ①—A→②—B→③
            ②—C→③

解説 〈基本ルール〉

① 先行作業と後続作業；図7-2図において，作業Cは作業Aと作業Bが終了しないと開始できない．

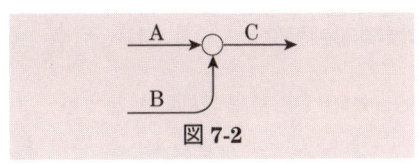

図 7-2

② 開始点と終了点；一つのネットワークで開始のイベントと終了のイベントは各々一つでなければならない．循環するネットワークでは作業が完了しない．

③ 同一イベント間の矢印の制限；同一イベント間には二つ以上の作業は表示できない（図7-3）．二つ以上の作業が同時に平行して行われる場合は

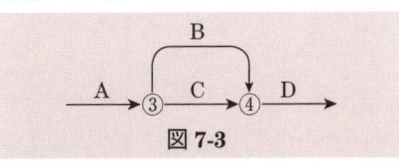

図 7-3

ダミーを使う．例えば図7-2のような場合，③，④間の作業はBとCの二つがあり③—④の作業といってもどちらの作業を指すかわからない．したがって，このような場合ダミーを利用して図7-4，または図7-5のようにする．

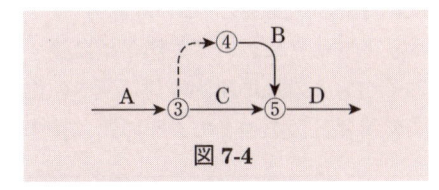

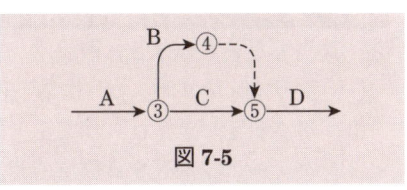

図 7-4

図 7-5

以上のようにイベントに入ってくる矢印は何本でもよいが，同一のイベント間ではその一方のイベントから出ていく矢印の数を1本のみとしている．

答 (4)

問8（ネットワーク工程表とクリティカルパス）　図のネットワーク工程表のクリティカルパスにおける所要日数として，正しいものはどれか．

(1) 27日
(2) 30日
(3) 31日
(4) 32日

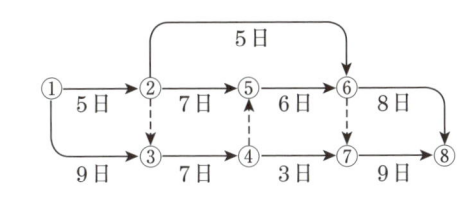

解説 ネットワーク工程表における所要日数を求める方法として，最終イベントの最早開始時刻を求めるとよい．最早開始時刻とはそれぞれのイベントで最も早く次の作業が開始できる時刻をいい，E.S（Earliest

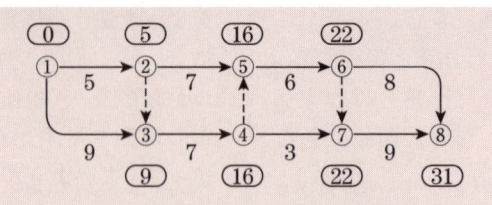

図7-6　各イベントの最早開始時刻

Start Time）という．この計算方法は，ネットワークにおいて矢印の尾に接するイベントの最早開始時刻に，その作業の所要日数を加えて矢印の頭に接するイベントの最早開始時刻とする．イベントに矢印が二つ以上入る場合は，数値の大きい値とする（図7-6）．

答　(3)

問9（ネットワーク工程表の用語） ネットワーク工程表に関する記述のうち，適当でないものはどれか．
(1) クリティカルパスは，作業工程上最も長い経路で，一つしか存在しない．
(2) アクティビティは，作業を矢線で表し，各作業の相互関係を示す．
(3) ダミーは，関連する作業の相互関係を点線の矢印で表し，時間の要素を含まない．
(4) イベントは，作業の開始と完了という時点を丸印で表し，整数の番号を付ける．

解説　クリティカルパスの特徴は以下のような内容である．
① クリティカルパスは，作業の開始点と完了点の全ての経路のなかで最も長い時間を必要とする経路である．
② クリティカルパスは必ずしも1本とは限らない．
③ クリティカルパス上の作業のフロート（余裕時間）はすべて0である．
④ クリティカルパスでない作業でも，フロート（余裕時間）を消化するとクリティカルパスになる．
⑤ クリティカルパス以外のフロートの小さい経路は，クリティカルパスと同様に重点管理する．
⑥ 工期の修正などの検討は，クリティカルパスを重点的に管理する．

答　(1)

問10（ネットワーク工程表の例）

図のネットワーク工程表の記述のうち，適当でないものはどれか．

(1) 作業Eは，作業Aに関係なく作業Bが完了すれば施工できる．
(2) 作業Gは作業Dおよび作業Eが完了すれば施工できる．
(3) 作業Dは，作業Aおよび作業Bが完了すれば施工できる．
(4) 作業A，作業Bおよび作業Cは並行して施工できる．

解説

① 作業Eは図7-7のとおり，作業Bが終了すれば施工に着手することは可能である．②から③へのダミーは③よりスタートする作業のスタート時期を拘束するものでEの作業には関係ない．

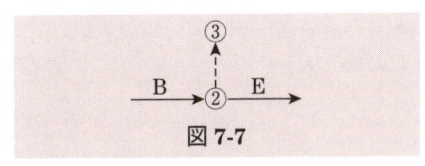

図7-7

② 作業Gは図7-8のように④，⑤間のダミーにより作業開始の時期が制限される．したがって，作業，D，Eのみでなく作業Cも完了しないと開始できない．

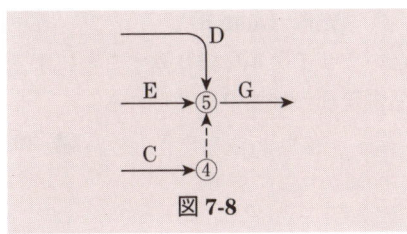

③ 作業Dは図7-9のとおり②，③間にダミーがあるため，AおよびBの作業が終了しないと開始できない．

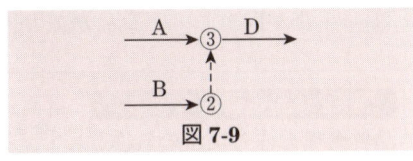

図7-9

④ 作業A，B，Cは，図7-10のとおり①より同時に作業が開始できる状態であり，相互の制限がないため並行作業が可能である．

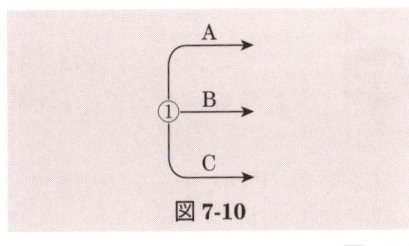

図7-10

答　(2)

問 11（品質管理の効果） 品質管理の実施による効果として，適当でないものはどれか．
(1) 不良品やクレームが減少する．
(2) 手直しが減少する．
(3) 品質が均一化される．
(4) 検査が不要となる．

解説 (a) 検査は，品質管理を進める上で省くことができない要素である．つまり，工事の施工状況をデータ化し，規格を満たしているかどうかを調べる必要がある．例えば，ヒストグラムを作り品質のバラツキを調べたり，管理図上で工程が安定しているかどうか等を確かめる．

(b) 品質管理の効果
① 品質が向上し，不良品が減り，発注者からのクレームが減少する．
② 無駄な作業がなくなり，手直しが減少する．
③ 品質が信頼される．
④ 品質が均一化される．
⑤ 原価を抑えることが可能となる．
⑥ 新たな問題点や改善の方法が発見され，解決がスピーディーになる．

答 (4)

問 12（品質管理の手法） 計画→実施→検査→処置→計画の繰返しにより品質管理をする手法の名称として，適当なものはどれか．
(1) ヒストグラム
(2) パレート図
(3) デミングサークル
(4) 特性要因図

解説 デミングサークルは，品質管理のステップを4段階に分け，
① 計画（Plan）
② 実施（Do）
③ 検査（Check）
④ 処置（Action）
というサイクルを繰り返すことにより品質管理の目標が達せられる．

答 (3)

問13（特性要因図）
品質管理に関する文中，□内に当てはまる用語の組合せとして，適当なものはどれか．

図の名称は　A　で，その形から魚の骨とも呼ばれ，結果に対する考えられる原因を体系的にまとめたもので，　B　を知ることができる．

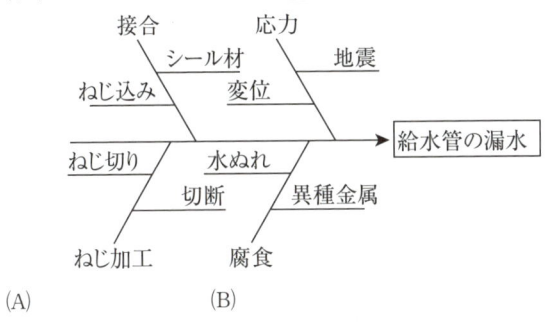

```
  接合      応力
    シール材    地震
ねじ込み  変位
                              → 給水管の漏水
ねじ切り  水ぬれ
       切断   異種金属
  ねじ加工  腐食
```

　　　　　　(A)　　　　　　　(B)
(1)　特性要因図――――影響する項目
(2)　パレート図――――影響する程度
(3)　特性要因図――――影響する程度
(4)　パレート図――――影響する項目

解説　特性要因図を作成するには，グループ内で自由討論を行い，悪い現象として現れている結果の要因をなるべく多く集めた後に，特性に及ぼす影響の程度や相互の関係を整理し，魚の骨格のようにまとめ体系化する．

① グループ内の会議で自由に不良の原因を集め，整理し特性要因図を作成する．

② 関係者の意見を取り入れて原因を調査し改善の方策を見出す．

③ 問題解決の改善のために全員の意思統一を図る．

④ 仕事の進め方や品質管理の要領についての教育に使用する．

答　(1)

問14（抜取検査）
抜取検査を採用する場合の条件・効果として，適当でないものはどれか．
(1)　品質の検査基準が明確であること．
(2)　生産者に品質向上の刺激を与えること．
(3)　製品に不良品の混入が許されないこと．
(4)　試料の抜き取りがランダムにできること．

この問題をマスタしよう

解説 抜取検査はある一定の抜取検査方法により，検査ロットからサンプルを抜き取って試験し，その結果を判定基準と比較し合否の判定をする検査である．

(a) 抜取検査に適するもの

① 数量が多い材料，例えば配管，保温材，塗料など．

② 同形のパターンのダクトや配管，ダクト，保温工事などですべてのものを検査することが不経済となる場合．

(b) 抜取検査が必要な場合

① 検査の対象となるものを破壊しなければ検査することができないもの．

② 検査をしたら商品価値がなくなってしまうもの．

(c) 抜取検査が有利な場合

① ある程度の不良品の混入が許される場合

全数検査を行うと多くの費用と手間がかかるため，多少不良品が混入してもさしつかえない場合は抜取検査が有利である．

② 生産者に品質向上の意識をもたすため

抜取検査はロット単位で処理されるため，不合格となった場合の生産者のダメージは大きい．そこで，生産者は品質向上に努力することになる．

答 (3)

問15（墜落等の危険の防止） 安全管理に関する文中，□□□内に当てはまる数値として，「労働安全衛生法」上，正しいものはどれか．

事業者は，高さが□□□m以上の箇所で作業を行う場合において墜落により労働者に危険を及ぼすおそれのあるときは，足場を組み立てる等の方法により作業床を設けなければならない．なお，高さが□□□m以上の作業床の端，開口部等に墜落により労働者に危険を及ぼすおそれのある箇所には，囲い，手すり，覆い等を設けなければならない．

(1) 1.5
(2) 2.0
(3) 2.5
(4) 3.0

解説 労働安全衛生規則に関する災害防止対策として以下のとおり規定されている．

(a) 墜落等の危険の防止

① 高さ2m以上の箇所で作業を行う場合，危険を及ぼすおそれのあるときは作業床を設ける．

② 作業床を設けることが困難なときは防網を張り，安全帯を使用させる．

③ 高さ2m以上の作業床の端，

開口部等で危険を及ぼすおそれのあるところは囲い，手すり，覆いを設ける．

④ 高さ2m以上の箇所で作業を行う場合，強風，大雨，大雪の悪天候のときは仕事に従事させてはならない．

⑤ 高さ2m以上の箇所で作業を行うときは，必要な照度を保持する．

⑥ 高さまたは深さが1.5mを超える箇所で作業を行うときは，昇降設備等を設けなければならない．

⑦ 移動はしごは丈夫な構造とし，幅は30cm以上，滑り止めを付け，地面と床面との角度は75°前後，はしごの上端は60cm以上突出させること．

(b) 飛来，崩壊等による危険の防止

① 3m以上の高所から物体を投下するときは適当な投下設備を設け，監視人を置く等の措置を講ずる．

② 上方において，労働者が作業を行っているところで作業を行うときは保護帽を着用する．

(c) 通路等に関する安全管理

① 屋内に設ける通路は1.8m以内の高さに障害物を置かないこと．

② 架設通路は勾配は30°以下とする．ただし，高さが2m未満であるものはこの限りでない．

勾配が15°を超えるものには踏桟等の滑り止めを設ける．

墜落の危険のある箇所には，高さ75cm以上の丈夫な手すりを設ける．また8m以上の高さの登り桟橋には7m以内ごとに踊り場を設ける．

答 (2)

問16（作業主任者） 作業主任者の選任を必要とする作業として，「労働安全衛生法」上，誤っているものはどれか．

(1) 土止め支保工の切りばり取付け作業
(2) 小型ボイラーの据付け作業
(3) し尿を入れたことのあるし尿浄化槽内部の作業
(4) 地下ピット内での配管作業

解説 (a) 作業主任者を選任すべき作業

① アセチレン溶接装置またはガス集合溶接装置を用いて行う金属の溶接，溶断または加熱の作業．

② ボイラーの取り扱いの作業（小型ボイラーを除く）．

③ 高さ2m以上の掘削面の地山の掘削の作業．

④ 土止め支保工の切りばりまたは腹おこしの取り付け，取り外しの作業．

⑤ 型枠支保工の組立てまたは解体の作業．

⑥ 吊り足場（ゴンドラの吊り足場を除く），張出し足場または高さが5m以上の構造の足場の組立，解体または変更の作業．

⑦ 高さが5m以上のコンクリート

この問題をマスタしよう

造の工作物の解体または破壊の作業.

⑧　建築基準法施行令に規定する，軒の高さが5m以上の木造建築物の構造部材の組立てまたはこれに伴う屋根下地もしくは外壁下地の取付作業.

⑨　ボイラーの据付けの作業（小型ボイラー等を除く）.

⑩　第一種圧力容器の取り扱い作業.

⑪　酸素欠乏危険場所における作業.

(b) 酸素欠乏場所

①　マンホール・ピットの内部.

②　ボイラー，タンクのうち相当期間密閉されていた鋼製のもの，内壁が酸化されやすい施設の内部.

③　し尿，汚水など腐敗，または分解しやすい物質を入れてあり，または入れたことのあるタンク，槽，等.

答　(2)

問17（特別教育が必要な業務）　次の業務のうち，「労働安全衛生法」上，特別の教育を受けるだけでは就かせることのできない業務はどれか

(1)　建設用リフトの運転の業務
(2)　可燃性ガスおよび酸素を用いて行う金属の溶接，溶断の業務
(3)　小型ボイラーの取扱いの業務
(4)　吊り上げ荷重が1トン未満の移動式クレーンの運転の業務

解説　労働安全衛生規則第36条に「特別教育を必要とする業務」が定められている.

1. アーク溶接機を用いて行う金属の溶接・溶断等（アーク溶接等）
2. 最大荷重1t未満のフォークリフトの運転の業務
3. 吊り上げ荷重が1t未満のクレーン運転の業務
4. 吊り上げ荷重が1t未満のクレーン，移動式クレーンまたはデリックの玉掛け作業
5. 建設用リフトの運転の業務
6. ゴンドラの操作の業務
7. 小型ボイラーの取扱い業務等
8. 作業床の高さが10m未満の高所作業車の運転の業務等

答　(2)

問18（保護具）　作業と保護具の組み合わせのうち適当でないものはどれか.

　　　（作業）　　　　　　　（保護具）
(1)　高所作業────────安全帯
(2)　被覆アーク溶接──────保護面
(3)　酸素欠乏危険作業─────防毒用マスク
(4)　足場の組立て作業─────保護帽

解説 (a) 高所作業（高さが2m以上）の墜落等による危険の防止のために作業床を設けなければならないが，作業床を設けることが困難なときや作業床の端，開口部等に囲い，手すり，覆い等を設けることができない場合は防網を張り，労働者に安全帯を使用させる等墜落による労働者の危険を防止するための措置を講じなければならない．（安衛則第518条）

(b) 酸素欠乏危険作業を従業者に従事させる場合は，空気中の酸素の濃度を18％以上に保つように換気しなければならない．また，事業者は同時に就業する労働者の人数と同数以上の空気呼吸器等（空気呼吸器，酸素呼吸器または送気マスク）を備え，労働者にこれを使用させなければならない．（酸欠則第5条，第5条の2）

答 (3)

問19（掘削面の勾配） 次の文中，□内に当てはまる数値として，「労働安全衛生法」上，正しいものはどれか．

普通の地山（岩盤または堅い粘土からなる地山および砂等の崩壊しやすい地山を除く地山）を手掘りにより掘削する場合，掘削面の高さが1.5mであれば，掘削面の許容される最大こう配は，□度である．

(1) 45
(2) 60
(3) 75
(4) 90

解説 掘削高さとのり面こう配の関係は労働安全衛生規則第356条に規定されている．（図7-11）

① 岩盤または堅い粘土からなる山

掘削面の高さ	掘削面のこう配
5m未満	90°以下
5m以上	75°以下

② ①以外のその他の地山

掘削面の高さ	掘削面のこう配
2m未満	90°以下
2m以上5m未満	75°以下
5m以上	60°以下

③ 砂からなる地山
5m未満または35°以下．

④ 発破などにより崩壊しやすい地山
2m未満または45°以下．

答 (4)

図7-11 掘削高さとこう配

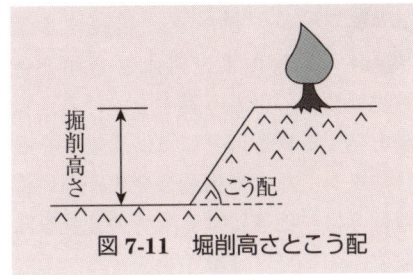

この問題をマスタしよう

問20（機器の据付） ポンプの据付に関する記述のうち，適当でないのはどれか．
(1) 揚水ポンプを受水タンクより低い位置に据え付ける場合，吸込管は，受水タンクから取り出し立ち下げた後はポンプに向かって上りこう配で接続した．
(2) ポンプのフート弁は，空気を吸い込まないように注水場所を避けて設置する．
(3) ポンプの吐出側に附属する弁類は，ポンプ出口に近い順に，防振継手，仕切弁，逆止弁とする．
(4) 振動・騒音のおそれがある場合は，ポンプの吸い込み，吐出の両側に防振継手を設ける．

解説 (a) ポンプの吸込管は極力短くし，空気だまりのないよう，ポンプに向かって 1/50 〜 1/100 の上りこう配とする．

(b) 吐出側に附属する弁類は，ポンプの出口に近い順に防振継手，CV（逆止弁），GV（仕切弁）の順である．

答 (3)

問21（機器の据付） 給水タンクの据付に関する記述のうち，適当でないのはどれか．
(1) タンクの基礎はコンクリート製または鋼製架台で作り，耐震を考慮して堅固に取り付けた．
(2) タンクの底部には，水抜きのため 1/100 程度のこう配を付け，ピットを設けた．
(3) タンクに接続する通気管を除く各取出管に防振継手を取り付けた．
(4) 容量が一定を超える飲料用受水タンクの上部と天井との距離は 100 cm とした．

解説 (a) タンクに接続する通気管および排水管を除く各取出管には，可とう継手を設ける．振動を発する機器回りには防振継手を設け，タンクなどの振動の発生がない機器回りは，地震による配管の変位を吸収するのに可とう継手を設ける．

(b) 建物の内部，屋上または最下階の床下に設ける場合，タンク上部は 1 m 以上，底部および周壁は 0.6 m 以上の保守点検スペースを設ける．また，タンクの天井，底または周壁は建築物の他の部分と兼用しないこと．

答 (3)

問22（ダクトの施工） ダクトの施工に関する記述のうち，適当でないのはどれか．
(1) 防火ダンパーを天井内に設ける場合は，保守点検用に点検口を設ける．
(2) 送風機の吐出し口直後にダクトを曲げる場合，送風機の回転方向と同一方向とする．
(3) ダクトの急拡大は15度以下，急縮小は30度以下となるようにする．
(4) ダクト面のアスペクト比（長辺と短辺の比）は6以下とする．

解説 (a) 送風機の回転方向とダクトを曲げる場合　図7-12参照．
(b) アスペクト比は4以下とする．

答　(3)

図7-12　送風機とダクトの接続

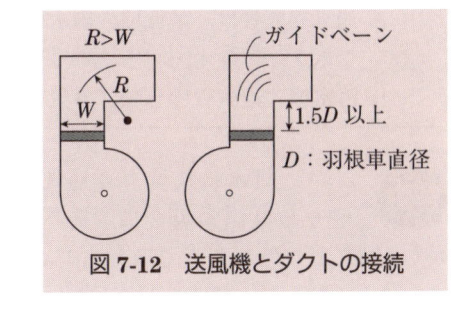

問23（ダクトの施工） ダクトの施工に関する記述のうち，適当でないのはどれか．
(1) 厨房や浴室の排気ダクトは，ダクトの継ぎ目が下面にならないように取り付ける．
(2) アングルフランジ工法のダクトのガスケットの幅は，フランジの幅と同一のものを使用する．
(3) 送風機の接続ダクトに取り付ける風量測定口は，送風機の吐出口の直後に取り付ける．
(4) 一般空調用の防火ダンパ（FD）のヒューズは溶融温度72℃とした．

解説 (a) 多湿場所の厨房，浴室などダクト内部に凝縮水や油が溜まるダクトの継ぎ目は，そこから流れ出さないよう，ダクトの下面になるのを避け，継ぎ目や継手の外側よりシール材でシールを施す．
(b) アングルフランジ工法は，アングルを溶接加工したフランジ継手により行う．フランジの接合には，フランジ幅と同一のガスケットを使用し，ボルトは均一に締め付ける．ガスケットの材質はセンイ系，ゴム系，樹脂系がある（204ページ第7-32図参照）．
(c) ダクト内の風量測定は，偏流の

起こらない直管部分とし，曲管部，分岐部からダクト径の 7.5 倍以上離れた場所が望ましい．

(d) 防火ダンパーの温度ヒューズの作動温度は，排煙ダクト用は 280℃，厨房排気用は 120℃，その他の場合は，72℃ とする．

答 (3)

問 24（配管設備） 配管設備に関する記述のうち，適当でないのはどれか．
(1) ループ通気管は，最上流の器具排水管が接続される箇所のすぐ下流の排水横枝管から立ち上げる．
(2) 通気立て管は，最低位の排水横枝管より上部で排水立て管に接続する．
(3) 受水タンクのオーバーフロー管の排水は，間接排水とする．
(4) 汚水槽の通気管は単独に外気に開放する．

解説 (a) 排水横枝管より通気管を取り出す場合は，垂直ないし 45°より急な角度で取り出し，その排水系統の最上位器具のあふれ縁から少なくとも 150 mm 上方で通気主管に接続する．

(b) 通気立て管は最低位の排水横枝管より下部で排水立て管に接続する．

(c) 汚水タンク，排水タンクの通気管は，他の通気管とは別系統とし，他の通気管に接続してはならない．

答 (2)

問 25（保温材） 保温材に関する記述のうち，適当でないのはどれか．
(1) 保温の厚さは保温材の厚さのことであり，補助材や外装材は一般には含まれていない．
(2) ポリエチレンフォーム保温筒は，構造が独立気泡のため，水に濡れても断熱性はほとんど変化しない．
(3) 屋内配管の保温施工において，ポリエチレンフィルムを補助材として使用する目的は，保温材の脱落を防ぐためである．
(4) グラスウール保温板はその密度により分類される．

解説 (a) 冷水配管などの屋内の保温材表面の防湿は，ポリエチレンフィルム，アルミホイルペーパー，アスファルトフェルトなどの防湿材で被覆する．

屋外や湿度が高い場所にはアスファルトルーフィング，ポリエチレンフィルムを用いる．

(b) グラスウールはガラス原料を溶融し，細かい繊維状にしたものであり，保温材は密度により分類されている．ロックウールは耐熱性の高い鉱物を配

第 7 章 施工管理

合し，電気炉などで溶融し，圧縮空気などで吹き飛ばし，繊維状にしたものである．耐熱性はグラスウールより優れている．

答 (3)

> **問 26（配管の色別）** JIS による配管の識別表示について，物質の種類と識別色の組み合わせで，適当でないのはどれか．
>
> ［物質の種類］　　　［識別色］
> (1)　蒸気　　　　　暗い赤
> (2)　水　　　　　　白
> (3)　ガス　　　　　うすい黄色
> (4)　油　　　　　　茶色

解説　管内の物質の種類による識別色は次表のとおりとなる．

物質の種類	識別色
水	青
蒸気	暗い赤

空気	白
ガス	うすい黄
油	茶色
酸またはアルカリ	灰紫
電気	うすい黄赤

答 (2)

第8章 法規

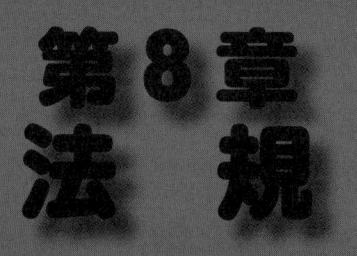

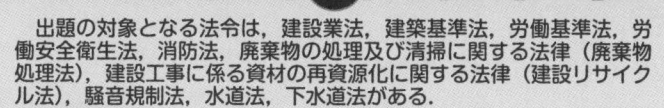

出題の対象となる法令は，建設業法，建築基準法，労働基準法，労働安全衛生法，消防法，廃棄物の処理及び清掃に関する法律（廃棄物処理法），建設工事に係る資材の再資源化に関する法律（建設リサイクル法），騒音規制法，水道法，下水道法がある．

(1) 建設業法
  (a) 建設業の許可…① 国土交通大臣と都道府県知事の許可，② 特定建設業と一般建設業の許可
  (b) 建設工事の請負契約…① 請負契約の内容の書面化，② 一括下請負の禁止，不当な資材等の強制購入の禁止，不当に低い請負代金の禁止
  (c) 施工技術の確保…主任技術者，監理技術者の設置

(2) 建築基準法
  (a) 用語の定義…特殊建築物，建築設備，特定行政庁，建築主事，居室等
  (b) 換気設備，排煙設備…必要となる建築物，種類

(3) 労働基準法
  (a) 労働条件…① 労働協約，就業規則及び労働契約，② 均等待遇，禁止事項，解雇制限
  (b) 労働時間，休憩，休日
  (c) 年少者

(4) 労働安全衛生法
  (a) 安全衛生管理体制…単一事業所と複合事業所との相違
  (b) 危険を防止するための措置…作業床，昇降設備，脚立，移動はしご等

(5) 消防法
  (a) 消防の用に供する設備…消火設備，警報設備，避難設備
  (b) 屋内消火栓設備…1号消火栓，2号消火栓

(6) 廃棄物の処理及び清掃に関する法律（廃棄物処理法）
  (a) 廃棄物（①一般廃棄物，特別管理一般廃棄物，②産業廃棄物，特別管理産業廃棄物）
  (b) 産業廃棄物管理票（マニフェスト）

(7) 建設工事に係る資材の再資源化等に関する法律（建設リサイクル法）
  (a) 建設資材廃棄物（①分別解体等，②再資源化）
  (b) 特定建設資材廃棄物（①縮減，②再資源化等）

(8) 騒音規制法
  (a) 特定施設
  (b) 特定建設作業

(9) 水道法
  (a) 用語の定義…水道，水道事業，簡易水道事業，水道施設，給水装置等
  (b) 水質基準…省令による

(10) 下水道法
  (a) 用語の定義…公共下水道，流域下水道，都市下水路，終末処理場等
  (b) 放流水の水質基準…pH値，BOD，SS，大腸菌群数等
  (c) 排水設備の構造…管渠のこう配，ますの構造

8.1 建設業法

(1) 目的と内容
① 目的
　建設業の健全な発達と公共の福祉の増進．
　② 内容
　㋐　建設業の資質の向上
　㋑　請負契約の適正化を図る
　㋒　適正な施工を確保
　㋓　施工技術の確保
(2) 建設業の許可
　建設業を営もうとする者は，建設業の区分に従い，許可を受けなければならない，と建設業法第3条で定められており，許可は建設業の区分に応じて与えられる．
　(a) 許可の種類
　・国土交通大臣の許可……2以上の都道府県の区域内に営業所を設けて営業しようとする場合．
　・都道府県知事の許可……1の都道府県の区域内のみに営業所を設けて営業しようとする場合．
　この建設業の許可は，営業についての地域的制限はなく，知事許可で全国で営業できる．

　・一般建設業の許可
　・特定建設業の許可
　(b) 許可の免除
　軽微な建設工事のみを請負うことを営業とする者は，建設業の許可を受けなくとも営業を行うことができる．
〈軽微な建設工事〉
　① 建築一式工事
　㋐　工事1件の請負代金の額が1500万円に満たない工事．
　㋑　延べ面積が150 m^{2}未満の木造住宅工事．
　② その他の工事
　工事1件の請負代金の額が500万円に満たない工事．
　(c) 一般建設業と特定建設業の許可
　① 特定建設業の許可
　発注者から直接請け負う1件の建設工事で，その工事の全部または一部を，下請代金の額（その工事に係る下請契約が2以上あるときは，下請代金の額の総額）が3000万円（建築工事業については4500万円）以上となる下請契約を締結して施工しようとする者が受けるもので，それ以外の者は一般建

設業の許可を受けることになる．

② 許可の申請

ⓐ 国土交通大臣の許可を受ける場合…その主なる営業所の所在地を管轄する都道府県知事を経由して国土交通大臣に．

ⓑ 都道府県知事の許可を受ける場合…その営業所の所在地を管轄する都道府県知事．

・提出書類：許可申請書（名称または商号，営業所の所在地等を記載）工事経歴書

直近の過去3年間の各年度毎における工事施工金額を記載した書面．

③ 業種別許可

28の建設工事の種類があるが，原則として許可を受けていない建設業に関する工事を請負うことはできないとされている．これは，一般建設業，特定建設業の許可を問わず適用される．ただし，本体工事に附帯する工事については請負うことができる．

④ 工事に附帯する他の工事

許可を受けた建設業以外の工事は原則としてできないが，本体工事に附帯する工事は請負うことができ，許可を受けた建設業者と下請契約を結ぶことになる．

⑤ 許可の更新

許可の有効期間は5年で，引き続き建設業を継続する場合は更新手続きをしなければならない．有効期間が満了する日前30日までに，更新のための許可申請書を提出して許可の更新を受けることになる．

(4) 建設業の許可基準

ⓐ 一般建設業

① 管理能力

経営業務の管理責任者として許可を受けようとする建設業に関し5年（他の建設業については7年）以上の経験を有すること．法人の場合は常勤役員のうち1人，個人の場合は本人．

② 技術レベルの確保

営業所ごとに専任の技術者を設置する．

ⓐ 高卒後5年以上，大学・専門学校卒業後3年以上の実務経験を有する者で一定の学科を修めた者．

ⓑ 学歴に関係なく10年以上の実務の経験を有する者．

ⓒ 国土交通大臣が①，②と同等以上の知識，技術，技能があると認めた者．

③ 請負契約の遵守

請負契約に関して不正または不誠実な行為をするおそれが明らかな者でないこと．

④ 経営基盤，発注者保護

請負契約を履行するのに十分な財産的基礎や金銭的信用のある者．

ⓑ 特定建設業

一般建設業の許可条件の他に，さらに以下の基準に適合しなければならない．

① 技術レベルの確保

営業所ごとに置かれる専任の技術者

8.1 建設業法

は以下の条件を満たすこと．
  ⓐ 国土交通大臣が定める国家資格者．
  ⓑ 一般建設業の許可条件の①，②，高卒5年，大卒等3年以上の実務経験，または10年以上の実務経験の上にさらに，元請になり4500万円以上の工事に2年以上指導監督的な実務経験を有すること．
  ⓒ 国土交通大臣が同等以上の能力を有する者と認定した者．
② **経営基盤，発注者保護**
請負代金が8000万円以上の工事を履行するのに十分な財産的基礎を有すること．

(5) 請負契約
ⓐ 請負契約の基本則

建設工事の請負契約の当事者は，各々対等な立場における合意に基づいて公正な契約を結び，信義に従って誠実にこれを履行することを原則とする（法第18条），としている．（発注者または注文者の一方による片務性を排除）

その具体的内容として，
  ⓐ 不当に低い請負代金の禁止（発注者は取引上の地位を不当に利用し原価以下となる請負金額で契約してはならない）．（法第19条の3）
  ⓑ 不当な資材等の強制購入の禁止．（法第19の4条）
  ⓒ 一括下請等の禁止（元請負人があらかじめ発注者から文書により承諾を得ている場合はよい）．（法第22条）
  ⓓ 請負契約書の作成（成立した契約の内容を書面化することにより，内容の明確化を図り後日の起こるかもしれない紛争に備える）．（法第19条）
  ⓔ 現場代理人等の選任（請負人が現場代理人を工事現場に置く場合，または注文者が監督員も工事現場に置く場合には，その権限の範囲等を相手方に書面で通知する）．（法第19条の2）
  ⓕ 見積期間（契約内容となる重要事項を建設業者に提示し，適切な見積期間を設けて見積落し等の問題が生じないよう検討の機会を設けている．**第8-1表**）．（法第20条）

第8-1表　見積期間

工事予定価格	見積期間
500万円未満	1日以上
500〜5000万円	10日
5000万円以上	15日以上

(6) 施工技術の確保
技術者の設置が必要となる工事の内容（**第8-2表**）．

(7) 元請負人の義務
下請負人の保護・育成のため，元請負人に対して一定の義務を課している．特に特定建設業者に対しては，下請代金の支払い期日や指導育成に関する義務を定めている（**第8-3表**）．

第 8-2 表　技術者の設置が必要となる工事の内容

区分	建設工事の内容	専任を要する工事
主任技術者を設置する建設工事現場	① 請負った建設工事を施工するとき下請に出す金額が合計で3000万円（建築一式工事については4500万円）未満の建設工事現場 ② 付帯工事を施工する際の，付帯工事の主任技術者	国，地方公共団体の発注する工事，学校，マンション等の工事で2500万円（建築一式については5000万円）以上のもの
監理技術者を設置する工事現場	元請の特定建設業者が合計3000万円（建築一式工事については4500万円）以上の工事を下請に出す工事現場	同上
指定建設の監理技術者を設置しなければならない工事現場	指定建設業に係る建設工事で，国，地方公共団体，公共法人が発注する建設工事で，監理技術者の設置を義務づけられている工事現場	同上

注）専任を要する監理技術者は，監理技術者資格証の交付を受け，国土交通大臣の登録を受けた講習を受講した者から選任する．

第 8-3 表　元請負人の義務

元請負人の義務	義務の内容
・下請負人の意見の聴取（法第24条の2）	元請負人は，工程細目，作業方法等を定めようとするときは，下請負人の意見を聞き施工計画を立案する．
・下請代金の支払い（法第24条の3）	工事完成または出来高部分に関する支払いを受けたときは，元請負人は1か月以内に該当下請負人に支払いをすること．
・検査および引渡し（法第24条の4）	下請負人から，完成通知を受けたときは，20日以内に完成検査をすること．
・特定建設業者の下請代金の支払い期日等（法第24条の5）	①特定建設業者が注文者となった下請契約（下請契約における請負人が特定建設業者または資本金が4000万円以上の法人である場合は除く）については，完成物件の引渡し申し出があったときは，その日から50日以内の日を下請代金支払い日とすること． ②特定建設業者が50日以内に支払いをしないときは，50日を経過した日から遅延利息を支払わなければならない．
下請負人に対する特定建設業者の指導等（法第24条の6）	①下請負人が法令に違反しないよう指導すること． ②下請負人が法令に違反しているときはその事実を指摘し，是正を求めること．

(8) 標識

標識は工事現場用と店舗の2種類があり以下の内容を公衆の見やすい場所に掲げなければならない．

① 一般建設業または特定建設業の別
② 許可年月日，許可番号，業種
③ 商号または名称
④ 代表者の氏名
⑤ 主任技術者または監理技術者の氏名

8.2 建築基準法

(1) 目的と内容
建築物の敷地・構造・設備および用途に関する最低の基準を定めたものである．

(2) 用語の定義

① 建築物
土地に定着する工作物のうち，屋根および柱もしくは壁を有するもの，およびそれに付属する門，塀等，または観覧のための工作物，または地下もしくは高架の工作物内に設ける事務所，店舗，興業場，倉庫その他これらに類する施設をいい，建築設備を含むもの．鉄道法に規定する施設，プラットホームの上屋等やサイロ等の貯蔵槽は建築物に含まれない．

② 特殊建築物
不特定多数の者が出入りする建物，公共的に必要な建物，特殊機能や用途を持つ建築物（観覧場，集会場，展示場，旅館，共同住宅，工場，倉庫，学校，体育館，病院，劇場，危険物の貯蔵場，火葬場，汚物処理場等）．

③ 建築設備
建築物に設ける電気，ガス，給水，排水，換気，暖房，冷房，消火，排煙もしくは汚物処理の設備または煙突，昇降機もしくは避雷針をいう（建基法第2条第3号）．

エレベーター，エスカレーターおよび小荷物専用昇降機（電動ダムウェーター）は昇降機に含まれ建築設備である．

④ 主要構造部
壁，柱，床，梁，屋根または階段．ただし，構造上重要でない間仕切壁，間柱，最下階の床，ひさし等は除く．なお，基礎は主要構造部に含まれない．その理由は主要構造部は防火上の目的が強いことによる．構造耐力上主要な部分には基礎が含まれる．

⑤ 特定行政庁
建築主事を置く市町村の区域については，市町村長，その他の市町村の区域については都道府県知事をいう．建築基準法の許可処分などを行う．

⑥ 建築主事
建築確認などの行政事務を行う者で，都道府県および市町村の建築課などにおかれる職員のこと．建築主事は，

第 8-4 表　確認申請を要する建築物等

建築される区域	建築物の用途，構造，規模	申請対象	確認不要
全国（建築される区域に関係なし）	① 特殊建築物（建築物の用途を変更して，特殊建築物にする場合を含む（第87条）） 　床面積の合計が 100 m² を超えるもの	・建築（増築の場合は，増築後，これらの面積，階数，高さを超えるものも含む） ・大規模修繕 ・大規模模様替	防火地域および準防火地域外における 10 m² 以内の増築，改築，移転
	② 木造建築物 　イ 階数が 3 以上のもの 　ロ 延べ面積が 500 m² を超えるもの 　ハ 高さが 13 m を超えるもの 　ニ 軒の高さが 9 m を超えるもの		
	③ 非木造建築物 　イ 階数が 2 以上のもの 　ロ 延べ面積が 200 m² を超えるもの		
都市計画区域内（知事が，都市計画地方審議会の意見を聴いて指定する区域を除く）	すべての建築物	建築	
知事が，関係市町村の意見を聴いて指定する区域	すべての建築物		

都道府県および政令指定の人口 25 万人以上の市には必ず置かれる．その他の市町村も任意に建築主事を置くことができる．

⑦ 建築確認

建築に先立ち，建築主からの申請に対して，建築主事が，その建築計画が建築関係法令の規定に適合しているかどうかを判断する行為．

(3) 建築確認

建築主は，工事着工前に確認申請書を建築主事または指定確認検査機関に提出して，確認を受けなければならない．確認とは，提出された建築計画の内容が建築基準法その他の法令に適合していることを建築主事が認めること

である．なお，確認には，消火活動などの面から消防長または消防署長の同意が必要である．

① 確認申請を要する建築物等（第 8-4 表）

② 確認申請を要する工作物等（第 8-5 表）

第 8-5 表　確認申請を要する工作物

種類	高さ〔m〕
煙突	>6
柱（鉄筋コンクリート），鉄柱，木柱等	>15
広告塔，記念塔，装飾塔等	>4
高置水槽，サイロ，物見塔等	>8
擁壁	>2
観光用の乗用エレベーター，エスカレーター	─

8.2　建築基準法

(4) 着工から完成までの手続き

① 報告
特定行政庁，建築主事等は，建築物に関する工事の計画もしくは施工の状況に関する報告を求めることができる．

② 検査
建築主事もしくは特定行政庁の命令もしくは建築主事の委任を受けた者は，検査等行う場合，建築物の敷地または建築工事現場に入り検査しもしくは試験し必要な事項について質問することができる．

③ 工事完了届
建築主は，工事を完了した場合は完了した日から4日以内に到達するように建築主事に文書で届出なければならない．

④ 完成検査
建築主事またはその委任を受けた者は，工事完了届を受理した日から7日以内に法律等に適合しているかどうか検査しなければならない．

⑤ 検査済証の交付
建築主事またはその委任を受けた者は，⑤の検査が法律等に適合していると認めたときは検査済証を交付しなければならない．

⑥ 仮使用
建築主は検査済証の交付を受けた後でなければ使用することができないが，以下の場合は使用できる．

⑦ 特定行政庁または建築主事が仮使用を承認した場合．

④ 建築主が工事完了届を提出した日から7日を経過したとき．

(5) 建築基準法と各種提出書類
第8-6表に提出書類，提出先等を示す．

(6) 仮設建築物
＜仮設建築物に対する制限の緩和＞

① 特定行政庁が指定した非常災害区域で，国等が建築するものや被災者が自ら使用するために建築するもので延べ面積が30 m² 以内のものは，建基法およびこれに基づく規定は適用されない（ただし防火地域を除く）．

② 工事を施工するために設ける現場事務所などの仮設建築物は，確認申請，許可は不要であるが，防火，準防火地域内で50 m² を超えるものは屋根を不燃材料でふくこと．

第8-6表　各種提出書類と提出先

提出物	提出者	申請または申込先	法根拠
確認申請書	建築主	建築主事 指定確認検査機関	法第6条
建築工事届	〃	都道府県知事	法第15条
建築物除去届	施工者	〃	〃
仮使用承認申請	建築主	特定行政庁	法第7条の6
工事完了届	建築主	建築主事 指定確認検査機関	法第7条
建築設備等の定期検査報告	建築主または管理者	〃	法第12条

③ 工事期間中必要となる仮設店舗などは，特定行政庁の許可を受けて仮設建築物として建築することができる．

(7) 居室としての条件

ⓐ 採光，換気

住宅，病院，学校，寄宿舎等の居室には，ある一定面積の窓を設けなければならない．採光のための採光面積と床面積の比は**第 8-7 表**に示すとおりとする．

① 換気のための開口面積は床面積の 1/20 以上とする．ただし，換気設備を設けた場合はこの限りでない．

② 地階の居室は原則として禁止されているが，空掘り（ドライエリア）がある場合，その他衛生上支障がない場合は可能である．

③ 天井高は，一般の場合 2.1 m 以上，部分により高さが異なる場合は，その平均の高さとする．

④ 換気や空調設備が必要な居室は**第 8-8 表**に示すとおりである．

⑤ 床の高さは地盤面から 45 cm 以上とする．ただし，防湿措置をした場合はこの限りでない．

⑥ 共同住宅などの各戸の界壁は，遮音上有害な空隙のない構造とし，小屋裏または天井裏に達していなければならない．

ⓑ 換気設備，空調設備

換気のための有効な開口部が不足する（居室の床面積の 1/20 以上の開口

第 8-7 表　採光，換気のための窓の大きさ

窓の種類	建築物の種類	窓の面積
採光のための窓	住宅の居室	床面積の 1/7 以上
	保育所の保育室，幼稚園，学校の教室	床面積の 1/5 以上
	病院等の病室，寄宿舎の寝室等	床面積の 1/7 以上
	病院の病室等以外の居室	床面積の 1/10 以上
換気のための窓	居室	床面積の 1/20 以上

第 8-8 表　換気設備，空気調和設備が必要となる建築物または室

	建築物または室	換気設備の種類	備考
1	一般の建築物の居室（換気上有効な開口部が不足するもの）	・自然換気設備 ・機械換気設備 ・空気調和設備	1. 換気に有効な開口部が不足する居室とは窓その他の開口部で換気に有効な面積がその居室の床面積の 1/20 未満の居室のことである． 2. 空気調和設備は中央管理方式とする． 3. 火を使用する調理室などで，室内空気を汚染させない器具または設備のある室，および延べ床面積 100 m^2 以内の住宅の調理室で床面積の 1/10 以上の開口面積（0.8 m^2 以上）で，かつ器具の発熱量の合計が 12 kW 以下の場合と発熱量の合計が 1 室において 6 kW 以下の居室に設けるストーブ等で，有効な開口部がある場合は除く．
2	劇場，映画館，演芸場，観覧場，公会堂，集会場などの特殊建築物の居室	・機械換気設備 ・空気調和設備	
3	調理室，浴室，その他の室で，かまど，こんろその他の火を使用する設備または器具を設けた室	・自然換気設備 ・機械換気設備	

8.2　建築基準法

部がとれない）場合，次のいずれかの換気設備を設けなければならない．

① 自然換気設備
給気口と排気筒付の排気口を有するもので，風圧または温度差による浮力により室内の空気を屋外に排出する方式．

② 機械換気設備
一般に風道と送風機から構成される設備で，送風機により強制的に換気を行うものである．第一種機械換気，第二種機械換気，第三種機械換気の3種類がある．

有効換気量 V〔m³/h〕は，

$$V \geqq \frac{20 A_f}{N} \quad \text{ただし } N \leqq 10 \text{ とする．}$$

ここで，A_f：居室の床面積〔m²〕，N：実状による1人当たりの占有面積〔m²〕．

③ 中央管理方式の空気調和設備
温度, 湿度, 風量等が調節（第8-9表）できるようにする．

第8-9表　中央管理方式の空調の条件

浮遊粉じんの量	0.15 mg/m³
CO 含有率	10 ppm 以下
CO₂ 含有率	1000 ppm 以下
温度	17〜28℃（居室における温度を外気の温度より低くする場合はその差を著しくしないこと）
相対湿度	40%〜70%
気流	気流 0.5 m/秒以下

（参考）ホルムアルデヒドの量 0.1 mg/m³ 以下

(8) 排煙
(a) 排煙設備の設置基準
排煙設備の設置を必要とする建築物またはその部分については，以下の条件のいずれかに該当するものとする．

① 建築物の排煙設備
ⓐ 特殊建築物で延面積が 500 m² を超えるもの．ただし学校，体育館等は除く．
ⓑ 階数が3以上で，延べ面積が 500 m² を超える建物．
ⓒ 延べ面積が 1000 m² を超える建築物の床面積 200 m² を超える大居室．
ⓓ 排煙上有効な開口部のない居室（無窓の居室）．

(b) 排煙設備の構造
① 排煙風道
煙に接する部分は不燃材料で作り，木材などから 15 cm 以上離すか，または金属以外の不燃材料で 10 cm 以上覆うこと．

防煙壁を貫通する場合は，風道と防煙壁との隙間をモルタルやその他の不燃材料で埋める．

② 排煙機の電源
自動充電装置または時限充電装置を有する蓄電池，自家用発電装置などとし，常用の電源が断たれたときに自動的に切替えられて接続できることが必要であり，30分間継続して排煙設備を作動させることができる容量以上で，かつ開放型の蓄電池は減液警報装置をつけること．

8.3 労働基準法

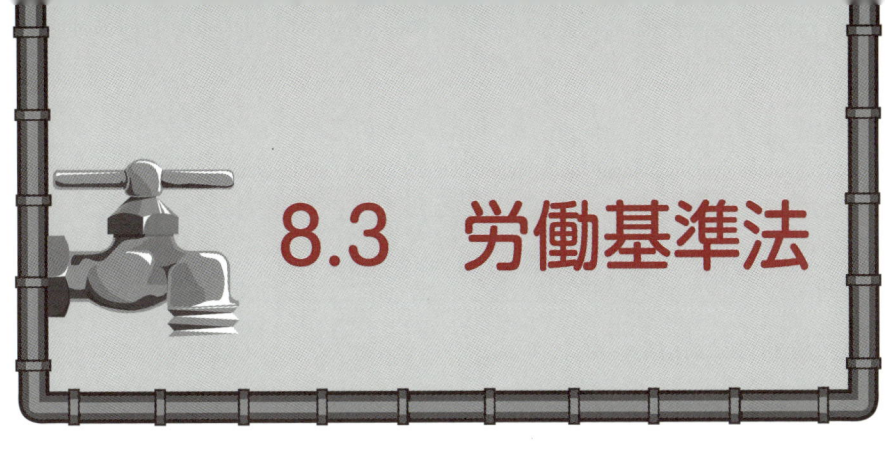

(1) 目的と内容

労働者が人たるに値する生活を営むための必要を満たす労働条件の最低の基準を定め，この基準に達しない労働契約は無効とし，無効となった部分はこの法律で定める基準による．

(a) 労働契約

① 使用者は労働契約の締結に際し，賃金，労働時間その他の労働条件を明示しなければならない．

② 労働契約は期間の定めのないものを除き，一定の事業の完了に必要な期間を定めるものの外は，3年を超えてはならない．

(b) 解雇

① 労働者が業務上負傷または疾病にかかり療養のために休業する期間およびその後30日間は解雇してはならない．

② 使用者が労働者を解雇しようとする場合は，少なくとも30日前に予告をしなければならない．予告しない場合は，30日分以上の平均賃金を支払わなければならない．

(c) 賃金

① 賃金は通貨で直接労働者にその金額を支払わなければならない．

② 賃金は毎月1回以上，一定の期日を定めて支払わなければならない．

③ 使用者の責に帰すべき事由により休業する場合は，平均賃金の100分の60以上の手当を支払う．

(d) 労働時間

① 休憩時間を除き1週間に40時間を超えてはならない．

② 1週間の各日においては，休憩時間を除いて1日について8時間を超えてはならない．

③ 労働時間を延長しまたは休日に労働させた場合，2割5分以上5割以下の範囲内で割増賃金を支払う．

④ 労働時間が6時間を超える場合は少なくとも45分，8時間を超える場合は少なくとも1時間の休憩時間を与える．

(e) 年少者（第8-1図）

① 児童が満15才に達した日以降の最初の3月31日が終了するまで，労働者として使用できない．

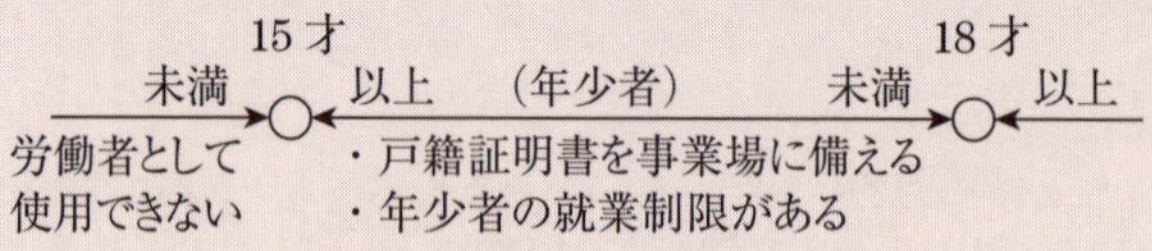

```
         15才                        18才
  未満 ○ 以上  （年少者） 未満 ○ 以上
労働者として  ・戸籍証明書を事業場に備える
使用できない  ・年少者の就業制限がある
```

第 8-1 図　年少労働者

② 満18才に満たない者について，戸籍証明書を事業場に備え付ける．

③ 親権者または後見人は，未成年者に代って労働契約を締結してはならない．

④ 未成年者は独立して賃金を請求することができる．親権者または後見人の賃金受取代行は禁止．

⑤ 満18才に満たない者を午後10時から午前5時までの間使用してはならない．ただし16才以上の男子は除く．

⑥ 年少者の就業制限業務（第8-10表）

(f) 災害補償

① 業務上負傷または疾病した場合，使用者は療養の費用を負担する．

② 労働者の療養中平均賃金の100分の60の休業補償を行う．

③ 労働者が業務上死亡した場合，平均賃金の1000日分の遺族補償を行う．

④ 療養開始後3年経過してもなおらない場合，1200日分の打切補償を行い，その後の補償を行わなくともよい．

(g) 就業規則

① 作成および届出

常時10人以上の労働者を使用する場合，就業規則を作成し，行政官庁に届け出なければならない．

ⓐ 始業，終業の時刻，休憩時間，休日，休暇等について．

ⓑ 賃金の決定，計算の方法，支払いの時期等．

ⓒ 退職手当，賞与等について．

② 作成の手続き

使用者は，就業規則の作成または変更について，労働者の過半数で組織する労働組合がある場合は労働組合，ない場合は労働者の過半数を代表する者の意見を聴かなければならない．

第 8-10 表　年少者就業制限業務の例

1. クレーン，デリックまたは揚貨装置の運転の業務．
2. クレーン，デリックまたは揚貨装置の玉掛の業務（2人以上の者によって行う玉掛けの業務における補助作業の業務を除く）．
3. 土砂が崩壊するおそれのある場所または深さが5m以上の地穴における業務．
4. 高さが5m以上の場所で，墜落により労働者が危害を受けるおそれのあるところにおける業務．
5. 足場の組立，解体または変更の業務（地上または床上における補助作業の業務を除く）．

8.4 労働安全衛生法

(1) 目的と内容

労働基準法と相まって，労働災害の防止のための危害防止基準の確立，責任体制の明確化および自主的活動の促進の措置を講ずる等，その防止に関する総合的計画的な対策を推進することにより，職場における労働者の安全と健康を確保するとともに，快適な職場環境の形成を促進することである（第 8-2 図）．

(2) 用語の定義（法第 2 条）

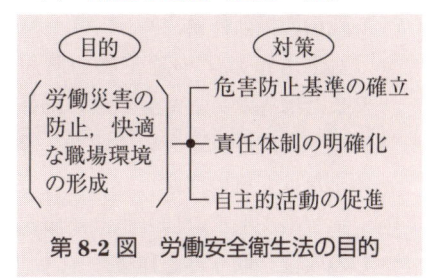

第 8-2 図 労働安全衛生法の目的

① 労働災害

労働者の就業に係る建設物，設備，原材料，ガス，粉じん等により，または作業行動その他業務に起因して，労働者が負傷し，疾病にかかり，または死亡することをいう．

② 労働者

労働基準法第 9 条に規定する労働者をいう．労基法第 9 条の労働者の定義は「職業の種類を問わず，前条の事業または事務所に使用される者で賃金を支払われる者」と定めており，したがって，同居の親族のみを使用する事業または家事使用人については労働基準法は適用されない．また船員法の適用を受ける船員や国家公務員（現業を除く）も適用されない．

③ 事業者

事業を行う者で労働者を使用するものをいう．つまり事業の経営主体をいい，個人企業にあってはその事業主個人を，会社その他法人にあっては法人を指す．

④ 化学物質

元素および化合物をいう．

⑤ 作業環境測定

作業環境の実態を把握するために空気環境その他の作業環境について行うデザイン，サンプリングおよび分析（解析を含む）をいう．

(3) 安全衛生管理体制

各事業所の自主的な安全衛生活動を制度的に取り入れるため，労働安全衛

生法は安全衛生管理組織の設置を規定している．

(a) **一般的な安全衛生管理組織（単一事業所の場合）**（第 8-11 表）
① **労働災害を防止するための組織の構成**
 ⓐ 総括安全衛生管理者（法第 10 条）
 ⓑ 安全管理者（法第 11 条）
 ⓒ 衛生管理者（法第 12 条）
 ⓓ 安全衛生推進者（法第 12 条の 2）
 ⓔ 産業医（法第 13 条）
 ⓕ 救護技術管理者（法第 25 条の 2）
 ⓖ 作業主任者（法第 14 条）
② **安全衛生に関する調査審議機関**（第 8-12 表）
 ⓐ 安全委員会（法第 17 条）
 ⓑ 衛生委員会（法第 18 条）
 ⓒ 安全衛生委員会（法第 19 条）

(b) **同一場所において請負契約の関係にある数事業者が混在する場合の安全衛生管理組織**（第 8-13 表）
＜労働災害を防止するための組織の構成＞
 ⓐ 統括安全衛生責任者（法第 15 条）
 ⓑ 元方安全衛生管理者（法第 15 条の 2）
 ⓒ 店社安全衛生管理者（法第 15 条の 3）
 ⓓ 安全衛生責任者（法第 16 条）

(c) **作業主任者**（法第14条）
事業者は労働災害を防止するため，管理を必要とする作業については，都道府県労働局長の免許を受けた者か，同局長または同局長の指定する者が行う技能講習を終了した者のうちから作業主任者を選任し，その者にその作業に従事する労働者の指揮等を行わせなければならない．

また事業者は作業主任者を選任したときは，作業主任者の氏名およびその者に行わせる事項を作業場の見やすい場所に掲示する等により関係労働者に周知させなければならない．

・作業主任者を選任する必要がある作業（令第 6 条）の例
 ⓐ アセチレン溶接装置を用いて行う金属の溶接，溶断・加熱の作業．
 ⓑ ボイラー取扱作業（小型ボイラーを除く）
 ⓒ 掘削面の高さが 2 m 以上となる地山の掘削作業．
 ⓓ 高さ 5 m 以上の建築物の骨組みまたは塔であって金属製の部材により構成されるものの組立，解体または変更の作業
 ⓔ 土留め支保工の切りばり，腹起しの取付，取り外し作業．
 ⓕ 第一種圧力容器の取り扱いの作業

など．

(d) **職長等の教育**（法第60条）
新たに職務につく職長やその他の作業する労働者を直接指導または監督する者に対して，事業者は次の事項について安全または衛生のための教育を行う．

第 8-11 表　一般的な安全衛生管理組織（単一事業場）

名称	総括安全衛生管理者	安全管理者	衛生管理者	安全衛生推進者	産業医	救護技術管理者
法規	法第10条	法第11条	法第12条	法第12条の2	法第13条	
選任者	事業者	事業者	事業者	事業者	事業者	事業者
事業場の規模	(イ) 建設・林業・鉱業 100人以上 (ロ) 製造業、電気・ガス等 300人以上 (ハ) その他 1000人以上	左記の(イ), (ロ)で、常時50人以上の労働者を使用	常時50人以上の労働者を使用	常時10人以上50人未満	常時50人以上. 常時1000人以上または有害業務500人以上は専属	ずい道工事, 圧気工法による事業場
選任の期限	14日以内	14日以内	14日以内		14日以内	
選任報告書提出先	所轄労働基準監督署長	同左	同左	氏名を掲示するなどして関係労働者に知らせる.	同左	
資格	その事業場で事業の実施を統括管理する者	・大学・高専の理科系卒（職業訓練大の長期指導員訓練課程を含む）後実務3年以上. ・高校理科卒実務5年以上 ・労働安全コンサルタント ・厚生労働大臣の定める者	・医師・歯科医師 ・第1種衛生管理者の免許、衛生工学衛生管理者の免許を受けた者 ・厚生労働大臣の定める者 ・労働衛生コンサルタント	・大学・高専卒（職訓大長期含），実務1年以上 ・高卒実務3年以上 ・実務5年以上 ・労働基準局長が定めた者 ・労働安全・衛生コンサルタント	医師	
業務内容	・安全管理者, 衛生管理者および救護技術管理者の指揮 ・安全・衛生に関する業務を統括管理	・総括安全衛生管理者の補佐 ・作業場を巡視し危険を防止する措置をとる ・労働者の危険防止 ・安全教育 ・労働災害再発防止 ・省令で定める労働災害の防止等 ・事業場に専属（ただし300人以上の労働者の場合は専任）	・総括安全衛生管理者の補佐 ・作業場の巡視 ・健康障害防止 ・衛生教育 ・健康診断	・安全管理者, 衛生管理者の業務	・毎月1回作業場を巡視，労働者の健康障害を防止するための措置 ・労働者の健康管理 ・衛生教育 ・健康障害原因調査 ・作業環境の維持管理 ・衛生管理者に対する指導助言	

8.4　労働安全衛生法

第8-12表　安全・衛生に関する調査・審議機関

名称	安全委員会	衛生委員会	安全衛生委員会
法規	法第17条，令第8条	法第18条，令第9条	法第19条
事業場の種類・規模	① 建設業，林業，鉱業，製造業のうち木材，木製品製造業，化学工業，鉄鋼業，金属製品製造業および輸送用機械器具製造業，運送業のうち道路貨物運送業および港湾運送業，自動車整備業，機械修理業，清掃業50人以上 ② 総括安全衛生管理者を選任すべき事業場の業種（ただし①に掲げるものを除く）100人以上	常時50人以上の労働者	事業者は安全委員会，衛生委員会を設けなければならないときは，それぞれの委員会にかえて安全衛生委員会を設置することができる．
調査審議内容	安全委員会は次のことを調査審議して事業者に対し意見を述べる． ① 労働者の危険を防止するため基本となるべき対策． ② 労働災害の原因および再発防止対策で安全に係るもの． ③ 労働者の危険に関する重要事項． ・安全に関する規程の作成 ・安全教育の実施計画の作成 ・監督官庁からの指示，勧告，指導について，危険防止について	衛生委員会は次のことを調査，審議して事業者に対し意見を述べる． ① 労働者の健康障害を防止するための基本となる対策に関すること ② 労働者の健康の保持増進を図るための基本となるべき対策 ③ 労働災害の原因および再発防止で衛生に係るもの ・衛生に関する規程の作成 ・衛生教育の実施計画の作成 ・作業環境測定の結果と対策 ・定期健康診断の結果と対策	安全委員会，衛生委員会の内容に準ずる．
委員の構成	① 総括安全衛生管理者またはその事業の実施を統括管理する者もしくはこれに準ずる者から事業者が指名した者で1人で議長を兼ねる． ② 安全管理者のうちから事業者が指名した者 ③ 事業場の労働者で，安全に関し経験を有する者のうち事業者が指名したもの 議長以外は労働組合等の推選により指名	① 同左 ② 衛生管理者のうちから事業者が指名した者 ③ 産業医のうちから事業者が指名した者 ④ 事業場の労働者で衛生に関し経験を有する者のうちから事業者が指名した者 ⑤ 事業場の労働者で作業環境測定士で事業主の指名した者．議長以外は労働組合等の推選により指名	安全委員会，衛生委員会の内容に準ずる．

注）1．安全委員会，衛生委員会は毎月1回以上開催する．
　　2．同上の重要な記録は3年間保存する．

第 8-13 表　事業者が混在する場合（請負契約にある事業者）

名称	統括安全衛生責任者	元方安全衛生管理者	安全衛生責任者	店社安全衛生管理者
法規	法第 15 条	法第 15 条の 2	法第 16 条	法第 15 条の 3
選任者	特定元方（建設業または造船業）事業者	同左	特定元方事業者以外の関係請負人	元方事業者
事業場の規模	常時 50 人以上の労働者が従事する事業場	同左	同左	常時 20 人以上
選任の期限				
選任報告書提出先				
資格	その事業場で事業の実施を統括管理する者	・大学・高専の理科系卒，実務 3 年以上 ・高校理科系卒，実務 5 年以上 ・厚生労働大臣が定める者		・大学・高専卒で 3 年以上の実務 ・高卒で 5 年以上の実務 ・8 年以上の実務
業務内容	元方事業者と下請事業者の多くの労働者が混在して作業をすることによる労働災害防止のため，以下の事項を統括管理する． ① 協議組織の設置と運営 ② 作業間の連絡 ③ 作業場所の巡視 ④ 関係請負人が行う安全・衛生教育の指導援助 ⑤ 工程に関する計画，作業場所における機械，設備等の配置に関する計画 等．	・統括安全衛生責任者の指揮を受け統括管理すべき事項のうち技術的事項を管理する．	・統括安全衛生責任者への連絡および受けた連絡を関係者に連絡する． ・統括安全衛生責任者からの連絡事項の実施の管理 ・混在作業による危険の有無の確認	建設業の中小規模現場において，元方事業者は，鉄骨造，鉄骨鉄筋コンクリート造の建築物の建設，ずい道等の建設，圧気工法による作業等の現場で統括安全衛生責任者の選任を要する現場を除く 20 人以上の現場に必要． ・現場を少なくとも毎月 1 回巡視． ・現場の協議組織に参加． ・工程に関する計画，作業場所における機械設備等の設置の計画の確認． ・統括安全衛生管理を行う者に対する指導．

8.4　労働安全衛生法

① 作業の方法の決定および労働者の配置に関する事項.
② 労働者に対する指導または監督の方法に関する事項.
③ 労働災害を防止するために必要な事項で省令で定める以下の事項.
　ⓐ 作業設備および作業場所の保守管理に関すること.
　ⓑ 異常時等における措置に関すること.
　ⓒ 現場監督として行うべき労働災害防止活動に関する内容.
(e) 就業制限業務（法第61条，規則第41条）

法律で定められている業務で，一定の資格や，免許等を有しないものは就業できない業務を就業制限業務という．その例を（第8-14表）に示す．

(4) **労働災害の防止**
(a) **墜落等による危険の防止**
① **高さ2m以上の箇所での作業**
　ⓐ 高さ2m以上の箇所で作業を行う場合は**作業床を設ける**．作業床を設けることが困難な場合は，防網を張り安全帯を使用させる等の措置を講じなければならない．
　ⓑ 高さ2m以上の作業床の端，開口部等で墜落のおそれのある箇所には，**囲い**，**手すり**，**覆い**等を設ける．なお，囲い等を設けられないときは，**防網**を張り**安全帯**を使用させる．
　ⓒ 高さ2m以上の箇所で作業を行うとき，**悪天候**のため危険が予想される場合は，作業に従事させてはならない．また，必要な**照度**を確保する．
② **昇降設備の設置**
　高さまたは深さが1.5mを超える箇所で作業を行うときは，**昇降するための設備**等を設ける．
③ **移動はしごの構造**（第8-3図）
　ⓐ 丈夫な構造，材料に著しい損傷，腐食がないこと．
　ⓑ 幅は**30cm**以上，**滑り止め装置**等の転位を防止する措置を講ずる．
　ⓒ 踏み桟は25cm以上35cm以

第8-14表　就業制限業務

業務の区分	業務につくことができる者
つり上げ荷重が5トン以上のクレーンの運転の業務（安衛令20，クレーン則68）	クレーン，デリック運転士免許を受けた者
つり上げ荷重が5トン以上のデリックの運転の業務（安衛令20，クレーン則68）	クレーン，デリック運転士免許を受けた者
制限荷重が5トン以上の揚貨装置の運転の業務（安衛令20）	揚貨装置運転士免許を受けた者
つり上げ荷重が1トン以上5トン未満の移動式クレーンの運転の業務（安衛令20，クレーン則68）	小型移動式クレーン運転技能講習修了者

第8-3図 移動はしご

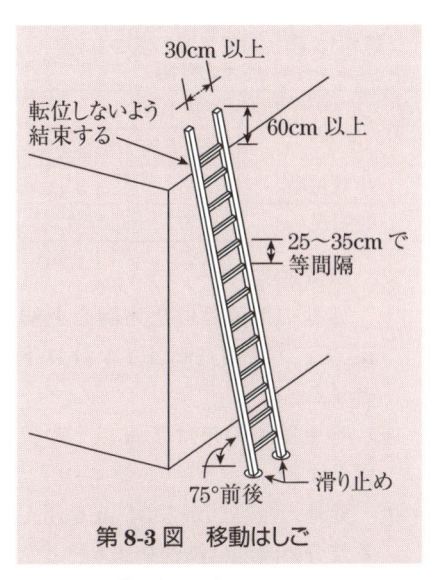

下で等間隔に設ける．

④ 脚立の構造

ⓐ 丈夫な構造，材料に著しい損傷，腐食がないこと．

ⓑ 脚と水平面との角度を **75度** 以下とする．

ⓒ 踏み面は作業を安全に行うために必要な面積とする．

(b) 飛来崩壊災害による危険の防止

① 高所からの物体の投下

ⓐ 3m以上の高所から物体を投下するときは，投下設備を設け，監視人を置く．

ⓑ ⓐの措置が講じられていないときは，3m以上の高所から物体を投下してはならない．

② 物体の落下

作業のための物体の落下による危険を防止するため防網を設け，**立入禁止区域**を設ける．

③ 物体の飛来

ⓐ 飛来防止の設備を設け，保護具を使用させる．

④ 保護帽の着用

上方において作業を行っているときに，その下方で作業を行う場合は保護帽を着用させる．

(c) 通路

① 安全保持

ⓐ 作業場内には安全な通路を設け，表示をし，採光または照明を設ける．

ⓑ 屋内に設ける通路は，高さ **1.8m** 以内に障害物を置かない．

ⓒ 機械間の通路幅は **80 cm** 以上とする．

② 架設通路の構造（第8-4図）

ⓐ 勾配は **30度** 以下とする．また，

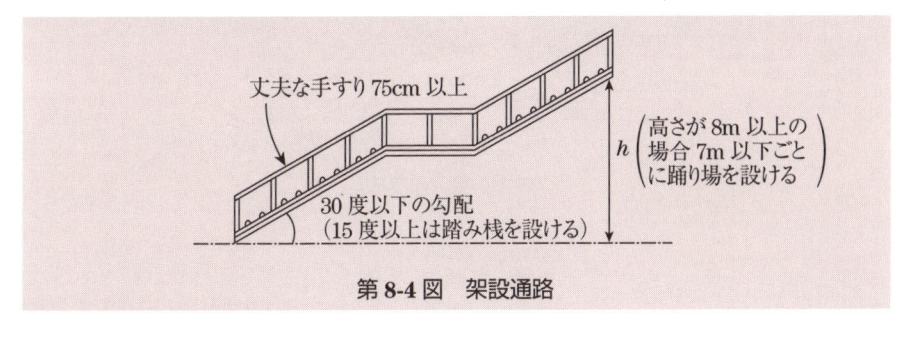

第8-4図 架設通路

8.4 労働安全衛生法

15度を超えるものには**踏桟**その他の滑り止めを設ける.
ⓑ 墜落の危険があるところには高さ **75 cm** 以上の**手すり**を設ける.
ⓒ **8 m** 以上の登り**桟橋**には，**7 m** 以内ごとに**踊り場**を設ける.

(d) **足場**

作業床の構造は次のとおりとする（第8-5図）.
ⓐ 幅は **40 cm** 以上，床材間のすきまは **3 cm** 以下とする.
ⓑ 墜落の危険のおそれがある箇所には **75 cm** 以上の**手すり**を設ける.

(e) **鋼管足場**

① 構造

滑動，沈下防止のため**ベース金具**を用いかつ**敷板**等を用いる．また**筋かい**で補強する.

② 壁つなぎ，控えの間隔

単管足場，枠組足場（高さ5m未満のものを除く）は第8-15表のとおり.

第8-15表　鋼管足場の壁つなぎ，控えの間隔

鋼管足場の種類	間隔〔m〕	
	垂直方向	水平方向
単管足場	5	5.5
枠組足場	9	8

③ 単管足場
ⓐ 建地の間隔はけた方向を **1.85 m** 以下，梁間方向は **1.5 m** 以下とする.
ⓑ 地上第1の布は **2 m** 以下の位置とする.
ⓒ 建地の最高部から **31 m** を超える部分の**建地**は鋼管を2本組とする.
ⓓ 建地間の積載荷重は **400 kg** を限度とする.

④ 枠組足場
ⓐ 最上層および **5層**以内ごとに**水平材**を設ける.
ⓑ 高さ **20 m** を超えるとき，および重量物の積載を伴う作業を行うときは，使用する**主枠**は高さ **2 m** 以下とし，主枠間の間隔は **1.85 m** 以下とする.

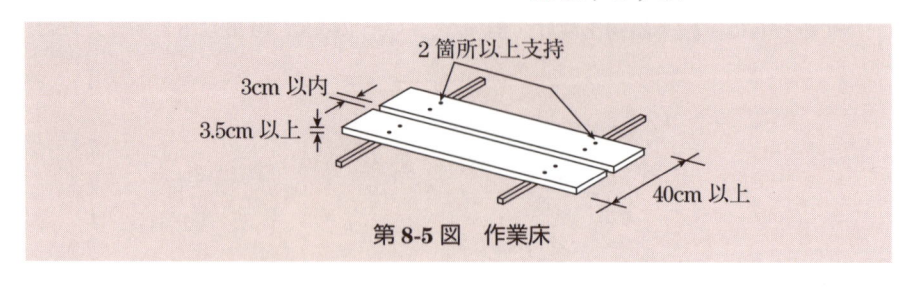

第8-5図　作業床

8.5　消防法

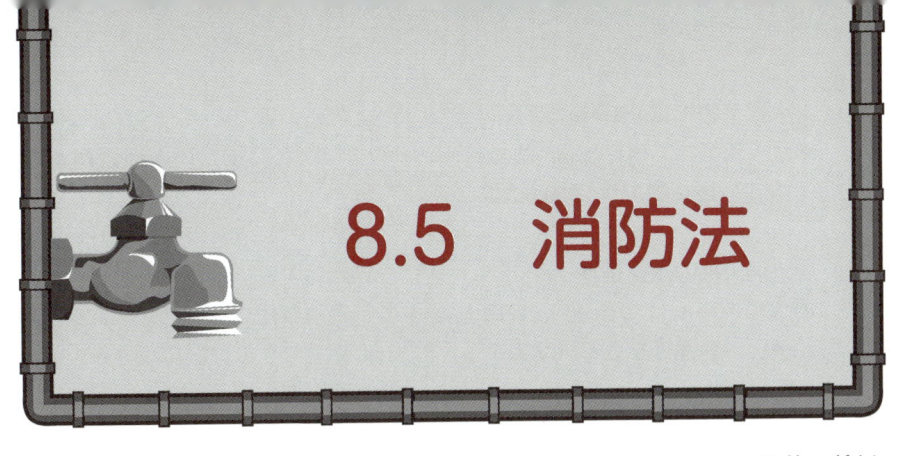

(1) 目的と内容

火災の予防，警戒，鎮圧と国民の生命，身体，財産を火災から保護するとともに，災害による被害の軽減，秩序の保持を目的とする．（法第1条）

(2) 消防用設備の設置

消防設備士免状の交付を受けていない者は，法で定める技術上の基準もしくは設備等技術基準に従い設置しなければならない消防用設備等の設置にかかわる工事や整備に関する施工はできない．また，甲種消防設備士は，消防用設備等に係る工事をしようとするときは，その工事をしようとする日の10日前までに消防用設備等の種類，工事の場所その他必要な事項を消防長または消防署長に届け出る．

防火対象物の関係者は工事が完了したら，4日以内に消防長または消防署長に届け出る．

ⓐ **屋内消火栓設備**

設置が必要となる建築物を第 8-16 表に示す．

ⓑ **屋外消火栓設備**

① 設置が必要となる建築物

建物の用途にかかわらず，平家の場合は1階，2階建以上の場合は1，2階の床面積の合計が，

第 8-16 表　屋内消火栓設備の設置が必要な建築物

消防令別表第1による分類	規模 一般	規模 地階・無窓階4階以上の階
劇場・映画館・公会堂・集会場	500 m² 以上 (1000 m² 以上) 〔1500 m² 以上〕	100 m² 以上 (200 m² 以上) 〔300 m² 以上〕
遊戯場，飲食店，百貨店，ホテル，共同住宅，病院，社会福祉施設，幼稚園，学校，図書館，サウナ，公衆浴場，工場，スタジオ，倉庫等	700 m² 以上 (1400 m² 以上) 〔2100 m² 以上〕	150 m² 以上 (300 m² 以上) 〔450 m² 以上〕
神社，寺院，事務所等	1000 m² 以上 (2000 m² 以上) 〔3000 m² 以上〕	200 m² 以上 (400 m² 以上) 〔650 m² 以上〕

注〔　〕内：耐火構造で内装制限した建築物
　（　）内：耐火構造または内装制限した準耐火構造の建築物

 ⓐ 耐火建築物では 9000 m² 以上.
 ⓑ 準耐火建築物では 6000 m² 以上.
 ⓒ その他の建築物では 3000 m² 以上.

 ② 屋外消火栓の技術基準
 ⓐ 消火栓を中心に半径 40 m の円で建築物の各部分をカバーするように配置する.
 ⓑ 放水量 350 L/分以上.
 ⓒ 放水圧力（先端）：2.5 kgf/cm² （0.25 MPa）以上.
 ⓓ 水源の水量：個数（最大 2）×7 m³ 以上.

(c) **連結送水管設備**

消防隊の消火活動に使用されるもの.

 ① 設置が必要となる建築物
 ⓐ 地階を除く階数が 7 階以上のもの全部.
 ⓑ 地階を除く階数が 5 階以上で延べ面積 6000 m² 以上のもの全部.
 ⓒ 地下街で延べ面積が 1000 m² 以上のもの.
 ⓓ 延長 50 m 以上のアーケード.

 ② 技術基準
 ⓐ 連結送水管の放水口は，3 階以上の階に階ごとに，各部分から一つの放水口までの水面距離が 50 m 以下になるように設ける. ただし，アーケードの場合は 25 m 以内とする.
 ⓑ 送水口は，消防ポンプ車が容易に接近できる位置に設ける.

(d) **連結散水設備**

地階部分が設置の対象となり，建物の外部の消防ポンプ車より消火水を圧送し消火する.

 ① 設置が必要となる建築物

地階の床面積の合計が 700 m² 以上のもの.

 ② 技術基準
 ⓐ 散水ヘッドは天井または天井裏に設ける.
 ⓑ 送水口は消防ポンプ車が容易に接近できる位置に設ける.

(e) **排煙設備**

 ① 設置が必要となる建築物

第 8-17 表参照.

 ② 技術基準
 ⓐ 手動起動装置または火災の温度上昇による自動起動装置を設ける.

第 8-17 表　排煙設備の設置基準

	設置対象となる建築物	対象となる部分
消防法による排煙設備	劇場，映画館，演芸場，観覧場，公会堂，集会場	舞台部で床面積が 500 m² 以上のもの.
	地下街	延べ面積 1000 m² 以上のもの.
	キャバレー，ナイトクラブ，遊技場，ダンスホール，百貨店，マーケット，店舗，展示場，車庫，駐車場，格納庫，航空機の発着場の待合室等	地階または無窓階で床面積が 1000 m² 以上のもの.

ⓑ 風道は不燃材料で作り，耐火構造の壁または床を貫通する箇所や延焼の防止上必要な箇所には，外部から容易に開閉することができ，かつ防火上有効な構造を有するダンパーを設ける．
ⓒ 非常電源を附置する．

(f) **非常コンセント設備**
① 設置が必要となる建築物
ⓐ 地階を除く階数が 11 以上のもの．
ⓑ 地下街で延べ面積が 1000 m² 以上のもの．
② 技術基準
ⓐ 設置は，階ごとに各部分からの水平距離が 50 m 以内になる位置に設ける．
ⓑ 非常コンセントは単相交流 100 V で 15 A 以上の電源を供給できること．
ⓒ 電源は非常電源とする．

(g) **自動火災報知設備**
① 設置が必要となる建築物
令第 21 条による．
② 技術基準
一般事項は次に示すとおりである．
・1 の警戒区域の面積は 600 m² 以下とし，1 辺の長さは 50 m 以下とする．ただし，主要な出入口から内部を見通すことができる場合は，1000 m² 以下にできる．
・警戒区域は 2 以上の階にわたらないこと．
・感知器は，その感知能力に応じた受持面積ごとに 1 個以上の個数を設置する．
・警戒区域が 5 を超えるものは P 型，R 型または GP 型の 1 級受信機とする．
・非常電源を設けること．

(h) **非常警報設備**
非常ベルやサイレン，非常放送設備をいう．
① 設置が必要となる建築物
令第 24 条による．
② 技術基準
ⓐ 非常ベルは，押ボタン発信機で作動させ，非常放送は出火階と直上階のみに放送できるようにし各階のスピーカへの配線は系統分けを行っている．
ⓑ 非常電源を附置すること．
ⓒ 配線は耐熱配線とする．

(i) **誘導灯設備**
① 設置が必要となる建築物
・特定防火対象物；各階に必要．
・その他の防火対象物；地階，無窓階，11 階以上の階に必要．
② 技術基準
ⓐ 誘導灯の種類と技能；避難口誘導灯，通路誘導灯（廊下通路誘導灯，室内通路誘導灯，階段通路誘導灯）および客席誘導灯に分類される．
ⓑ 非常電源として停電時に 20 分間点灯できるバッテリーが内蔵されている．

8.6 廃棄物の処理及び清掃に関する法律

(1) 目的と内容

廃棄物の排出の抑制，適正な分別，保管，収集，運搬，再生，処分等の処理をし，生活環境を清潔にすることにより，生活環境の保全，公衆衛生の向上を図る．廃棄物処理法ともいわれる．

(2) 用語の定義

廃棄物には産業廃棄物，一般廃棄物があり，一般廃棄物は産業廃棄物以外のものをいう．

① 産業廃棄物
ⓐ 事業活動により生じた廃棄物のうち燃えがら，汚泥，廃油，廃酸，廃アルカリ，廃プラスチック類，紙くず，木くず，繊維くず，ゴムくず，金属くず，ガラスくず，コンクリートくず等．
ⓑ 輸入された廃棄物等で政令で定めるもの．

② 特別管理産業廃棄物

爆発性，毒性，感染性その他人の健康，環境に被害を生じるおそれのある性状を有するもので，廃油，廃酸，廃アルカリ，感染性産業廃棄物，PCBを含む廃油，PCB汚染物等．

(3) 産業廃棄物の処理

① 事業者は，産業廃棄物を自ら処理しなければならない．

② 事業者は，産業廃棄物の運搬または処分を他人に委託する場合，その運搬については産業廃棄物収集運搬業者その他環境省令で定める者に，その処分については産業廃棄物処分業者その他環境省令で定める者にそれぞれ委託しなければならない．

(4) 産業廃棄物管理票等

① 産業廃棄物の運搬，処分を他人に委託する場合，受託した者に対して産業廃棄物管理票を交付しなければならない．

② 運搬受託者，処分受託者は，運搬，処分を終了したときは，管理票の写しを管理票を交付した者に送付しなければならない．

③ 管理票交付者は，管理票に関する報告書を作成し，都道府県知事に提出しなければならない．

④ 運搬，処分等の委託契約は書面により行い，保存期間は5年とする．

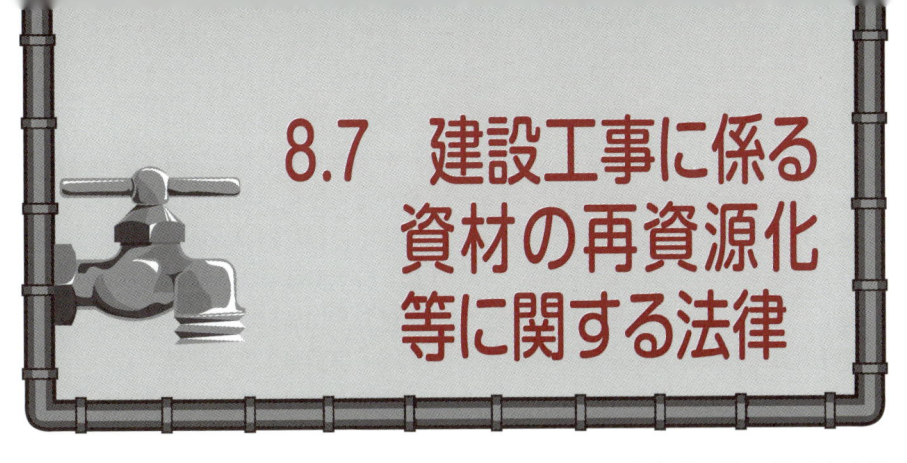

8.7 建設工事に係る資材の再資源化等に関する法律

(1) 目的と内容

特定の建設資材の分別解体や再資源化等を促進する措置を講ずるとともに解体工事業者の登録制度を実施すること等により再生資源の利用および廃棄物の減量などにより，資源の有効利用や廃棄物の適正な処理を図ることを目的とする．建設リサイクル法ともいわれる．

(2) 定義

(a) 建設資材

建設工事（土木建築に関する工事）に使用する資材をいう．具体的にはコンクリート，アスファルト，木材，金属，プラスチック等である．

(b) 建設資材廃棄物

建設資材が廃棄物（廃棄物の処理及び清掃に関する法律に規定する廃棄物）になったものをいう．建設業に係るものは産業廃棄物であるが，請負契約にならない自ら施工する者が排出する廃棄物は一般廃棄物である．

(c) 分別解体等

① 建築物等を解体する工事では建設資材廃棄物をその種類ごとに分類しつつ，その工事を計画的に施工する行為．

② 新築工事等の場合，工事にともない副次的に生ずる建築資材廃棄物を種類ごとに分別しつつ施工する行為

(d) 再資源化

① 分別解体等に伴って生じた建設資材廃棄物を，そのまま用いることでなく，資材または原材料として利用することができる状態にする行為をいう．

② 分別解体等に伴って生じた建設資材廃棄物を燃焼のために用いることができるものやその可能性のあるものについて熱を得ることができる状態にする行為をいう．

(e) 特定建設資材

コンクリート・木材その他建設資材のうち，それらが廃棄物となり再資源化が，資源の有効な利用および廃棄物の減量と図る上で必要であり，再資源化が，経済性の面において制約性が著しくないと認められるもので以下に掲げる建設資材である．

① コンクリート

② コンクリートおよび鉄から成る建設資材
　③ 木材
　④ アスファルト・コンクリート

(f) **縮減**

焼却，脱水，圧縮その他の方法で建設資材廃棄物の大きさを減ずる行為をいう．

(3) **分別解体等の実施**

(a) **実施対象建設工事**

特定建設資材を用いた建築物等の解体工事やそれらを使用する新築工事等でありその規模が一定基準以上のものであり，分別解体等の義務付け対象者は対象建設工事の受注者または自主施工者である．

(b) **分別解体等の義務付け対象建設工事**

　① 建築物の解体；床面積の合計が 80 m² 以上
　② 建築物の新築；床面積の合計が 500 m² 以上
　③ 建築物の修繕，模様替え；請負代金の額が 1 億円以上
　④ 建築物以外の解体工事や新築工事；請負代金の額が 500 万円以上

(c) **分別解体等の届出**

分別解体等の対象建設工事の発注者または自主施工者は，工事着手の 7 日前までに建築物等の構造，工事着手期間，分別解体等の計画等について都道府県知事に届出なければならない．

(d) **再資源化実施義務**

再資源化の実施義務が課せられるのは対象建設工事請負受注者である．特定建設資材は再資源化が義務付けられているが，木材については再資源化施設が少なく，偏在しているため工事現場から 50 km 以内にない場合については再資源化に代えて縮減でもよいとされる．

(e) **元請負業者から発注者への報告**

再資源化が完了したときに元請負業者は以下の事項について書面にて発注者に報告するとともに，再資源化等の実施状況に関する記録を作成し，保存しなければならない．

　① 再資源化が完了した年月日
　② 再資源化等をした施設の名称および所在地
　③ 再資源化等に要した費用

8.8 騒音規制法

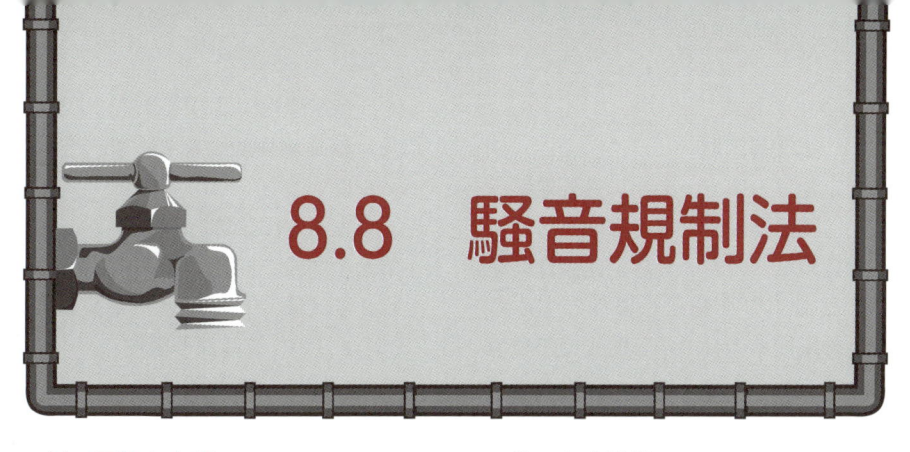

(1) 目的と内容
工場および事業場における事業活動ならびに建設工事に伴って発生する騒音と自動車騒音の許容限度を定め生活環境を保全する．

(2) 用語の定義
① 特定施設
工場または事業場に設置される施設のうち，著しい騒音を発生する施設で政令で定めるもの（空気圧縮機および送風機で原動機の定格出力が 7.5 kW 以上のもの）．

② 規制基準
特定施設を設置する工場または事業場において発生する敷地の境界線における許容限度

③ 特定建設作業
建設工事として行われる作業のうち，著しい騒音を発生する作業で政令で定めるもの．

〈政令第 2 条〉著しい騒音を発生する作業とは，以下の装置を使用する作業（作業が開始した日に終るものを除く）．

ⓐ くい打機，くい抜機
ⓑ びょう打機
ⓒ さく岩機
ⓓ 空気圧縮機（電動機以外の原動機を用いるものであって 15 kW 以上のもの）
ⓔ コンクリートプラント，アスファルトプラント
ⓕ バックホー（原動機が 80 kW 以上のもの）

(3) 地域の指定
都道府県知事は，住居，病院または学校の周辺の地域等で，住民の生活環境を保全する必要があると認める地域を騒音を規制する地域として指定しなければならない．

① 第 1 号区域
ⓐ 特に静穏の保持を必要とする区域．
ⓑ 住居用として静穏の保持を必要とする区域．
ⓒ 住居の他，商業，工業等の地域で，相当数の住居が集合しているため，騒音の発生を防止する必要がある地域．
ⓓ 学校，保育所，病院，図書館，特養老人ホームの敷地の周囲概ね

80 m の地域.

② **第 2 号区域**

指定地域の中で，上記以外の地域.

(4) **特定建設業の実務の届出**

指定地域内において特定建設作業を伴う建設工事を施工しようとする者は，作業開始の日の 7 日前までに環境省令で定めるところにより，次の事項を市町村長に届けなければならない.

ⓐ 氏名，名称および住所.

ⓑ 建設工事の目的に係る施設または工作物の種類.

ⓒ 特定建設作業場所および期間.

ⓓ 騒音の防止の方法.

(5) **特定建設作業の騒音規制基準**

ⓐ 敷地境界線の騒音…85 デシベル以下.

ⓑ 夜間の作業禁止時間

第 1 号区域；午後 7 時～午前 7 時

第 2 号区域；午後 10 時～午前 6 時

ⓒ 1 日の作業時間の限度

第 1 号区域；10 時間以内

第 2 号区域；14 時間以内.

ⓓ 作業期間の限度…連続 6 日間以内.

ⓔ 作業禁止日…日曜日，その他の休日.

8.9 水道法

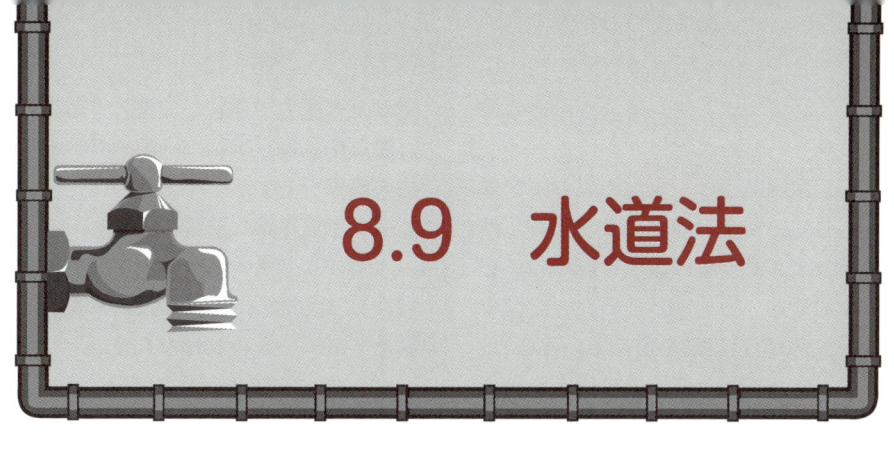

(1) 目的と内容
清浄で豊富低廉な水の供給を図り，公衆衛生の向上と生活環境の改善に寄与する．

(2) 用語の定義（法第3条）
① **水道**とは，導管およびその他の工作物により，水を人の飲用に適する水として供給する施設の総体をいう．ただし，臨時に施設されたものを除く．

② **水道事業**とは，一般の需要に応じて，水道により水を供給する事業をいう．ただし，給水人口が100人以下である水道によるものを除く．

③ **簡易水道事業**とは，給水人口が5000人以下である水道により，水を供給する水道事業をいう．

④ **専用水道**とは，寄宿舎，社宅，療養所等における自家用の水道，その他水道事業の用に供する水道以外の水道であって，100人を超える者にその居住に必要な水を供給するものをいう．ただし，他の水道から供給を受ける水を水源とし，口径25 mm以上の導管の全長1500 m以下，水槽の有効容量の合計が1000 m^3 以下の規模のものを除く．

⑤ **簡易専用水道**とは，水道事業の用に供する水道および専用水道以外の水道であって，水道事業の用に供する水道から供給を受ける水のみを水源とするものをいう．ただし，水の供給をうけるための水槽の有効容量の合計が10 m^3 以下のものは除かれる．

⑥ **水道施設**とは，水道のための取水施設，貯水施設，導水施設，浄水施設，送水施設および配水施設であって，当該水道事業者または専用水道の設置者の管理に属するものをいう．

⑦ **給水装置**とは，需要者に水を供給するために水道事業者の施設した配水管から分岐して設けられた給水管およびこれに直結する給水用具をいう．

(3) 施設基準（水道法第5条）
① **取水施設**は，できるだけ良質の原水を必要量取り入れることができるものであること．

② **貯水施設**は，渇水時においても必要量の原水を供給するのに必要な貯水能力を有するものであること．

③ **導水施設**は，必要量の原水を送

るのに必要なポンプ，導入管，その他の設備を有すること．

④ 浄水施設は，原水の質および量に応じて，前条の規定による水質基準に適合する必要量の浄水を得るのに必要な沈澱池，ろ過池，その他の設備を有し，かつ消毒設備を備えていること．

⑤ 送水施設は必要量の浄水を送るのに必要なポンプ，送水管，その他の設備を有すること．

⑥ 配水施設は，必要量の浄水を一定以上の圧力で連続して供給するのに必要な配水池，ポンプ，配水管，その他の設備を有すること．

(4) **水質基準**（法第 4 条）

水道により供給される水は厚生労働省令により水質基準（第 8-18 表）を満たすものでなければならない．

(5) **給水義務**（法第 15 条）

水道事業者の義務を次に示す．

① 水道水の供給義務

給水区域内の需要者から給水の申込

第 8-18 表　厚生労働省令第 101 号による主な水質基準〔平成 27 年 4 月〕

法第 4 条第 1 項第一号に掲げる要件	硝酸態窒素および亜硝酸態窒素 塩化物イオン 有機物（全有機炭素：TOC） 一般細菌 大腸菌	10 mg/L 以下であること． 200 mg/L 以下であること． 3 mg/L 以下であること． 1 mL の検水で形成される集落数が 100 以下であること． 検出されないこと．
法第 4 条第 1 項第二号に掲げる要件	シアンイオン 水銀	0.01 mg/L 以下 0.0005 mg/L 以下
法第 4 条第 1 項第三号に掲げる要件	銅 鉄	1.0 mg/L 以下であること． 0.3 mg/L 以下であること．
法第 4 条第 1 項第三号に掲げる要件	マンガン 亜鉛 鉛 六価クロム 亜硝酸態窒素 カドミウム ひ素 ふっ素 カルシウム，マグネシウムなど(硬度) 蒸発残留物 フェノール類 陰イオン界面活性剤	0.05 mg/L 以下であること． 1.0 mg/L 以下であること． 0.01 mg/L 以下であること． 0.05 mg/L 以下であること． 0.04 mg/L 以下であること． 0.003 mg/L 以下であること． 0.01 mg/L 以下であること． 0.8 mg/L 以下であること． 300 mg/L 以下であること． 500 mg/L 以下であること． フェノールに換算して 0.005 mg/L 以下であること． 0.2 mg/L 以下であること．
法第 4 条第 1 項第四号に掲げる要件	pH 値	5.8 以上 8.6 以下であること．
法第 4 条第 1 項第五号に掲げる要件	臭気 味	異常でないこと． 異常でないこと．
法第 4 条第 1 項第六号に掲げる要件	色度 濁度	5 度以下であること． 2 度以下であること．

を受けたときは拒否できない．

② 水道水の常時供給義務

災害時以外常時水を供給しなければならない．

③ 給水停止

水道料金を支払わないとき，正当な理由なしに給水装置の検査を拒んだとき給水を停止できる．

(6) 給水装置の構造および材質（法第 16 条）

政令で定める基準を次に示す．

① 配水管への取り付け口の位置は，他の給水装置の取付け口から 30 cm 以上離すこと．

② 配水管への取り付け口における給水管の口径は，水の使用量に比し過大すぎないこと．

③ 配水管の水圧に影響を及ぼすおそれのあるポンプに直結されていないこと．

④ その給水装置以外の水管その他の設備に直接連結されていないこと（クロスコネクションの禁止）．

⑤ 水槽，プール，流し等に給水する給水装置には逆流防止の措置をとること．

(7) 検査の請求（法第 18 条）

① 給水装置の検査請求を水道事業者に請求できる．

② 水質検査の請求を水道事業者に請求できる．

(8) 簡易専用水道の管理（法第 34 条）

① 簡易専用水道の設置者は省令で定める基準に従い，その水道を管理しなければならない．

② 水槽の掃除を 1 年以内ごとに 1 回，定期的に行うこと．

③ 簡易専用水道の設置者は省令の定めるところにより，地方公共団体の機関又は厚生労働大臣の登録を受けた者の検査を受けなければならない．

④ この検査は 1 年以内ごとに 1 回とする．

8.10 下水道法

(1) 目的と内容

公共下水道，流域下水道および都市下水路の設置などの基準を定め，下水道の整備を図り，公衆衛生の向上に寄与し，公共用水域の水質の保全を目的とする．

(2) 公共下水道

(a) 放流水の水質基準（法第8条）

公共下水道から河川その他の公共の水域または海域に放流される水の水質は，政令で定める技術上の基準に適合するものでなくてはならない（第8-19表）．

第 8-19 表　放流水の水質基準
（下水道法施行令第 6 条）

水素イオン濃度	pH 5.8 以上 8.6 以下
大腸菌群数	3000 個/cm³ 以下
浮遊物質量	40 mg/L 以下

以下は処理方法により異なる計画放流水質
・生物化学的酸素要求量〔mg/L〕
　10 以下，10 を超え 15 以下
・窒素含有量〔mg/L〕
　10 以下，10 を超え 20 以下，20 以下
・りん含有量〔mg/L〕
　0.5 以下，0.5 を超え超え 1 以下，1 を超え 3 以下，1 以下，3 以下

(b) 排水設備（法第10条）

公共下水道の使用が開始された場合，以下の者は，その土地の下水を公共下水道に流入させるために必要な排水管，排水渠，その他の排水設備を設置しなければならない．

① 建築物の敷地の土地では建物の所有者．

② 建築物の敷地でない土地では土地の所有者．

③ 道路その他の公共施設の敷地である土地では公共施設を管理する者．

(c) 排水に関する受忍義務（法第11条）

他人の土地または排水設備を使用しなければ下水を公共下水道に流入させることが困難であるときは，他人の土地に排水設備を設置したり，他人の設置した排水設備を使用することができる．

① 他人の土地または排水設備にとり最も損害の少ない方法とする．

② 他人の排水設備を使用する者は，利益を受ける割合に応じ費用を負担する．

この問題をマスタしよう

問1（建設業の許可） 次の記述のうち，「建設業法」上，正しいものはどれか．
(1) 建設業者は民間工事を施工する場合には主任技術者を，公共工事を施工する場合には，監理技術者を工事現場に置かなければならない．
(2) 2級建築施工管理技士の資格を有する者は，管工事における主任技術者の要件を満たしている．
(3) 主任技術者は，当該工事の現場代理人を兼ねることができない．
(4) 下請負人として建設工事の一部を請け負った建設業者は，当該工事現場に主任技術者を置かなければならない．

解説 (1) 主任技術者は，請負った建設工事を施工するときに，下請に出す金額が合計で3000万円（建築一式工事については4500万円）未満の建設工事，監理技術者を設置する建設工事は元請の特定建設業者が合計3000万円（建築一式工事については4500万円）以上の工事を下請に出す建設工事に置かなければならない．

(2) 管工事における主任技術者となることができる者は以下による．

① 許可を受けようとする建設業に係る工事に関する指定学科を修め，大学（短を含む）卒業3年以上，高卒については5年以上の実務経験を有する者．

② 許可を受けようとする建設業に係る工事に10年以上の実務経験を有する者．

③ 国土交通大臣が①，②と同等以上と認めた者．つまり，管工事施工管理技士の技術検定合格者，技術士二次試験合格者（機械部門，水道部門，衛生工学部門），技能検定合格者（配管工，空調配管，衛生配管）が認められている．

(3) 現場代理人が主任技術者を兼ねてはいけないという規定はない．

(4) 元請，下請にかかわらず，主任技術者は建設工事現場における施工の技術上の管理を司どる．

答 (4)

問2（施工技術の確保） 「建設業法」に関する記述のうち，誤っているものはどれか．
(1) 建設業者は，その店舗および建設工事の現場ごとに，公衆の見やすい場所に一定の事項を記載した標識を掲げなければならない．
(2) 建設業の許可の有効期間は5年である．

(3) 二以上の都道府県に営業所を設けて建設業の営業をしようとする者は，主たる都道府県における都道府県知事の許可が必要である．
(4) 建設業者は，建設工事の注文者から請求があったときは，請負契約が成立するまでの間に建設工事の見積書を提示しなければならない．

解説 (1) 標識は工事現場用と店舗用の2種類があり，一定の事項を記載し公衆の見やすい場所に揚げなければならない．

(2) 建設業の許可の有効期間は5年で，引き続き建設業を継続する場合は，更新手続きをしなければならない．有効期間が満了する日前30日までに更新のための許可申請書を提出しなければならない．

(3) 建設業を営もうとする者は，建設業の区分に従い許可を受けなければならない，と法第3条で定められており許可は建設業の区分に応じて与えられる．

〈許可の種類〉
① 国土交通大臣の許可…2以上の都道府県の区域内に営業所を設けて営業しようとする場合．
② 都道府県知事の許可…一つの都道府県のみに営業所を設けて営業する場合．
この建設業の許可は営業についての地域的制限はなく，知事許可で全国で営業できる．

(4) 見積書の提示は設問のとおりである．

答 (3)

問3（建設工事の請負契約） 建設業者に関する記述のうち，「建設業法」上，誤っているものはどれか．
(1) 特定建設業の許可を受けている者は，請け負った建設工事を施工するため，下請代金の額が3000万円となる下請契約を締結することができる．
(2) 管工事業の許可を受けている者は，管工事を請け負う場合，その工事に附帯する他の建設業に係る建設工事を請け負うことができる．
(3) 一般建設業の許可を受けている者は，下請契約を締結せず自ら施工する場合，請負代金の額が5000万円となる建設工事を請け負うことができる．
(4) 国土交通大臣から建設業の許可を受けている者は，その請け負った建設工事を一括して他人に請け負わせることができる．

解説 (a) 元請負人があらかじめ発注者から文書により承諾を得ている場合以外は，一括下請負は禁止されている．

(b) 一般建設業者が請負った工事を自ら施工する場合の請負代金の制限は，特に定められていない．一般建設業者が発注者から請負った建設工事を他者に下請契約を締結して工事をする場合での下請代金の額についての制限があるだけである．

答 (4)

問4（申請・届出） 次の記述のうち，「建築基準法」上，誤っているものはどれか．
(1) 完了検査申請書は，都道府県知事に提出する．
(2) 建築工事届は，都道府県知事に提出する．
(3) 建築確認申請書は，建築主事に提出する．
(4) 建築設備の定期検査報告は，特定行政庁に提出する．

解説 (a) 建基法第7条に工事の完了手続が規定されている．それによると，建築主は工事が完了したときには4日以内に工事完了届を建築主事に提出しなければならない．また，建築主事は工事完了届を受理したら7日以内に検査を行い，法に適している場合は検査済証を建築主に交付する．

(b) 建築物の所有者または管理者は，建築物の敷地，構造および建築設備について有資格者に定期的に調査させ，その結果を特定行政庁に報告しなければならない．（建基法第12条）

答 (1)

問5（用語） 次の記述のうち，「建築基準法」上，誤っているものはどれか．
(1) 避雷針は，建築設備である．
(2) 仕様書は，設計図書である．
(3) 石膏ボードは，不燃材料である．
(4) 共同住宅は，特殊建築物である．

解説 (a) 建築設備とは，建築物に設ける電気，ガス，給水，排水，換気，暖房，冷房，消火，排煙，もしくは汚物処理の設備または煙突，昇降機もしくは避雷針をいう．（建基法第2条第3号）

(b) 設計図書とは建築物，その敷地またはある一定の工作物に関する工事用の図面（現寸図，その他これらに類するものを除く）および仕様書をいう．（建基法第2条第12号）

(c) 不燃材料は建築材料のうち，不燃性能（通常の火災時における火熱により燃焼しないことその他政令で定める性能をいう）に関して，政令で定める技術的基準に適合するもので，国土交通

この問題をマスタしよう

大臣が定めたものまたは国土交通大臣の認定を受けたものと定められている．

具体的には，コンクリート，レンガ，瓦，鉄鋼，アルミニウム，ガラス，モルタル，しっくい等をいう．準不燃材料には，木毛セメント板，石膏ボード等がある．（建基法第2条第9号）

答 (3)

問6（特殊建築物，居室，建築物，工作物） 次の記述のうち，「建築基準法」上，誤っているものはどれか．
(1) 高架水槽は，工作物である．
(2) 事務所は，特殊建築物である．
(3) 映画館の客室は，居室である．
(4) 地下街の店舗は，建築物である．

解説
(1) 工作物とは，煙突，広告塔，高架水槽，擁壁その他これらに類するもの，例えば昇降機や遊戯施設などをいうと建基法第88条第1項に規定している．

(2) 「特殊建築物」については解説参照．事務所は特殊建築物に含まれない．

(3) 居室とは，居住，執務，作業，集会，娯楽その他これらに類する目的のために継続的に使用する室をいう（建基法第2条第4号）．したがって，映画館の客室は居室である．

(4) 建築物とは土地に定着する工作物のうち，屋根および柱もしくは壁を有するもの，これに付属する門もしくはへい，観覧のための工作物または地下もしくは高架の工作物内に設ける事務所，店舗，興行場，倉庫その他これらに類する施設（鉄道および軌道の線路敷地内の運転保安に関する施設ならびに跨線橋，プラットホームの上屋，貯蔵槽その他これらに類する施設を除く）をいい，建築設備を含むものとする．（建基法第2条第1号）

答 (2)

問7（排水，防火） 次の記述のうち「建築基準法」上，誤っているものはどれか．
(1) くみ取便所の便槽は，井戸から1m以上離して設けなければならない．
(2) 排水のための配管設備の末端は，公共下水道，都市下水路その他の排水施設に排水上有効に連結しなければならない．
(3) エレベーターの昇降路内に，ガスの配管設備を設けてはならない．
(4) 耐火構造等の防火区画を貫通する給水管，配電管は，その管と防火区画とのすき間を不燃材料で埋めなければならない．

第8章 法規

解説 便所と井戸との距離については「くみ取り便所の便槽は，井戸から5m以上離して設けなければならない．ただし，地盤面下3m以上埋設した閉鎖式井戸で，その導水管が外管を有せず，かつ不浸透質で造られている場合，またはその導入管が内径25cm以下の外管を有し，かつ導水管および外管が共に不浸透質で造られている場合においては1.8m以上とすることができる．」と規定されている．(建基令第34条)

答 (1)

問8（安全衛生管理体制） 建設工事の安全管理体制に関する文中，□□内に当てはまる語句の組み合わせとして，「労働安全衛生法」上，正しいものはどれか．

元請および下請の労働者が常時50人以上従事している建設工事現場での，統括安全衛生責任者から連絡を受けた事項を関係者へ連絡を行うため，自ら施工する下請業者は A を選任し，その旨を B に遅滞なく通報しなければならない．

	(A)	(B)
(1)	安全衛生責任者	元方事業者
(2)	安全管理者	元方事業者
(3)	安全衛生責任者	労働基準監督署長
(4)	安全管理者	労働基準監督署長

解説 請負契約にある事業者が混在する建設工事現場での安全管理体制における，統括安全衛生責任者，元方安全衛生管理者，安全衛生責任者などの選任者，事業場の規模資格および業務内容は，第8-3表のとおりである．

答 (1)

問9（作業主任者等） 「労働安全衛生法」上，作業主任者の選任を必要としない作業はどれか．
(1) 小型ボイラーの据付け作業
(2) 地下配管ピット内の配管作業
(3) 掘削面の高さが2m以上となる道路における掘削作業
(4) アセチレン溶接装置を用いて行う金属の溶断作業

解説 〈作業主任者〉
(a) 事業者は，労働災害を防止するため，管理を必要とする作業については，都道府県労働局長の免許を受けた者か，同局長または同局長の指定する者が行う技能講習を終了した者のうちから作業主任者を選任し，その者にその作業に従事する労働者の指揮等を行わせなければならない．

また，事業者は，作業主任者を選任したときは，作業主任者の氏名およびその者に行わせる事項を作業場の見やすい場所に掲示する等により関係労働者に周知させなければならない．（労安法第14条）

(b) 作業主任者を選任すべき作業に酸素欠乏危険場所が含まれるが，具体的には以下のとおりである．

① ケーブル，ガス管その他地下に敷設される物を収容するための暗渠，マンホールまたはピットの内部．

② 雨水，河川の流水，海水が滞留しまたはしたことのある槽，マンホール，暗渠，ピットの内部（安衛令別表第六）．

答 (1)

問10（安全管理者，衛生管理者） 「労働安全衛生法」に規定する文中，□内に当てはまる数値として，正しいものはどれか．

事業者は，常時□人以上の労働者を使用する建設業の事業場には，安全管理者および衛生管理者を選任しなければならない．

(1) 20　　(2) 30　　(3) 50　　(4) 100

解説 安全管理者，衛生管理者の選任者，事業場の規模，選任の期限，提出先，資格，業務内容等は第8-1表による．

答 (3)

問11（作業現場の安全対策） 安全管理に関する文中，□内に当てはまる数値として，「労働安全衛生法」上，正しいものはどれか．

事業者は，高さが□m以上の箇所で作業を行う場合において墜落により労働者に危険を及ぼすおそれのあるときは，足場を組み立てる等の方法により作業床を設けなければならない．なお，高さが□m以上の作業床の端，開口部等に墜落により労働者に危険を及ぼすおそれのある箇所には，囲い，手すり，覆い等を設けなければならない．

(1) 1.5　　(2) 2.0　　(3) 2.5　　(4) 3.0

解説 　事業者は，高さが２ｍ以上の作業床の端，開口部等で墜落により労働者に危険を及ぼすおそれのある箇所には，囲い，手すり，覆い等を設けなければならない．

なお，囲い等を設けることが著しく困難なとき，または作業の必要上臨時に囲い等を取り外すときは，防網を張り，労働者に安全帯を使用させる等墜落による労働者の危険を防止するための措置を講じなければならない．

答　(2)

問 12（ガス溶接の安全対策） 　ガス溶接を行う場合のガス容器の取扱いについて，「労働安全衛生法」上，適当でないものはどれか．
 (1) 運搬するときは，衝撃を与えないようにし，かつ，キャップを施すこと．
 (2) 溶解アセチレンの容器は，転倒のおそれのないよう横にして置くこと．
 (3) 容器を貯蔵するところは，通風または換気の十分な場所とすること．
 (4) 使用するときは，容器の口金に付着している油類およびじんあいを除去すること．

解説 　溶接工事における安全管理において，ガス等の容器の取扱いは，次のように定められている．（安衛則第 263 条）

事業者はガス溶接等の業務に使用するガス等の容器については次に定めるところによらなければならない．

① 次の場所においては設置し，使用し，貯蔵し，または放置しないこと．
　㋐ 通風または換気の不十分な場所．
　㋑ 火気を使用する場所およびその付近．
　㋒ 火薬類，危険物その他爆発性もしくは発火性の物または多量の易燃性の物を製造し，または取り扱う場所およびその付近．
② 容器の温度を 40℃以下に保つこと．
③ 転倒のおそれのないように保持すること．
④ 衝撃を与えないこと．
⑤ 運搬するときはキャップを施すこと．
⑥ 使用するときは，容器の口金に付着している油類およびじんあいを除去すること．
⑦ バルブの開閉は静かに行うこと．
⑧ 溶解アセチレンの容器は立てて置くこと．
⑨ 使用前または使用中の容器とこれら以外の容器との区別を明らかにしておくこと．また，導管および吹管の取扱いは次の点に注意する．
　㋐ 酸素用ホースは黒色，可燃性ガスのホースは赤色とする．
　㋑ ホース内の異物の除去には，窒

この問題をマスタしよう

素または油気のない乾燥空気を用い，圧縮酸素を使用しない．
(ウ) 作業開始前には，ホース，吹管，ホースバンド等の器具を点検し，損傷，摩耗などによりガスまたは酸素が漏れるおそれがあるときは，補修または取り替えること．

答 (2)

問13（移動式クレーンの規定） 移動式クレーンの作業において「労働安全衛生法」に規定されていない項目はどれか．
(1) 検査証の備え付け
(2) 定格荷重の表示
(3) 作業開始前の点検
(4) 作業終了後の整備

解説 (1) クレーン等安全規則第63条に，「移動式クレーンを用いて作業を行うときは，その移動式クレーンに検査証を備えつけておかなければならない」と規定している．
(2) 事業者は，移動式クレーンを用いて作業を行うときは，移動式クレーンの運転者および玉掛をする者が，その移動式クレーンの定格荷重を常時知ることができるよう表示をしなければならない．（クレーン則第70条の2）
(3) 事業者は，移動式クレーンを用いて作業を行うときは，その日の作業を開始する前に巻過防止装置，過負荷警報装置その他の警報装置，ブレーキ，クラッチおよびコントローラーの機能について点検を行わなければならない．（クレーン則第78条）
(4) 移動式クレーン運転士免許を受けた者でなければ，その業務に就かせてはならない．ただし，吊り上げ荷重が1トン以上5トン未満の移動式クレーン（小型移動式クレーン）の運転の業務については，小型移動式クレーン運転技能講習を修了した者が業務に就くことができる．また，1トン未満の移動式クレーンの運転の業務を行う場合は，安全のための特別の教育を事業者は行わなければならない．

答 (4)

問14（移動式クレーンの安全対策） 移動式クレーンに関する記述のうち，「労働安全衛生法」上，誤っているものはどれか．
(1) 吊り上げ荷重が5トン以上の移動式クレーンの運転者は，安全のための特別の教育を受けた者としなければならない．
(2) 移動式クレーンの運転者は，荷を吊ったままで，運転位置を離れてはならない．

第8章 法規

(3) 移動式クレーンを用いて作業を行うときは，移動式クレーン検査証を備え付けておかなければならない．
(4) 移動式クレーンは，定められたジブの傾斜角の範囲を超えて使用してはならない．

解説　〈揚重作業における安全管理〉
(a) 移動式クレーン（クレーン等安全規則第3章）
① 検査証の有効期限（第60条）
移動式クレーン検査証の有効期限は2年とする．
② 特別の教育（第67条）
事業者は，吊り上げ荷重が1トン未満の移動式クレーンの運転の業務に労働者を就かせるときは，当該労働者に対して当該業務に関する安全のための特別の教育を行わなければならない．
③ 傾斜角の制限（第70条）
事業者は，移動式クレーンについては，移動式クレーン明細書に記載されているジブの傾斜角（吊り上げ荷重が3トン未満の移動式クレーンにあっては，これを製造した者が指定したジブの傾斜角）の範囲を超えて使用してはならない．

答 (1)

問15（労働時間）「労働基準法」に規定する労働時間に関する文中，□内に当てはまる数値の組み合わせとして，正しいものはどれか．
使用者は，労働者に，休憩時間を除き1週間について　A　時間を超えて，労働させてはならない．使用者は，1週間の各日については，労働者に，休憩時間を除き1日について　B　時間を超えて，労働させてはならない．

〔A〕　〔B〕
(1) 40 ── 8
(2) 40 ── 10
(3) 48 ── 8
(4) 48 ── 10

解説　(a) 労働時間
使用者は，労働者に休憩時間を除き1日について8時間，1週間について40時間を超えて労働させてはならない．（労基法第32条）
(b) 休憩時間
労働時間が6時間を超えるときは45分，8時間を超えるときは1時間の休憩時間を労働時間の途中に与えなければならない．
休憩時間は原則として，いっせいに与えなければならない．
休憩時間は，労働者に自由に利用させなければならない．（労基法第34条）

この問題をマスタしよう

(c) 休日　　　　　　　　　　　　えなければならない．（労基法第35条）
毎週1回，または4週間に4日以上与　　　　　　　　　　　　　答　(1)

問16（雑則，賃金台帳） 賃金台帳に記入しなければならない事項として，「労働基準法」上，規定されていないものはどれか．
(1) 労働者の氏名
(2) 労働者の年齢
(3) 労働者の労働日数
(4) 労働者の基本給，手当その他賃金の種類ごとにその額

解説
(a) 賃金台帳
使用者は各事業場ごとに賃金台帳を調整し，賃金計算の基礎となる事項および賃金の額その他の事項を賃金支払の都度遅滞なく記入しなければならない．（労基法第108条）
(b) 賃金台帳の記載事項
① 氏名
② 性別
③ 賃金計算期間
④ 労働日数
⑤ 労働時間数
⑥ 残業時間数，休日労働時間数および深夜労働時間数
⑦ 基本給，手当，その他賃金の種類ごとにその額
⑧ 賃金の一部を控除した場合はその額（労基則第54条）
(c) 記録の保存
使用者は，労働者名簿，賃金台帳および雇入，解雇，災害補償，賃金その他労働関係に関する重要な書類を3年間保存しなければならない．（労基法第109条）
答　(2)

問17（年少者就業制限） 配管工事に関する文中，□□□内に当てはまる数値として，「労働基準法」上，正しいものはどれか．
高さが□□□m以上の場所で労働者が墜落による危害を受けるおそれのある業務には，満18才未満の者を就かせてはならない．
(1) 2
(2) 3
(3) 5
(4) 10

解説
(a) 年少者
① 最低年令…満15歳に満たない児童は労働者として使用してはならない．（労基法第56条）

② 年少労働者…最低 15 歳以上満 18 歳未満の労働者をいう．

③ 年少者の証明…使用者は満 18 歳に満たない者について，その年令を証明する戸籍証明書を事業場に備え付けなければならない．（労基法第 57 条）

④ 未成年者…満 18 歳以上 20 歳未満を未成年者としている．（労基法第 57 条）

(b) 年少者の就業制限

使用者は，満 18 歳に満たない者または女子に運転中の機械もしくは動力伝導装置の危険な部分の掃除，注油，検査もしくは修繕をさせ，運転中の機械もしくは動力伝導装置にベルトもしくはロープの取付けもしくは取り外しをさせ，動力によるクレーンの運転をさせ，その他省令で定める危険な業務に就かせ，または省令で定める重量物を取り扱う業務に就かせてはならない．（労基法第 62 条）

答 (3)

問 18（消火設備に関する技術上の基準） 「消防法」に規定する消防用設備等のうち，非常電源を附置する必要のないものはどれか．

(1) 泡消火設備
(2) 不活性ガス消火設備
(3) スプリンクラー設備
(4) 連結散水設備

解説 (a) 消防法で規定する非常電源は，発電機設備，蓄電池設備および非常電源専用受電設備である．

表 8-1 非常電源を必要とする負荷

法令	負荷の名称	法令の条項	いずれか一方 発電機	いずれか一方 蓄電池	最低容量
消防法	屋内消火栓設備	規 12 条	□	□	30 分間
	スプリンクラー設備	規 13 条, 14 条	□	□	〃
	水噴霧消火設備	規 16 条	□	□	〃
	泡消火設備	規 18 条	□	□	30 分間
	不活性ガス消火設備	規 19 条	○	○	1 時間
	ハロゲン化物消火設備	規 17 条, 20 条	○	○	〃
	粉末消火設備	規 21 条	○	○	〃
	非常用コンセント	規 31 条の 2	□	□	30 分間
	排煙設備	規 30 条	□	□	〃
	自動火災報知設備	規 24 条	−	□	10 分間
	非常警報設備	規 25 条の 2	−	□	
	誘導灯	規 28 条の 3	−	○	20 分間

注) □は非常電源専用受電設備でも可（ただし特定防火対象物で 1000 m^2 以上のものを除く）．

非常電源専用受電設備は，専用の変圧器により受電するか，受電設備の主変圧器の二次側から直接専用の開閉器により電源を供給する方式のことである．

(b) 消防法に規定する消防用設備と非常電源との関係を**表 8-1** に示す．

(c) 連結散水設備は，消火活動上必要な設備で，地階の床面積の合計が 700 m^2 以上の場合に設けるものである．消防ポンプ車より水を圧送し，散水ヘッドより散水し消火する．

答 (4)

問 19（屋内消火栓） 屋内消火栓設備に関する文中，□□□内に当てはまる数値の組合せとして，「消防法」上，正しいものはどれか．

1号消火栓は，防火対象物の階ごとに，その階の各部分から，1つのホース接続口までの水平距離が □A□ m 以下になるようにする．また，加圧送水装置に用いるポンプの吐出量は，階ごとの設置個数（ただし，最大2個）に消火栓1個当たりの放水量 □B□ L/min を乗じて得た量以上となるようにする．

　　　〔A〕　　〔B〕
(1)　20　　　 80
(2)　20　　　150
(3)　25　　　 80
(4)　25　　　150

解説　(a) 屋内消火栓は，防火対象物の階ごとに，その階の各部分から1のホース接続口までの水平距離が1号消火栓の場合は 25 m，2号消火栓の場合は 15 m 以下となるように設けること．（消令第11条第3項第1号，2号）

(b) 加圧送水装置のポンプの吐出量は，屋内消火栓の設置個数が最も多い階における設置個数（設置個数が2を超えるときは2とする）に，1号消火栓においては 150 L/min，2号消火栓においては 70 L/min を乗じて得た値以上の量とする．（消規第12条第1項，2項）

答 (4)

問 20（危険物） 危険物の種類と指定数量の組み合わせのうち，「消防法」上，誤っているものはどれか．

　　（危険物の種類）　　（指定数量）
(1)　ガソリン　　　　　200 リットル
(2)　灯油　　　　　　 1000 リットル
(3)　軽油　　　　　　 1500 リットル
(4)　重油　　　　　　 2000 リットル

解説 危険物に関して，消防法第2条第7項に種別，品名，数量（指定数量）が定められている．

危険物の「指定数量」とは，危険物の危険性を考慮し政令で定める数量である．（法別表，危政令別表第3）

消防法上，危険物の規制の体系は，危険物の「貯蔵，取扱い」と「運搬」の二つに分類される．

表8-2 に掲げられている指定数量未満の少量危険物の貯蔵，取扱いに関する規制は，市町村の火災予防条例に委任されている．

答 (3)

表8-2 危険物第4類（引火性液体）の細目と指定数量

品名	細目	指定数量	
特殊引火物	ジエチルエーテルおよび二硫化炭素のほか，発火点100℃以下のものまたは引火点−20℃以下で沸点40℃以下のもの．	50 L	
第一石油類	アセトン，ガソリンのほか，引火点が21℃未満のもの．	非水溶性	200 L
		水溶性	400 L
アルコール類	1分子の炭素原子が1から3個までの飽和1価アルコールをいい，組成等を勘案し省令で定めるものを除く．	400 L	
第二石油類	灯油および軽油のほか，引火点が21℃以上70℃未満のものをいい，塗料類その他の物品で組成等を勘案し省令で定めるものを除く（灯油，軽油）．	非水溶性	1000 L
		水溶性	2000 L
第三石油類	重油およびクレオソート油のほか，引火点が70℃以上200℃未満のものをいい，塗料類その他の物品で組成等を勘案し省令で定めるものを除く（重油）．	非水溶性	2000 L
		水溶性	4000 L
第四石油類	ギヤー油およびシリンダー油のほか，引火点が200℃以上のものをいい，塗料類その他の物品で組成等を勘案し省令で定めるものを除く（ギヤー油）．	6000 L	
動植物油類	動物の脂肉等または植物の種子や果肉から抽出したものをいい，省令で定める方法による貯蔵保管のものを除く．	10000 L	

注）非水溶性液体とは，水溶性液体以外のものであることをいう．
水溶性液体とは，1気圧において，温度20度で同容量の純水と緩やかにかき混ぜた場合に，流動がおさまった後も当該混合液が均一な外観を維持するものであることをいう．

問21（産業廃棄物の処理及び清掃に関する法律） 建設廃棄物に関する記述のうち，「廃棄物の処理及び清掃に関する法律」上，誤っているものはどれか．
(1) 建築物の工事現場で生じた塩化ビニル管くずは，産業廃棄物である．
(2) 建設資材の包装材，段ボール等の紙くずにおいて，建築物の改築工事で生じたものは一般廃棄物である．
(3) 建築物の改修工事で不要となった鋼管は，産業廃棄物である．
(4) 新築工事の現場事務所から排出される図面などの紙くず，飲料水の空き缶は，一般廃棄物である．

この問題をマスタしよう

解説

(1) 事業活動に伴って生じた廃棄物のうち，廃プラスチック類は産業廃棄物である．塩化ビニル管は，プラスチック類に属するものであるから，産業廃棄物である．

(2) 建設業では，工作物の新築，改築または除去に伴って生じたものに限り，包装材や段ボール等の紙くずは産業廃棄物となる．

(3) 事業活動に伴い生じたゴムくずおよび鉄くずは，産業廃棄物とされている．鋼管は鉄くずに相当するので産業廃棄物である．

(4) 現場事務所で生じた紙くずや飲料水の空き缶は，事業活動によって生じたものではないので，一般廃棄物である．

答 (2)

問22（産業廃棄物の処理及び清掃に関する法律） 建築物の解体工事に伴い発生するもののうち，「廃棄物の処理及び清掃に関する法律」上，産業廃棄物として扱われていないものはどれか．
(1) ガラスくず
(2) 工作物の除去に伴って生じたコンクリートの破片
(3) 工作物の除去に伴って生じた木くず
(4) 建設残土

解説

(a) 産業廃棄物とは，事業活動により生じた廃棄物のうち，燃えがら，汚泥，廃油，廃酸，廃アルカリ，廃プラスチック類その他政令（令第2条）で定める廃棄物をいう（法第2条第4項）．政令で定める廃棄物は以下のようなものがある．

紙くず，木くず，繊維くず，動力または植物に係わる固形状の不要物，ゴムくず，金属くず，ガラスおよび陶磁器くず，鉱さい，工作物の除去に伴って生ずるコンクリートの破片，動物のふん尿，動物の死体，集じん施設によるばいじんなど．

(b) 廃棄物とは，ごみ，粗大ごみ，燃えがら，汚泥，ふん尿，廃油，廃酸，廃アルカリ，動物の死体その他の汚物または不要物であって，固形状または液状のもの（放射性物質およびこれによって汚染されたものを除く）をいう（法第2条第1項）．

(c) 一般廃棄物とは，産業廃棄物以外の廃棄物をいう．例えば残土など（法第2条第2項）．

(d) 特別管理一般廃棄物とは，一般廃棄物のうち，爆発性，毒性，感染性その他の人の健康または生活環境に被害を生ずるおそれがある性状を有するもので政令で定めるものをいう．（法第2条第3項）

(e) 特別管理産業廃棄物とは，廃油，廃酸，廃アルカリ，感染性産業廃棄物，特定有害産業廃棄物（PCBやアスベスト等）をいう（令第2条の4）

答 (4)

問23（建設工事に係る資材の再資源化等に関する法律） 建設資材廃棄物に関する記述のうち，「建設工事に係る資材の再資源化等に関する法律」上，誤っているのはどれか．

(1) 特定建設資材とは，コンクリート，コンクリートおよび鉄からなる建設資材，木材，アスファルト・コンクリートの4品目をいう．
(2) 再資源化とは，分別解体などに伴って生じた建設資材廃棄物を資材または原材料としてそのまま利用する行為である．
(3) 特定建設資材を用いた建築物等の解体工事の規模が一定の基準以上のものを対象建設工事という．
(4) 縮減とは，焼却，脱水，圧縮その他の方法により建設資材廃棄物の大きさを減ずる行為をいう．

解説 (1) 特定建設資材とは，建設資材のうち，建設資材廃棄物となった場合，その再資源化が資源の有効な利用および廃棄物の減量を図るに際し，特に必要であり経済面において著しく制約されるものでないもの，とされており，同法施行令において問題に示された4品目が掲げられている．

(2) 分別解体等に伴って生じた建設資材廃棄物をそのまま利用するのではなく，資材または原材料として利用できる状態にする行為を再資源化という．

(3) 特定建設資材を用いた以下の工事を対象建設工事という．
ⓐ 解体工事では，建築物の床面積の合計が 80 m² 以上のもの．
ⓑ 新築や増築では，その建築物の床面積のが 500 m² 以上のもの．
ⓒ 修繕，模様替えの場合は，請負代金が1億円以上のもの．
ⓓ 建築物以外の解体工事や新築工事では，請負代金が500万円以上のもの．
(4) 設問のとおりである．

答 (2)

問24（エネルギーの使用の合理化に関する法律） 「エネルギーの使用の合理化に関する法律」において，エネルギーの効率的利用が求められる建築設備として，適当でないものはどれか．

(1) 空気調和設備
(2) 給水設備
(3) 給湯設備
(4) 昇降機

この問題をマスタしよう

解説

(a) エネルギーの効率的利用が要求される建築設備がある．

① 空気調和設備その他の機械換気設備
② 照明設備
③ 給湯設備
④ 昇降機

(b) 建築物に係るエネルギーの使用の合理化に関する建築主の判断の基準（通産省，建設省告示第1号）として，下記の各係数（**表 8-3**）および**表 8-4**および**表 8-5** が示されている．

答 (2)

表 8-3

① 年間熱負荷係数（PAL） PAL：Perimeter Annual Load の略． $$\text{PAL} = \frac{\text{ペリメータゾーンの年間熱負荷〔Mcal/年〕}^{※1}}{\text{ペリメータゾーンの床面積〔m}^2\text{〕}} \leq \begin{array}{l}\text{表 8-4 の判断基準値} \times \\ \text{表 8-5 の規模補正係数}\end{array}$$
② 空調エネルギー消費係数（CEC/AC） CEC/AC：Coefficient of Energy Consumption for Air Conditioning の略． $$\text{CEC/AC} = \frac{\text{年間空調消費エネルギー量〔Mcal/年〕}}{\text{年間仮想空調負荷〔Mcal/年〕}^{※2}} \leq \text{表 8-4 の判断基準値}$$
③ 換気エネルギー消費係数（CEC/V） CEC/V：Coefficient of Energy Consumption for Ventilation の略． $$\text{CEC/V} = \frac{\text{年間換気消費エネルギー量〔kcal/年〕}}{\text{年間仮想換気消費エネルギー量〔kcal/年〕}^{※3}} \leq \text{表 8-4 の判断基準値}$$
④ 照明エネルギー消費係数（CEC/L） CEC/L：Coefficient of Energy Consumption for Lighting の略． $$\text{CEC/L} = \frac{\text{年間照明消費エネルギー量〔kcal/年〕}}{\text{年間仮想照明消費エネルギー量〔kcal/年〕}^{※4}} \leq \text{表 8-4 の判断基準値}$$
⑤ 給湯エネルギー消費係数（CEC/HW） CEC/HW：Coefficient of Energy Consumption for Hot Water supply の略． $$\text{CEC/HW} = \frac{\text{年間給湯消費エネルギー量〔kcal/年〕}}{\text{年間仮想給湯消費エネルギー量〔kcal/年〕}^{※5}} \leq \text{表 8-4 の判断基準値}$$
⑥ エレベーターエネルギー消費係数（CEC/EV） CEC/EV：Coefficient of Energy Consumption for Ele Vator の略． $$\text{CEC/EV} = \frac{\text{年間エレベーター消費エネルギー量〔kcal/年〕}}{\text{年間仮想エレベーター消費エネルギー量〔kcal/年〕}^{※6}} \leq \text{表 8-4 の判断基準値}$$

※1 外壁，窓等から損失される熱，屋内周囲空間で発生する熱により発生する暖冷房負荷の合計．取入外気の量を面積等に応じて一定量と仮定．
※2 取入外気の量を面積等に応じて一定量と仮定．廃熱の回収による負荷の減少も考慮しない．
※3 各種制御をしていないと仮定した場合に，設計換気量を賄うために必要なエネルギー量．
※4 各種制御をしていないと仮定した場合に，照明設備が消費するエネルギー量．
※5 必要な量，温度の湯を各給湯箇所で製造するのに必要な熱量．
※6 標準的な速度制御方式と仮定した場合に，当該エレベーターが消費するエネルギー量．

表 8-4 建築主の判断基準

	ホテル等	病院等	物販店舗	事務所	学校
PAL	100	85	90	80	80
CEC/AC	2.5	2.5	1.7	1.5	1.5
CEC/V	1.5	1.2	1.2	1.2	0.9
CEC/L	1.2	1.0	1.2	1.0	1.0
CEC/HW	1.6	1.8	–	–	–
CED/EV	–	–	–	1.0	–

表 8-5 規模補正係数

平均階床面積〔m²〕＼地階を除く階数	<50	100	200	>300
1	2.40	1.68	1.32	1.20
2 以上	2.00	1.40	1.10	1.00

平均床面積が中間値である場合においては，近傍の規模補正係数を直線的に補間した数値とする．

問 25（特定建築物） 「建築物における衛生的環境の確保に関する法律」上，特定建築物の対象とならない用途の建築物はどれか．
(1) 共同住宅
(2) 事務所
(3) 学校
(4) ホテル

解説

(a) 法の目的
建築物における衛生的環境の確保に関する法律（いわゆるビル管理法）の目的は，多数の者が使用し，または利用する建築物の維持管理に関し，環境衛生上必要な事項を定めることにより，その建築物における衛生的な環境の確保を図り，もって公衆衛生の向上および増進に資する，と規定されている．

(b) 特定建築物
① 延べ面積が 3000 m² 以上の下記の建築物．

興行場，百貨店，集会場，図書館，博物館，美術館，遊技場，店舗，事務所，旅館．
下記以外の学校（各種学校，職能専門学校等，研修所も含む）．

② 延べ面積が 8000 m² 以上の下記の建築物．

学校教育法第1条に規定する学校（幼稚園，小学校，中学，高校，高専，大学，ろう学校，盲学校などで，私立も含む）

(c) 特定建築物に該当しないもの
工場，作業場，病院，診療所，共同住宅，寄宿舎，神社，寺，教会，駅のプラットホームなど．

答 (1)

この問題をマスタしよう

問26（給水装置） 「水道法」に関する文中，□内に当てはまる語句の組合せとして，正しいものはどれか．

　A とは，需要者に水を供給するために水道事業者が施設した B から分岐して設けられた給水管およびこれに直結する給水用具をいう．

　　　　〔A〕　　　　〔B〕
(1)　上水装置――――配水管
(2)　給水装置――――配水管
(3)　配水装置――――送水管
(4)　水道装置――――送水管

解説　「給水装置とは，需要家に水を供給するために，水道事業者の施設した配水管から分岐して設けられた給水管およびこれに直結する給水用具をいう」（水道法第3条）．したがって，配水管の水圧と縁が切れている構造の受水タンク以降の設備は，給水用の配管設備であっても水道法で定める給水装置ではない．

配水管から給水管を取り出す場合の注意事項として，

①　配水管を穿孔する場合は，配水管の強度，内面塗膜などに悪影響を与えないようにする．

②　分水栓またはサドル分水栓によって給水管を取り出す場合は，その間隔を30cm以上とする．

③　給水管は，道路内に配管する場合はその占有位置を誤らないようにするとともに他の埋設物との間隔を30cm以上確保すること．

等がある．

④　給水管を公道などに布設する場合の埋設深さは，公道で120cm以上，歩道で90cm以上，私道内で60cm以上，私有地内では30cm以上とするのが標準である．

答 (2)

問27（水質基準） 水道水の水質基準に関する記述のうち，「水道法」上，誤っているものはどれか．

(1)　一般細菌は，1mLの検水で形成される集落数が100以下であること．
(2)　蒸発残留物は，500 mg/L以下であること．
(3)　pH値は，5.8以上8.6以下であること．
(4)　大腸菌は，1mLの検水で形成される集落数が10以下であること．

解説　水道水の水質基準は，水道法第4条第2項の規定に基づき，厚生労働省令第101号で定められている．まず第一に健康に関連す

る項目が31項目と第二に水道水が有すべき性状に関連する項目が20項目,計51項目が規定されている.

大腸菌の基準は「検出されないこと」である.

答 (4)

問28（用語の定義） 下水道に関する記述のうち「下水道法」上，誤っているものはどれか．
(1) 処理区域は，排水区域のうち排除された下水を終末処理場により処理することができる区域である．
(2) 排水設備は，排水区域内の土地の所有者等が，その土地の下水を公共下水道に流入させるために必要な施設である．
(3) 終末処理場は，下水を最終的に処理して河川その他の公共の水域または海域に放流するために設けられた処理施設である．
(4) 除害施設は，下水道の施設の機能を妨げ，または施設を損傷するおそれのある下水を前処理するため，公共下水道管理者が設置する施設である．

解説 著しく公共下水道または流域下水道の機能を妨げまたは損傷するおそれのある下水や多量の有害物質を含む下水を継続して公共下水道に流入させる者に対して，公共下水道管理者は，障害を除去するために除害施設を設けまたは必要な措置をしなければならない旨を定めることができる（下水道法第12条第1項）．つまり，必要な場合には公共下水道の利用者が除害施設を設置しなければならない．

答 (4)

問29（排水設備） 下水道に関する記述のうち，「下水道法」上，誤っているものはどれか．
(1) 排水設備は，堅固で耐久力を有する構造とすること．
(2) 直線部におけるますの間隔は，管内径の200倍以下とすること．
(3) 管渠の勾配は，やむを得ない場合を除き，1/100以上とすること．
(4) 汚水を排除すべき排水渠は，原則として暗渠とすること．

解説 (a) ますの間隔は，管渠の長さがその内径または内のり幅の120倍を超えない範囲において管渠の清掃上適当な箇所に設ける．
(b) 汚水（冷却の用に供した水その他の汚水で雨水と同程度以上に清浄であるものを除く）を排除する排水渠は暗渠とする．

答 (2)

この問題をマスタしよう

第9章 実地試験

学科試験と同一日に実施されます．試験の形式は各年若干変更になる可能性もありますので注意してください．いずれも解答は記述式です．誤字，脱字などに気をつけましょう．

No.1 必須問題
設問1，設問2（空気調和設備の施工や給排水衛生設備の図より出題）．

No.2，No.3
2問題のうち1問題を選択．

No.4，No.5
2問題のうち1問題を選択．No.4は工程表，No.5は労働安全衛生に関する問題

No.6 必須問題
施工体験記．

問題 No.1 は必須問題です．必ず解答してください．

No.1 次の設問1，設問2の答を解答欄に記入しなさい．
〔設問1〕 (1)に示す図について，その使用場所または使用目的を記述しなさい．
〔設問2〕 (2)～(5)に示す図について，適正なものには○，不適正なものには×を正誤欄に記入し，×とした場合には，理由または改善策を記述しなさい．

(1) インバート桝

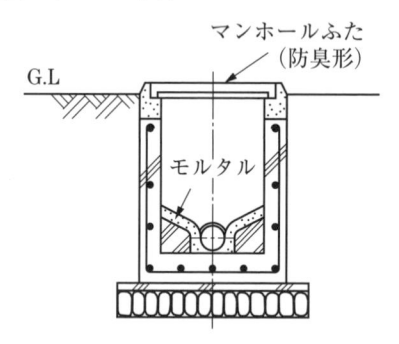

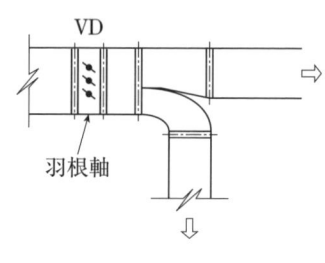

マンホールふた（防臭形）
G.L
モルタル

(2) ダクトの分岐図

VD
羽根軸

(3) 配管の伸縮対策

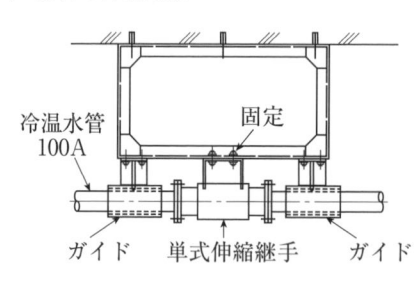

冷温水管 100A
固定
ガイド　単式伸縮継手　ガイド

(4) 雨水専用桝の構造

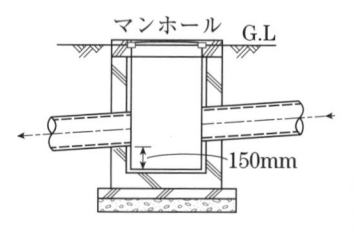

マンホール　G.L
150mm

(5) 送風機吐出側ダクト

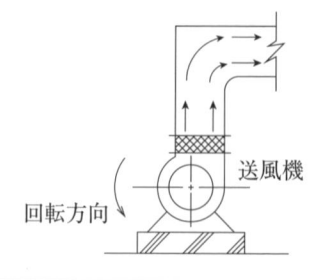

送風機
回転方向

第9章　実地試験

解答例

〔設問1〕

使用場所，使用目的
＜使用場所＞ 汚水や雑排水配管の合流する屋外の桝として使用する．または，配管の中間点に設ける．
＜使用目的＞ 排水・汚水が合流点で滞ることなくスムーズに流れるため，または点検用として用いるため．

〔設問2〕

	○ ×	適正でない理由または改善策
(2)	×	VDの開閉による偏流をなくすために，羽根の軸を図より90°振る．
(3)	×	単式伸縮継手は，一方向だけの伸縮を吸収させるものであるから，ガイドは一箇所あればよい．
(4)	○	
(5)	×	図の送風機の吐出側で乱流や騒音が発生するので，ガイドベーンを設けるか送風機の位置を180°回転する．

問題 No.2 と No.3 の2問題のうちから1問題を選択し，解答は別紙解答用紙に記入してください．

No.2 ビル内に給水管（塩ビライニング鋼管（ねじ接合））を施工する場合の留意事項を4つ，解答欄に簡潔に記述しなさい．
ただし，管の切断に関する事項，工程管理および安全管理に関する事項は除く．

解答例　下記の中から4つを解答すればよい．
(1) ねじ接合の場合は，管端防食継手を用いる．
(2) ねじ部はペーストシール材を適量塗布する．
(3) 余ねじ部およびパイプレンチ跡には錆止めペイントを塗布する．
(4) 面取りをしてエアが入りやすいようにする．

(5) ねじ切り長さの確認にリングゲージなどを使用する．

(6) 山の数や残りねじの長さを目安にパイプレンチ等を使用して締め付ける．

No.3 換気設備に使用する亜鉛鉄板製ダクトを製作および施工する場合の留意事項を4つ，解答欄に具体的かつ簡潔に使用しなさい．
ただし，工程管理および安全管理に関する事項は除く．

解答例　下記の中から4つを解答すればよい．

(1) 亜鉛鉄板ダクトにはアングルフランジ工法とコーナーボルト工法があり，コーナーボルト工法には共板フランジ工法とスライドオンフランジ工法がある．

(2) アングルフランジ工法の板厚は，短辺と長辺は同じものとする．また，角の継ぎ目は，ダクトの強度を保つため原則として2箇所以上とする．

(3) アングルフランジ工法のダクト接合は，アングルを溶接加工したフランジ継手により行う．

(4) 空気の漏れや雨水の浸入防止のため，シール材を使用する．

(5) ダクトの補強はリブ補強や形鋼補強がある．

(6) コーナーボルト工法は，アングルフランジ工法の問題点を改善した工法である．

問題 No.4 と No.5 の2問題のうちから1問題を選択し，解答は別紙解答用紙に記入してください．

No.4 ある2階建ての建物（1，2階とも同一平面プラン）の給排水衛生設備工事の作業（日数，工事比率）は以下のとおりである．次の設問1〜設問5の解答を解答欄に記入しなさい．

各作業は階ごとに　墨出し（吊り，支持金物を含む）（2日，2%）
　　　　　　　　　配管（6日，16%）
　　　　　　　　　器具取付（水栓，衛生陶器など）（4日，16%）
　　　　　　　　　試験（水圧・満水）（2日，8%）
　　　　　　　　　保温（2日，6%）
　　　　　　　　　調整（2日，2%）

ただし，1) 先行する作業と後続する作業は，並行作業はできない．
　　　　2) 同一作業の1階と2階の作業は並行作業はできない

3) 同一作業は1階の作業完了後,すぐに2階の作業に着手できる.
4) 各階の工事はできる限り早く完了させるものとする.

〔設問1〕 横線式工程表(バーチャート工程表)の作業名欄に,作業名を作業順に記入しなさい.

〔設問2〕 横線式工程表(バーチャート工程表)を完成させなさい.

〔設問3〕 工事全体の累積出来高曲線を記入し,各作業の開始および完了日ごとに累積出来高の数字を記入しなさい.ただし,各作業の出来高は作業日数において均等とする.

〔設問4〕 タクト工程表を完成させない.

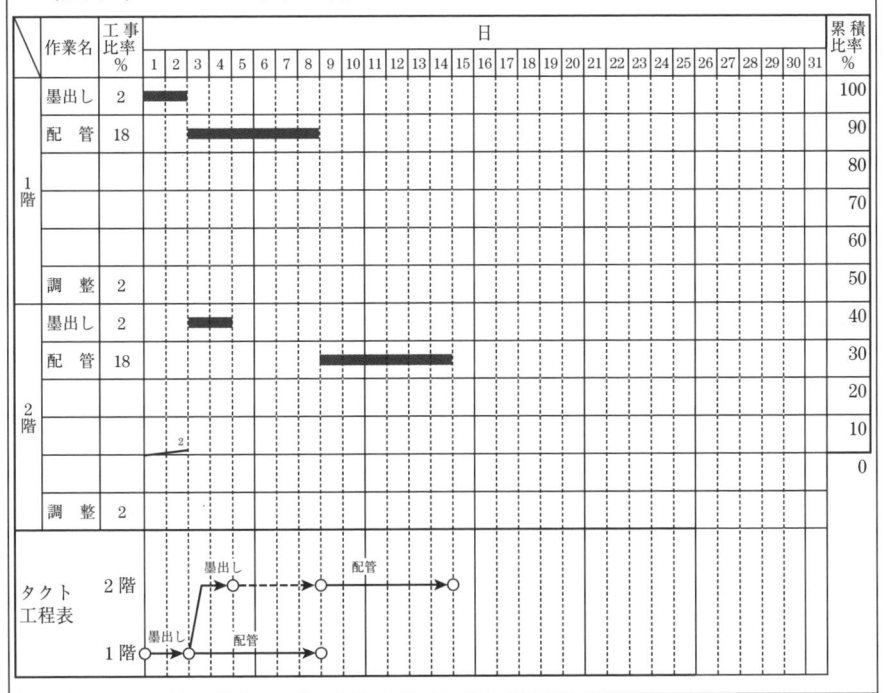

解答

	作業名	工事比率%	日 1 2 3 4 5 6 7 8 9 10 11 12 13 14 15 16 17 18 19 20 21 22 23 24 25 26 27 28 29 30 31	累積比率%
1階	墨出し	2		100
	配　管	18		90
	試　験	6		80
	保　温	6		70
	器具取付	16		60
	調　整	2		50
2階	墨出し	2		40
	配　管	18		30
	試　験	6		20
	保　温	6		10
	器具取付	16		0
	調　整	2		

タクト工程表
2階：墨出し → 配管 → 試験 → 保温 → 器具取付 → 調整
1階：墨出し → 配管 → 試験 → 保温 → 器具取付 → 調整

(注) 色の部分は設問中に記入があるもの．

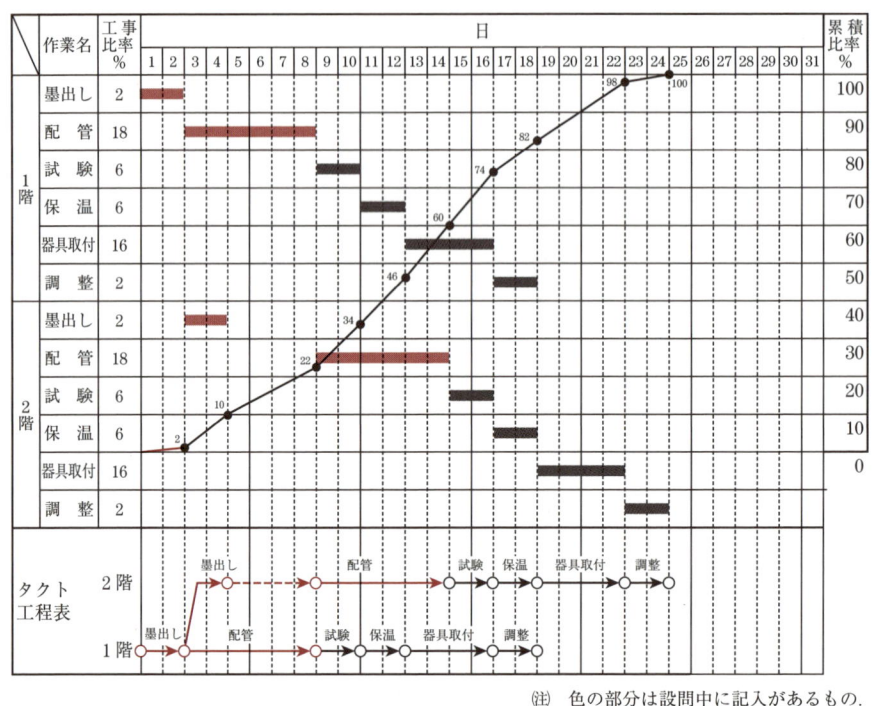

No.5 次の設問1および設問2の答えを解答欄に記入しなさい．

〔設問1〕 労働安全衛生に関する文中，□内に当てはまる「労働安全衛生法」上に定められている数値を解答欄に記入しなさい．

(1) 事業者は酸素欠乏危険作業に労働者を従事させる場合は，当該作業を行う場所の空気中の酸素濃度を □ A □ ％以上に保つように換気しなければならない．

(2) 建設現場で使用する移動はしごは，著しい損傷，腐食等がない材料を使用した丈夫な構造で，その幅は □ B □ cm以上とし，滑り止め装置の取り付けその他転位を防止するために必要な措置を講じなければならない．

282　　第9章　実地試験

〔設問 2〕 労働安全衛生に関する文中，□□□内に当てはまる「労働安全衛生法」上に定められている数値または用語を選択欄から選び解答欄に記入しなさい．

(1) 事業者はアーク溶接機を用いて行う金属の溶接，溶断等の業務に労働者を就かせるときは，当該業務に関する安全または衛生のための C を行わなければならない．

(2) 事業者は型枠支保工の組立または解体の作業を行う場合には， D を選任しなければならない．

(3) 建設業を行う事業者は，常時 10 人以上 50 人未満の労働者を使用する事業場には E を選任しなければならない．

選択欄

> 安全管理者，安全衛生責任者，安全衛生推進者
> 主任技術者，作業主任者，専門技術者
> 技能講習，安全教育，特別の教育

解答　　A：18（18%未満は酸素欠乏状態）　　C：特別の教育
　　　　　　　　　　　　　　　　　　　　　　D：作業主任者
　　　　B：30　　　　　　　　　　　　　　　E：安全衛生推進者

問題 **No.6** は必須問題です．必ず解答してください．

No.6 あなたが施工管理した管工事のうちから，代表的な工事を一つ選び，次の設問について答えなさい．

〔設問〕
1. その工事につき，次の事項について記述しなさい．
   (1) 工 事 件 名：＿＿＿＿＿＿＿＿＿＿＿＿＿＿＿＿＿＿＿＿＿＿＿＿＿
   (2) 工 事 場 所：＿＿＿＿＿＿＿＿＿＿＿＿＿＿＿＿＿＿＿＿＿＿＿＿＿
   (3) 設備工事概要：＿＿＿＿＿＿＿＿＿＿＿＿＿＿＿＿＿＿＿＿＿＿＿＿＿
                   ＿＿＿＿＿＿＿＿＿＿＿＿＿＿＿＿＿＿＿＿＿＿＿＿＿

   (4) 現場でのあなたの立場または役割：＿＿＿＿＿＿＿＿＿＿＿＿＿＿＿

2. 上記工事を施工するに当たって，「工程管理」および「安全管理」上，あなたが特に重要と考えた事項を各々一つ上げ，それぞれについてとった措置または対策を簡潔に記述しなさい．
   (1) 工程管理について
      イ）特に重要と考えた事項

      ロ）とった措置または対策

   (2) 安全管理について
      イ）特に重要と考えた事項

      ロ）とった措置または対策

解説 施工経験記述は，実地試験の中で必須の問題であり高い配点がつけられていると考えてよいと思われる．上記設問のように，工程管理，安全管理はいうまでもなく，施工計画，品質管理についても，あらかじめ答案を準備しておき（試験場で見ることはできないが），試験に臨むようにして下さい．

解答例

あなたが施工管理した管工事のうちから，代表的な工事を一つ選び，次の設問について答えなさい．

〔設問〕
1. その工事につき，次の事項について記述しなさい．
   (1) 工 事 件 名：○○ビル新築工事空調設備工事
   (2) 工 事 場 所：東京都△△市□□町××丁目
   (3) 設備工事概要：延面積2800m^2，6階建，鉄筋コンクリート造，空冷式パッケージエアコン 7.5kW20台，請負金額○○万円
   (4) 現場でのあなたの立場または役割：現場代理人

2. 上記工事を施工するに当たって，「工程管理」および「安全管理」上，あなたが特に重要と考えた事項を各々一つ上げ，それぞれについてとった措置または対策を簡潔に記述しなさい．
   (1) 工程管理について
      イ）特に重要と考えた事項
         建築工事の遅れによる，空調工事の工期内完成に留意した．
      ロ）とった措置または対策
         建築および他業種の担当者による工程会議をもち，ネットワーク工程表を作成し，毎日のミーティングで確認調整を行うことで無事工期内に工事を完了することができた．
   (2) 安全管理について
      イ）特に重要と考えた事項
         高所作業車を使用するため，その安全管理面に特に留意した．
      ロ）とった措置または対策
         使用責任者が安全点検係となり，高所作業車を使用する前にチェックシートでアウトリガーの完全張出し，積載重量内指示などをチェックし，使用表示するとともに安全帯，保護帽を作業中着用し安全管理に徹した．

索　引

＜数字・英字＞

1：29：300 の法則 ……… 198
4S 運動 ……………………… 199

AH ……………………………… 2
A 特性 ………………………… 15

BOD ………………… 5, 24, 137
BOD 除去率 ………………… 116

CEC ……………………………… 56
CET ……………………………… 3
CFC ……………………… 16, 17
clo ……………………………… 3
COD ………………………… 6, 23
C 特性 ………………………… 15

DI …………………………… 3, 19
DO …………………………… 6, 24
Duration …………………… 187
D 種接地 …………………… 46
D 動作 ……………………… 68

ELCB ………………………… 49
E.S …………………………… 188
ET ……………………………… 3
ET* …………………………… 3
EW …………………………… 20

F.F …………………………… 190

GHG …………………………… 16

HEPA フィルター … 66, 153
h-x 線図 …………………… 13
I 動作 ……………………… 68

K.Y.K ……………………… 199
L.F ………………………… 188
LPG ………………………… 113

MCCB ……………………… 49
met ………………………… 3
MMCCB …………………… 49
MRT ………………………… 90

NC 値 ………………… 15, 23

O.J.T ……………………… 199
OT …………………………… 3

PAL ………………………… 56
ppm ………………………… 5
ppm 硬度 ………………… 5
P 動作 ……………………… 68

QC7 つ道具 ……………… 194

RH …………………………… 2

SIL ………………………… 14
SS …………………… 5, 137

T.B.M ……………………… 199
T.F ………………………… 189
TOD ………………………… 6
TVOC ……………………… 4
TVOC 値 …………………… 5

U ボルト ………………… 155

VAV 方式 ………… 61, 84
VOC ………………………… 4
VOC 値 …………………… 4

Y-△始動法 ……………… 47
ZD 運動 …………………… 199

＜あ＞

アクティビティ ………… 186
足場 ………………………… 244
アスペクト比 …………… 159
アスマン乾湿計 ………… 25
圧縮式冷凍機 ……… 12, 151
圧縮冷凍 ………………… 142
圧力損失 ………… 9, 29, 158
あふれ縁 ………………… 127
アプローチ ……… 144, 151
アルカリ性 ……………… 5
アルミニウムペイント … 163
アングルフランジ工法 … 204
安全委員会 ……………… 240
安全衛生委員会 ………… 240
安全衛生管理組織 ……… 238
安全衛生推進者 ………… 239
安全衛生責任者 ………… 241
安全・衛生に関する調査・審議機関 ………………… 240
安全管理者 ……………… 239

＜い＞

イオン積 ………………… 5
異形鉄筋 ………………… 50
異種管の接続 …………… 204
易操作性 1 号消火栓 … 110
1 号消火栓 ……… 110, 134
一括下請負，一括委任の禁止 ………………………… 168
一酸化炭素 ……………… 4
一般建設業 ……………… 227
一般的損害 ……………… 170
一般配管用ステンレス鋼管 ………………………… 157

一般廃棄物‥‥‥‥ 249, 270
イベント‥‥‥‥‥‥‥‥ 187
イベントタイム‥‥‥‥‥ 188
イベント番号‥‥‥‥‥‥ 187

＜う＞

ウォーターハンマー‥‥ 26
ウォッベ指数‥‥‥‥‥ 112
魚の骨図‥‥‥‥‥‥‥ 195
請負契約‥‥‥‥‥ 180, 228
請負契約の履行‥‥‥‥ 168
請負契約約款‥‥‥‥‥ 168
請負代金額の変更‥‥‥ 169
請負代金の支払い‥‥‥ 171
雨水ます‥‥‥‥‥‥‥ 122
上向き配管‥‥‥‥‥‥ 105

＜え＞

エアコン‥‥‥‥‥‥‥ 201
エアハンドリングユニット
‥‥‥‥‥‥‥ 65, 201
エアフィルター‥‥‥ 64, 66
衛生委員会‥‥‥‥‥‥ 240
衛生管理者‥‥‥‥‥‥ 239
衛生器具‥‥‥‥‥‥‥ 149
衛生的に安全な水質‥‥ 102
衛生陶器‥‥‥‥‥‥‥ 162
液化石油ガス‥‥‥ 113, 135
液化天然ガス‥‥‥‥‥ 136
エッチングプライマー‥ 164
エレベーターエネルギー消費
　係数‥‥‥‥‥‥‥‥ 272
エロージョン‥‥‥‥‥ 165
円形スパイラルダクト‥ 204
塩素注入井‥‥‥‥‥‥ 118
エンタルピー‥‥‥‥‥ 13

＜お＞

オアシス運動‥‥‥‥‥ 199
オーガスト乾湿計‥‥‥ 25
オームの法則‥‥‥‥‥ 45
屋外消火栓設備‥‥‥‥ 245
屋内消火栓‥‥ 109, 110, 268
屋内消火栓設備‥‥ 134, 245
屋内電路の対地電圧の制限
‥‥‥‥‥‥‥‥‥‥ 36
汚水処理‥‥‥‥‥‥‥ 114

汚水ます‥‥‥‥‥‥‥ 122
汚染防止‥‥‥‥‥‥‥ 102
音の大きさ‥‥‥‥‥‥ 14
音の合成‥‥‥‥‥‥‥ 14
音の強さのレベル‥‥‥ 14
音の速さ‥‥‥‥‥‥‥ 14
踊り場‥‥‥‥‥‥‥‥ 244
温室効果‥‥‥‥‥‥‥ 17
温水循環方式‥‥‥‥‥ 70
温水暖房‥‥‥‥‥‥ 70, 89

＜か＞

加圧送水装置‥‥‥ 111, 133
解雇‥‥‥‥‥‥‥‥‥ 235
がいし引き工事‥‥‥‥ 38
潰食‥‥‥‥‥‥‥‥‥ 165
回転速度‥‥‥‥‥‥‥ 47
回転板接触方式‥‥‥‥ 114
回路保護用配線用遮断器
‥‥‥‥‥‥‥‥‥‥ 49
化学的酸素要求量‥‥ 6, 23
化学物質‥‥‥‥‥‥‥ 237
各階ユニット方式‥‥‥ 62
確認申請を要する建築物等
‥‥‥‥‥‥‥‥‥‥ 231
火災保険‥‥‥‥‥‥‥ 171
かし担保‥‥‥‥‥‥‥ 171
加湿器‥‥‥‥‥‥‥‥ 65
過剰空気‥‥‥‥‥‥‥ 11
ガス器具‥‥‥‥‥‥‥ 201
ガス等の容器の取扱い‥ 263
ガスの種類‥‥‥‥‥‥ 112
仮設建築物‥‥‥‥‥‥ 232
各個通気管‥‥‥‥‥‥ 130
各個通気方式‥‥‥‥‥ 108
活性汚泥法‥‥‥‥‥‥ 114
活性炭フィルター‥ 66, 153
合併処理‥‥‥‥‥‥‥ 136
過電流遮断器‥‥‥‥‥ 39
かぶり厚さ‥‥‥‥‥‥ 41
仮使用‥‥‥‥‥‥‥‥ 232
簡易水道事業‥‥‥‥‥ 253
簡易専用水道‥‥‥ 102, 253
簡易専用水道の管理‥‥ 255
換気‥‥‥‥‥‥‥ 72, 233
換気エネルギー消費係数
‥‥‥‥‥‥‥‥‥‥ 272

換気設備‥‥‥‥‥ 73, 233
管渠‥‥‥‥‥‥‥‥‥ 120
管径‥‥‥‥‥‥‥ 106, 113
乾式フィルター‥‥‥‥ 66
還水システム‥‥‥‥‥ 68
完成検査‥‥‥‥‥‥‥ 232
完成時の業務‥‥‥‥‥ 183
間接工事費‥‥‥‥‥‥ 184
間接排水‥‥‥‥‥‥‥ 131
緩速ろ過法‥‥‥‥‥‥ 118
監督員‥‥‥‥‥‥‥‥ 169
ガントチャート‥‥‥‥ 185
監理技術者‥‥‥‥‥‥ 229
管理限界‥‥‥‥‥‥‥ 197
管理図‥‥‥‥‥‥ 196, 197
管理線‥‥‥‥‥‥‥‥ 197

＜き＞

気温‥‥‥‥‥‥‥‥‥ 2
機械換気設備‥‥‥‥‥ 234
機械換気方式‥‥‥‥‥ 72
機械還水法‥‥‥‥‥‥ 68
機器の据付‥‥‥‥‥‥ 201
危険予知活動‥‥‥‥‥ 199
気候‥‥‥‥‥‥‥‥‥ 2
気候図‥‥‥‥‥‥‥‥ 2
気象‥‥‥‥‥‥‥‥‥ 2
キシレン‥‥‥‥‥‥‥ 4
規制基準‥‥‥‥‥‥‥ 251
基礎工事‥‥‥‥‥‥‥ 200
基礎コンクリート‥‥‥ 200
基礎代謝‥‥‥‥‥‥‥ 3
揮発性有機化合物‥‥‥ 4
逆サイホン作用‥‥‥‥ 124
逆風止め‥‥‥‥‥‥‥ 202
キャビテーション‥‥‥ 154
休憩時間‥‥‥‥‥‥‥ 265
救護技術管理者‥‥‥‥ 239
休日‥‥‥‥‥‥‥‥‥ 266
吸収式冷凍機‥‥‥‥‥ 12
吸収冷凍‥‥‥‥‥‥‥ 142
給水FRP製タンク‥‥ 202
給水管‥‥‥‥‥ 99, 119, 202
給水義務‥‥‥‥‥‥‥ 254
給水設備‥‥‥‥‥‥‥ 102
給水装置
‥‥ 99, 119, 253, 255, 274

索　引

給水タンク……………… 124	計数法……………………… 67	工程曲線………………… 185
給水方式………………… 103	ケーブル工事…………… 37	工程表等………………… 168
急速ろ過池……………… 118	下水道…………………… 100	硬度………………………… 5
給湯エネルギー消費係数	嫌気性微生物…………… 138	勾配……………………… 106
……………………… 272	検査………………… 170, 232	こう配………………… 202, 219
給湯設備………………… 104	検査済証の交付………… 232	勾配……………………… 243
給湯方式………………… 104	建設業の許可………… 226, 258	向流形…………………… 143
給排水設備……………… 205	建設業の許可基準……… 227	合流式………………… 100, 106
供給方式………………… 112	建設業法………………… 226	呼気……………………… 19
強制循環式…………… 70, 105	建設工事に係る資材の再資源	呼吸商……………………… 3
京都議定書……………… 16	化等に関する法律……… 249	黒管……………………… 156
強度率…………………… 198	建設資材………………… 249	固定端…………………… 42
局所式給湯方式………… 104	建設資材廃棄物………… 249	個別式…………………… 64
居室………………… 233, 260	建設リサイクル法……… 249	コンクリート………… 40, 50
許容差…………………… 197	建築確認………………… 231	
許容電流………………… 36	建築基準法……………… 230	<さ>
	建築主事………………… 230	サージング…… 86, 149, 154
<く>	建築設備…………… 230, 259	サーモスタット………… 155
空気過剰率……………… 113	建築主の判断基準……… 273	災害防止対策…………… 216
空気加熱器……………… 65	建築物…………… 230, 260	災害補償………………… 236
空気調和機……………… 64	顕熱……………………… 31	採光……………………… 233
空気調和の配管………… 203	現場代理人……………… 169	再資源化………………… 249
空気冷却器……………… 65		最早開始時刻…………… 188
空調エネルギー消費係数	<こ>	最早完了時刻…………… 189
……………………… 272	高圧………………………… 36	最遅完了時刻…………… 188
空調機…………………… 201	高圧屋内配線…………… 37	最適工期………………… 184
空調条件別ゾーニング… 85	高温水暖房……………… 70	先止め式………………… 104
空調設備…………… 205, 233	効果温度…………………… 3	作業環境測定…………… 237
空調方式………………… 60	光化学大気汚染………… 16	作業主任者…… 217, 238, 262
クーリングタワー……… 142	鋼管足場………………… 244	三角せき………………… 28
グラスウール保温材…… 163	鋼管のねじ接合………… 203	産業医…………………… 239
クリティカルアクティビティ	公共下水道………… 100, 256	産業廃棄物………… 248, 270
……………………… 189	公共工事標準請負契約約款	産業用空調……………… 56
クリティカルパス	……………………… 168	散水ろ床方式…………… 114
………… 188, 191, 212	鋼材……………………… 176	酸性………………………… 5
クリモグラフ…………… 2	工作物…………………… 260	酸性雨…………………… 16
クレーン等安全規則…… 264	工事完了届……………… 232	三相3線式……………… 37
クロ………………………… 3	工事材料の品質………… 169	三相4線式……………… 37
グローブ温度計…… 20, 25	工事写真………………… 139	酸素欠乏場所…………… 218
クロジュースの原理…… 31	工事施工………………… 200	散布図…………………… 196
クロスコネクション…… 123	硬質塩化ビニルライニング鋼	残留塩素………… 99, 164
クロスコネクションの禁止	管……………………… 156	
……………………… 255	硬質陶器質……………… 162	<し>
クロロフルオロカーボン… 17	工事費…………………… 184	直だき吸収冷温水機
	合成樹脂調合ペイント… 163	……………… 83, 150
<け>	高性能フィルター……… 66	色度………………………… 5
計画下水量……………… 100	高置水槽容量…………… 103	事業者…………………… 237

索　引　　　　　　　　　　　　　　　　　　　　　　　　　　　　　　　　　　　289

軸流送風機……………… 147	処理対象人員……… 115	絶対湿度………… 2, 13, 18
自然換気設備……… 91, 234	シロッコファン……… 146	接地工事……………… 46
自然換気方式…………… 72	申請・届出手続き……… 182	セミクリティカルパス… 191
自然循環式水管ボイラー… 145	伸頂通気方式……… 108	全圧…………………… 27
下向き配管…………… 105	進度管理曲線……… 186	遷移流………………… 7
湿式還水管…………… 69	新有効温度…………… 3	全酸素要求量………… 6
湿式フィルター……… 66		全水頭………………… 8
湿度…………………… 2	＜す＞	全数検査……………… 197
室内環境基準………… 23	吸上げ継手…………… 69	専任………………… 229
指定建設の監理技術者… 229	水圧試験…………… 164	潜熱………………… 31
指定数量…………… 269	水撃現象……………… 26	全熱交換器…………… 66
指定フロン…………… 16	水質………………… 118	洗面器の排水管の管径… 203
支点…………………… 42	水質基準………… 254, 274	専用水道…………… 253
自動火災報知設備…… 247	水道………………… 98, 253	
自動制御……………… 67	水道事業…………… 253	＜そ＞
自動巻取型…………… 66	水道施設…………… 253	騒音規制基準……… 252
締固め………………… 40	水頭損失……………… 29	騒音計………………… 15
湿り空気線図………… 13	水道直結方式……… 102	騒音レベル…………… 14
就業規則…………… 236	水道用亜鉛めっき鋼管… 176	騒音を規制する地域…… 251
就業制限業務………… 242	水平距離…………… 134	総括安全衛生管理者… 239
修正有効温度………… 3	スイベルジョイント…… 69	総揮発性有機化合物…… 4
自由端………………… 42	据付工事…………… 200	総合工程表………… 206
終末処理場………… 100	スケジューリング…… 191	総合試運転調整…… 205
重量法………………… 67	図示記号…………… 172	総工事費…………… 184
重力還水法…………… 68	ステファン・ボルツマンの法	掃除口……………… 132
重力循環式………… 70, 105	則……………… 11, 32	送水施設………… 99, 117
縮減………………… 250	滑り…………………… 47	相対湿度…………… 2, 13
取水施設………… 99, 253	スランプ……………… 40	相当温度差…………… 57
受水水槽容量……… 103		相当外気温度………… 57
主任技術者…… 169, 229, 257	＜せ＞	送風機…… 65, 145, 201, 205
主要構造部………… 230	静圧…………………… 27	送風機の相似法則…… 147
瞬間式局所給湯方式… 104	静電式集じん器……… 66	相変化……………… 31
瞬間湯沸器の能力…… 126	生物化学的酸素要求量	層流……………… 7, 27
昇華………………… 31	……………… 5, 24	ゾーニング…………… 85
消火設備…………… 109	生物膜法…………… 114	速度勾配……………… 7
浄化槽……………… 138	積分動作……………… 68	阻集器……………… 132
蒸気暖房………… 68, 89	セクショナルボイラー… 88	
使用時間別ゾーニング… 85	施工計画…………… 200	＜た＞
仕様書……………… 175	施工中の業務……… 181	タービンポンプ……… 148
上水道………………… 98	絶縁耐力……………… 36	ターボファン……… 146
衝突粘着フィルター… 153	絶縁耐力試験………… 37	タールエポキシ樹脂塗料… 163
消防法……………… 245	絶縁継手…………… 165	第1号区域………… 251
消防用設備………… 109	絶縁抵抗……………… 36	第一種機械換気…… 72, 91
照明エネルギー消費係数	設計図書…… 168, 175, 180, 259	ダイオキシン………… 17
……………………… 272	摂氏温度……………… 10	大気の組成…………… 19
除害施設…………… 275	接触ばっ気方式…… 114	第三者に及ぼした損害… 170
ジョブ……………… 186	絶対温度……………… 10	第三種機械換気…… 73, 91

耐震基礎……………… 200	聴感曲線…………… 14	電動機……………… 38
代替フロン……………… 21	長時間ばっ気方式……… 114	電動機保護用遮断器…… 49
多位置動作……………… 68	長方形ダクト…………… 204	電動三方弁………… 154
第2号区域…………… 252	直交流形…………… 143	伝熱………………… 11
第二種機械換気…… 72, 91	直接工事費………… 184	天然ガス…………… 18
耐熱性能……………… 94	直接膨張コイル……… 65	
耐熱配線……………… 48	直接リターン方式…… 70	<と>
太陽光………………… 2	直達日射……………… 2	動圧………………… 27
対流……………… 11, 31	貯水施設…………… 253	等価温度…………… 20
ダクト……… 157, 158, 204	貯水タンク………… 124	統括安全衛生責任者… 241
濁度…………………… 5	貯湯式局所給湯方式… 104	透過熱……………… 79
ダクトの接続………… 204	賃金………………… 235	導管………………… 98
ダクト併用ファンコイルユニ	賃金台帳…………… 266	銅管……………… 157
ット方式…………… 62	沈殿池……………… 117	導管供給方式……… 135
ダクト併用放射（輻射）冷暖		同期速度…………… 47
房方式……………… 64	<つ>	同軸ケーブル……… 48
立て形ボイラー……… 145	墜落等による危険の防止 242	導水施設………… 99, 253
ダミー……………… 187	通過熱……………… 78	動粘性係数………… 7
多翼送風機……… 146, 152	通気管……………… 108	等ラウドネス曲線…… 14
ダルシー・ワイスバッハの式	通気設備…………… 107	トータルフロート… 189
……………………… 9, 27	通気立て管………… 130	特殊かご形誘導電動機… 39
単一ダクト方式……… 84	通気方式…………… 108	特殊建築物………… 230
単管足場……………… 244	ツールボックスミーティング	特性要因図………… 195
単管式…………… 68, 105	……………………… 199	特定行政庁………… 230
炭酸ガス……………… 4	通路………………… 243	特定建設業………… 227
単相2線式…………… 37	突き合わせ接合…… 203	特定建設業の許可… 226
単相3線式…………… 37	継手………………… 50	特定建設作業……… 251
単体試運転調整……… 205	吊りボルト………… 156	特定建設資材……… 249
暖房負荷……………… 58		特定建築物………… 273
暖房プロセス………… 59	<て>	特定施設…………… 251
	低圧………………… 36	特定フロン………… 16
<ち>	低圧屋内配線……… 37	特定フロン………… 21
地球温暖化…………… 16	定圧比熱…………… 10	特別管理一般廃棄物… 270
地球環境係数……… 21, 22	定風量単一ダクト方式… 60	特別管理産業廃棄物 …248, 270
窒素酸化物…………… 4	定風量方式………… 84	特別高圧…………… 36
着水井……………… 117	定容比熱…………… 10	都市ガス………… 112, 136
着工時の業務………… 180	手すり……………… 244	都市下水路………… 100
中央管理方式の空気調和設備	鉄筋コンクリート造… 41	吐水口空間………… 124
……………………… 234	デミングサークル… 194	度数率……………… 198
中央給湯方式………… 125	電圧…………… 36, 45	共板工法…………… 204
中央式………………… 64	電位差……………… 45	共吊り……………… 156
中央式給湯方式…… 104, 126	電気集じん器…… 66, 153	トラップ………… 107, 129
中央値……………… 197	電気抵抗…………… 45	トリチェリーの定理… 8
柱状図……………… 197	電極棒……………… 155	トルエン…………… 4
中心線……………… 197	天空放射……………… 2	
中性…………………… 5	店社安全衛生管理者… 241	<に>
鋳鉄製ボイラー…… 88, 144	伝導………………… 11	二位置動作………… 68

索　引

逃し管…………………… 105	排煙能力…………………… 94	ピトー管……………… 9, 26
逃し弁…………………… 105	排煙風道…………………… 77	比熱………………………… 10
2号消火栓………… 110, 134	排煙風道の風量…………… 77	微分動作…………………… 68
二重効用吸収冷凍機……… 88	配管設備の試験………… 205	ヒヤリ・ハット運動…… 199
二重ダクト方式…………… 61	配管と色別……………… 204	ヒューズ…………………… 49
二重トラップ…………… 130	配管の記号……………… 203	標識………………… 229, 258
日較差……………………… 2	配管の種類……………… 177	標準請負契約約款……… 168
日射………………………… 2	配管の接合……………… 203	標準活性汚泥方式……… 115
日射量……………………… 2	配管用炭素鋼鋼管……… 156	表面張力…………… 7, 26, 30
日本冷凍トン…………… 12	排気フード………………… 74	飛来崩壊災害による危険の防
<ぬ>	廃棄物…………………… 270	止………………………… 243
抜取検査………… 196, 216	廃棄物の処理及び清掃に関す	比例動作…………………… 68
<ね>	る法律………………… 248	品質……………………… 197
熱交換…………………… 144	排除方式………………… 100	品質管理………………… 194
熱通過……………………… 11	排水……………………… 106	品質管理用語…………… 197
熱通過率………………… 11, 80	排水管…………………… 106	品質保証………………… 197
熱伝達……………………… 32	配水管…………………… 119	<ふ>
熱伝達量…………………… 32	排水渠…………………… 275	ファンコイルユニット
ネットワーク工程表…… 186	排水口空間……………… 123	………………… 65, 83, 201
熱負荷………………… 56, 80	配水施設…………… 99, 117	ファンコイルユニット・ダク
熱放射……………………… 32	排水設備…… 101, 120, 256	ト併用方式……………… 84
熱容量……………………… 10	排水立て管の管径……… 203	フィードバック制御……… 67
熱力学の第一法則………… 10	排水に関する受忍義務… 256	封水……………………… 129
熱力学の第二法則………… 11	排水配管………………… 202	封水深さ………………… 129
年間熱負荷係数………… 272	バイメタル温度計………… 25	不快指数……………… 3, 19
年少者…………… 235, 266	ハインリッヒの法則…… 198	負荷傾向別ゾーニング…… 85
年少者就業制限業務…… 236	バキュームブレーカー… 123	不可抗力による損害…… 170
年少者の就業制限……… 267	パス……………………… 188	不活性ガス消火設備…… 267
燃焼の3要素…………… 109	ばっ気…………………… 137	複管式………………… 68, 105
粘性………………………… 7	パッケージ空調機………… 65	輻射………………………… 11
粘性係数…………………… 7	発熱量…………………… 112	伏越し…………………… 101
年千人率………………… 199	バナナ曲線……………… 186	付着力……………………… 30
<の>	梁貫通孔………………… 41	普通温水暖房……………… 70
ノード…………………… 187	パレート図……………… 194	普通沈殿法……………… 118
<は>	範囲……………………… 197	不燃材料………………… 259
バーチャート…………… 185	半密閉式………………… 201	踏桟……………………… 244
バーチャート工程表…… 208	反力……………………… 42	浮遊物質…………………… 5
ハートフォード接続法…… 69	<ひ>	プランニング…………… 191
排煙機………………… 76, 94	ヒートポンプ…………… 142	フリーフロート………… 190
排煙機の電源……………… 77	引渡し…………………… 170	フロート………………… 189
排煙口………………… 76, 93	比色法……………………… 67	フロック………………… 114
排煙設備……… 75, 234, 246	非常警報設備…………… 247	プロペラファン………… 147
排煙設備に用いる配線… 77	非常コンセント設備…… 247	分岐開閉器………………… 39
	非常電源………… 111, 267	分岐回路…………………… 39
	ヒストグラム…… 195, 197	粉じん……………………… 4
	比速度…………………… 154	分別解体等………… 249, 250

分流式……………… 100, 106

<へ>

平均放射温度……………… 90
米国冷凍トン……………… 12
ベルヌーイの定理………… 8
偏差…………………………… 197
変色度法…………………… 67
便所と井戸との距離…… 261
ベンチュリ管……………… 28
変風量単一ダクト方式… 60
変風量方式………………… 84

<ほ>

ボイラー…………………… 144
防煙区画…………………… 76
報告…………………………… 232
放射…………………………… 11
放射温度計………………… 25
放射暖房………………… 71, 90
防振基礎…………………… 200
膨張タンク……… 70, 71, 105
放流水の水質基準……… 256
飽和空気…………………… 13
ボールタップ……………… 155
ポールの式………………… 113
保温材…………… 162, 203
保健用空調………………… 56
ポリスチレンフォーム保温筒
………………………………… 163
ボリュートポンプ………… 147
ホルムアルデヒド………… 4
ポンプ…… 147, 159, 201, 205
ポンプの吐出量………… 134
ポンプの比例法則……… 148
ボンベ供給方式………… 135

<ま>

曲げモーメント………… 43
摩擦損失水頭……………… 9
ます…………… 120, 139, 275
マスキング………………… 15
窓の大きさ………………… 233
マノメーター……………… 28
マルチ形パッケージユニット
　方式………………………… 84
マルチゾーン方式……… 64

マルチタイプパッケージ空調
　機…………………………… 62
マンホール………………… 139

<み>

密閉式……………………… 201
民間（旧四会）連合協定工事
　請負契約約款………… 168

<む>

ムーディー線図…………… 30

<め>

メット………………………… 3

<も>

毛管現象………………… 7, 30
元請負人の義務…… 228, 229
元方安全衛生管理者…… 241
元止め式…………… 104, 126
モントリオール議定書… 16

<や>

薬品沈殿法……………… 118

<ゆ>

有効温度…………………… 3
有効換気量…………… 73, 93
誘電ろ材形集じん器…… 67
誘導電動機………………… 38
誘導灯設備……………… 247
ユニット型………………… 66

<よ>

溶化素地質……………… 162
養生………………………… 200
溶接接合………………… 203
溶存酸素………………… 6, 24
予想給水量……………… 102

<ら>

乱流……………………… 7, 27

<り>

離隔距離…………………… 38
リバースリターン方式… 70
リフトフィッティング… 69

リミットロードファン… 147
流域下水道……………… 100
理論空気量………… 11, 113
理論廃ガス量……………… 75
臨界作業………………… 189
臨界速度…………………… 8
臨機の措置……………… 170

<る>

ループ通気方式………… 108

<れ>

冷却塔………………… 142, 151
冷水コイル………………… 65
冷凍………………………… 12
冷凍機…………………… 142
冷凍サイクル……………… 12
冷凍トン…………………… 12
レイノルズ数……………… 8
冷媒……………………… 142
冷媒コイル………………… 65
冷房負荷………………… 57, 85
冷房プロセス……………… 59
レディーミクストコンクリー
　ト…………………………… 40
連結散水設備…………… 246
連結送水管設備………… 246
レンジ……………… 144, 151

<ろ>

漏電遮断器………………… 49
労働安全衛生法………… 237
労働基準法……………… 235
労働契約………………… 235
労働災害………………… 237
労働時間…………… 235, 265
労働者…………………… 237
労働損失日数…………… 199
ろ過池…………………… 118
ロックウール保温材…… 163
露点温度………………… 13, 18
炉筒煙管ボイラー……… 145

<わ>

枠組足場………………… 244

2級管工事施工管理技術検定受験テキスト　改訂新版
2005年12月25日　第1版第1刷発行
2016年3月15日　改訂第1版第1刷発行

編　　者　管工事試験突破研究会
著　　者　加藤　義正（かとう　よしまさ）
発 行 者　田中　久米四郎
編 集 人　久保田　勝信
発 行 所　株式会社 日本教育訓練センター
　　　　　〒101-0051　東京都千代田区神田神保町1-3　ミヤタビル2F
　　　　　TEL　03-5283-7665
　　　　　FAX　03-5283-7667
　　　　　URL　http://www.jetc.co.jp/
印刷製本　株式会社 シナノ パブリッシング プレス

ISBN 978-4-86418-059-7　＜ Printed in Japan ＞
乱丁・落丁の際はお取り替えいたします。

最小限の事項を最大限わかりやすく解説

改訂新版 これからスタート
1級電気施工-上巻
A5判／380ページ
定価＝本体3,000円+税
ISBN 978-4-86418-026-9

改訂新版 これからスタート
1級電気施工-下巻
A5判／312ページ
定価＝本体2,800円+税
ISBN 978-4-86418-015-3

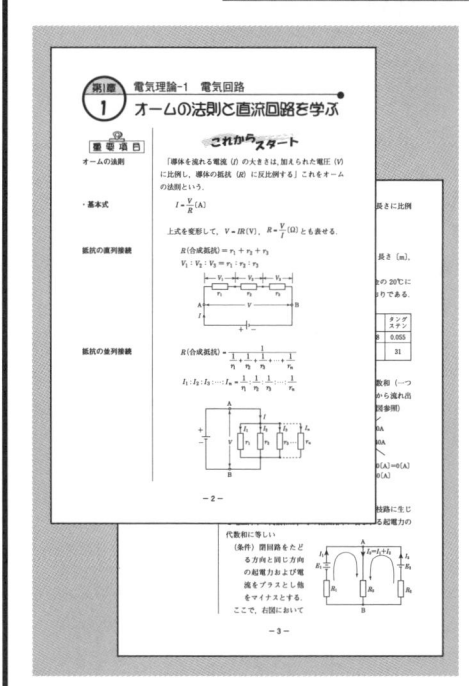

1級電気工事施工管理技術検定試験は，出題範囲が広く，学習しにくいのが特徴です．

本書は，はじめて1級電気施工を受けようとする，あるいは，今までのテキストがもう一つ理解しにくい，という受験者のために，学習ポイントと重要テーマをわかりやすく解説したものです．

●本書の特徴●
①合格に必要な学習事項を簡潔にまとめた．
②各項目に対応した過去問題および模擬問題を多数収録．

●本書の内容●
上巻：電気工学・電気設備・関連分野
下巻：施工管理・法規・実地試験

ご紹介の書籍は，全国の書店でご購入いただけます．書店でのお買い求めが不便な方は，日本教育訓練センター（電話=03-5283-7665　URL=http://www.jetc.co.jp）までお申し込みください．

はじめての受験者でもスイスイ理解できる

初めての第3種冷凍機械責任者試験受験テキスト

酒井 忍 著
A5判／308ページ
定価＝本体2,200円＋税
ISBN 978-4-931575-35-6

　はじめて受験される方，もっと分かりやすいテキストをお探しの方のために，冷凍機の実物を見たことがなくても理解できるほど，わかりやすく解説しています．

学習の総仕上げに最適なわかりやすい問題集

改訂新版 すぐわかる第3種冷凍機械責任者試験実力アップ問題集

酒井 忍 著
A5判／374ページ
定価＝本体2,600円＋税
ISBN 978-4-931575-88-2

　過去20年間の出題を中心に，問題を分野別にとりまとめ，誤りの箇所をわかりやすく解説した，学習の総仕上げに最適な問題集．巻末には2回分の模擬試験問題も収録．

ご紹介の書籍は，全国の書店でご購入いただけます．書店でのお買い求めが不便な方は，日本教育訓練センター（電話=03-5283-7665　URL=http://www.jetc.co.jp）までお申し込みください．